여자, 뇌, 호르몬

뇌와 호르몬이 여자에게 말해주는 것들

여자, 뇌, 호르몬

뇌와 호르몬이 여자에게 말해주는 것들

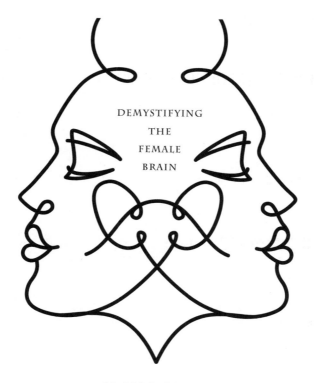

DEMYSTIFYING
THE
FEMALE
BRAIN

사라 매케이 지음 | 김소정 옮김

갈매나무

Contents

10 오래 살면 뇌는 어떻게 변할까? - 나이 든 뇌

여자 뇌의 주인으로 살아간다는 것

"갱년기가 되면 여자들이 미칠 것처럼 느끼는 이유를 글로 써볼 생각 없으세요? 선생님은 신경과학자잖아요. 선생님이 말씀해주실 수 있는 게 있을 것 같은데요."

몇 년 전에 내 글을 실은 적이 있는 뇌 건강 관련 웹사이트의 에디터가 전화를 걸어오더니 이렇게 말했다. 내가 해야 할 일은 분명했다. 갱년기 증상인 '브레인 포그brain fog'가 무엇인지를 설명하고 브레인 포그가 생기는 이유라는 주제로 글을 써야겠다는 생각을 했을 때나는 아주 순진하게도 브레인 포그가 생기는 이유는 정말 단순하리라고 생각했다. 브레인 포그는 (공식적인 정의에 의하면) 생각을 빨리하지 못하고 몽롱해지며 집중하기 어렵고 쉽게 잊어버리는 것인데, 이 현상이 노화된 난소 때문에 호르몬이 충분히 분비되지 않기 때문에 나타난다는 결론을 잠정적으로 내리고 있었던 것이다.

하지만 더 많은 연구를 하고 여성 건강 전문가들의 의견을 구하는 동안 나는 브레인 포그를 단순히 난소 호르몬의 감소로 설명할 수는 없다는 사실을 알았다. 나이가 들면 분명히 여러 호르몬의 분비량이 변하고, 호르몬 변화는 뇌 기능에 영향을 미친다. 하지만 갱년기 여성이 겪는 뇌 관련 증상들은 각 개인의 건강하고 행복한 정도, 유전자 구성, 우울증 발병 여부, 수면과 운동 습관, 인간관계, 사회적 지지망, 출산 내력, 살아오면서 겪는 여러 사건들 같은 다양한 요인이 복잡하게 작용해 결정한다.

나는 '브레인 포그'가 의사들이 경도인지장애mild cognitive impairment, MCI라고 부르는 것, 즉 노화되어 건강을 잃은 뇌가 나타내는 증상과도 다르다는 것을 알았다. 많은 갱년기 여자들이 머리가 흐리멍덩해지고 제대로 생각하는 일이 힘들어지면 결국 자신이 알츠하이머병AD에 걸리는 것은 아닌지 심각하게 걱정하는데, 바로 브레인 포그와 경도인지장애의 증상이 상당히 비슷하기 때문이다.

여성의 뇌 건강을 다루는 세상에서 거닐다 보니 문득 임신을 하면 생각하기가 힘들어지고 집중하기가 어려워진다며 내 친구들이 자신에게 생겼다고 말했던 '임신 건망증'이 '브레인 포그'와 상당히 비슷하다는 사실을 깨달았다. 그런 생각을 하니 궁금해졌다. 정말로 임신을 하면 멍해지는 증상을 전적으로 임신 호르몬 때문이라고 치부해도 되는 걸까? 출산을 해야 한다는 불안 때문에 생기는 증상이라고 생각해버려도 되는 걸까? 뱃속에서 계속 차대는 아기 때문에 집중할 수 없기 때문이라고 결론을 내려버려도 되는 걸까?

'임신 건망증'과 '브레인 포그'의 증상과 원인을 생각해보는 동안 여성성과 본성, 양육과 신경생물학에 관해서 내가 한 번도 고려해보지 않았던 많은 의문이 폭포처럼 쏟아졌다. 출산 후 호르몬이 급격하게 감소하거나 잠을 자지 못해서, 또는 직업인으로서의 정체성을 상실했기 때문에 산후 우울증이 생기는 것일까? 사춘기 우울증은 왜 생기는 것일까? 생리 주기 때문에 감정이 극심하게 변해서? 아니면 고등학교에 다녀야 한다는 불안감 때문에? 비열한 친구들 때문에?

의문은 이어졌다. 생리 주기는 여성의 뇌에 어떤 영향을 미칠까? 피임약은 여성의 감정에 어떤 영향을 미칠까? 호르몬 대체 요법 hormone replacement therapy, HRT은 좋은 치료 방법일까, 도움이 되지 않는 방법일까? 출산과 양육은 여성의 뇌를 변하게 할까? 사랑에 빠지면 우리 뇌에서는 어떤 일이 벌어질까?

40년 이상을 한 여자의 몸과 뇌의 주인이자 관리자로 살았고, 그 가운데 절반 이상을 신경과학자로 일해왔지만 소녀, 여자로 살아온 내 인생이 내 신경생물학을 어떤 식으로 만들어가고 있는지, 여성으로서의 나의 뇌가 내 일상과 내가 하는 모든 경험에 실제로 어떤 영향을 미치고 있는지에 관해서는 거의 생각해본 적이 없었다.

이 책을 써야겠다고 생각한 이유는 이에 대한 깨달음 때문이다. 이 책을 쓰면서 내가 세운 목표는 우리의 유전자와 호르몬이, 살아오면서 겪는 경험들이, 사회와 문화가, 우리의 생각과 감정과 믿음이 우리의 마음과 뇌를 형성하고 구축해가는 여정을 연대기적으로 풀어나가는 것이다. 책을 통해서 나는 자궁 속 태아를, 갓난아기를, 소녀를, 사춘기와 생리 주기를, 십 대 시절을, 정신 건강을, 사랑과 섹스를, 임신과 육아를, 폐경기를, 그리고 수명과 노년의 삶을 살펴볼 것이다. 이 책에서는 여성의 생명 주기에 맞춰 이야기를 전개해나갈 테지만 태아기, 유아기, 청소년 성장기, 정신 건강, 사랑, 노화 같은 많은 주제들은 여자뿐 아니라 남자들에게도 적용할 수 있다.

여성에 대한 신경과학 연구는 모두 어디에 있을까?

지난 10년간 뇌 과학 관련 글을 쓰면서 나는 낯선 주제를 연구할 때면 활용하는 확실히 믿을 만한 방법을 개발했다. 자료 조사에 들어가면 제일 먼저 뇌 과학에 열광하는 전 세계 괴짜들의 신경학 성서인 《신경과학의 원리Principles of Neural Science》를 펼치고 글을 쓸 때 참고해야 하는 부분을 찾아 읽는다. 그다음에는 관련 주제에 관한 논쟁과 합의 내용을 알아보려고 생물·의학 관련 논문을 기재하는 온라인 검색 사이트 퍼브메드PubMed에서 해당 분야의 일류 과학자들이 쓴 최신 논문을 찾아 읽는다. 그런 과정을 거치고 나면 나는 독창적인 연구 논문을 읽고 이해할 수 있겠다는 자신이 생긴다. 마지막으로 나는 해당 분야 전문가들을 직접 만난다. 과학자, 의사, 전공자 같은 전문가들이 바쁜 시간을 쪼개어 내 질문에 관대하게 대답을 해주기 때문에 나는 내 지식의 빈 곳을 채울 수 있다.

그런데 신경생물학이 여성의 일상에 미치는 영향을 기술하는 과정은 처음부터 끝까지 내가 원래 생각했던 것만큼 단순하게 진행되지는 않았다. 여성 건강의 세계를 거니는 동안 나는 당혹스러울 때가 많았다. 내가 가장 풀고 싶었던 질문에 답해줄 연구 결과가 많지 않아 거듭해서 관련 서적을 펼쳐보고 논문을 살펴야 했다.

경구피임약만 해도 나는 약이 여성의 뇌에 미치는 영향을 연구한 자료가 많으리라고 생각했다. 하지만 2014년에야 〈호르몬제를 활용한 피임법 50년 – 이제는 피임약이 뇌에 미치는 영향을 알아볼 때가 되었다50 Years of Hormonal Contraception: Time to Find Out What It Does to the Brain〉라는 논문이 나왔다. 정말이다.

신경생물학으로 다중 오르가슴multiple orgasms의 비밀을 밝히겠다는 결심을 한 날, 나는 그 사실을 페이스북에 자랑스럽게 알렸다. 하지만 다중 오르가슴의 세계로 깊숙이 들어갈 수는 없었다. 퍼브메드에는 관련 논문이 고작 다섯 편밖에 없었고 그 가운데 세 편은 남성에게 다중 오르가슴이 가능한가를 다룬 논문이었다. 〈남성의 다중 오르가슴 – 지금까지 우리가 알게 된 것Multiple Orgasms in Men: What We Know So Far〉이라는 제목의 논문도 있었다(참고로 말하자면, 신경과학 서적에서는 오르가슴을 다루지 않기 때문에 여성의 오르가슴에 관해서도 아직까지는 아는 것이 많지 않다).

생리를 시작하려고 할 때 변하는 감정(즉, 월경 전 증후군premenstrual syndrome, PMS) 때문에 고생하는 여자들이 정확히 얼마나 있는지는 노력에도 불구하고 알아낼 수 없었다. 아마도 전체 여성의 12퍼센트에서 90퍼센트 사이에 그 답이 있지 않을까 싶다.

나는 중년 독자들에게 호르몬 대체 요법이 치매를 막거나 브레인 포그를 없애는 데 도움이 되는지, 안 되는지를 알려줄 수 있으리라고 생각한다. 우리에게는 어떤 권고를 할 수 있을 정도로 뇌 건강에 도움을 줄 수 있는 정보가 많지 않다. 신경생물학과 여성 건강 관련 호르몬 대체 요법 연구 문헌은 왜 이렇게 적은 것일까?

이유는 여러 가지다. 지금까지 임상 전 연구(쥐나 생쥐, 원숭이 같은 실험동물을 대상으로 진행하는 연구)는 수컷을 대상으로 진행해왔다. 2009

년에 조사한 2000건이 넘는 동물 실험 연구를 분석한 결과, 생물학 분과 가운데 80퍼센트 정도에서는 심각한 수컷 편향을 볼 수 있었다. 수컷 편향이 가장 심한 학과는 신경과학 분야로 실험동물의 비율은 암컷 한 마리당 수컷 5.5마리였다. 걱정스럽게도 약리학과도 사정은 비슷해서 암컷 한 마리당 수컷은 다섯 마리의 비율로 실험을 하고 있었다.[1]

(사람을 대상으로 하는) 임상 실험도 사정은 크게 다르지 않았다. 이 책 후반부에서 살펴보듯이 전적으로 여성을 대상으로 한 대규모 건강 관련 연구도 몇 건 있기는 하지만, 수년 동안 여성들은 임상 연구나 약물 시험에서 배제되어 있었다. 한 비평가의 말처럼 "수많은 의료 전문가들은 수십 년 동안 사람의 기본값은 몸무게가 70킬로그램인 남자라는 입장을 고수해왔다."[2]

불안 장애나 우울증 진단을 받는 사람은 여성이 남성보다 두 배 이상 많고, 뇌졸중에 걸리는 사람도 여성이 남성보다 많으며, 다발성 경화증도 여자가 남자보다 두 배 넘게 발병하고, 약물도 남자보다 여자가 훨씬 더 민감하게 반응한다. 실제로 1997년부터 2000년까지 미국 시장에서 퇴출된 약물 가운데 80퍼센트는 여성에게 심각한 부작용을 일으켜서 퇴출되었다. 여성을 연구에서 배제하거나 '작은 남성'이라고 여기는 추론을 바탕으로 진료를 해온 결과는 상당히 끔찍하다.[3,4] 《네이처Nature》가 지적한 것처럼 현재 여성이 받는 진료는 남성이 받는 진료에 비해 연구 자료로 뒷받침할 수 있거나 '확고한' 증거가 있는 경우가 훨씬 드물다.[1]

전 세계적으로 다른 연구 분야에서도 그렇듯이 신경생물학과 약리학 연구에서 여성을 배제하는 이유 역시 단순히 여성 차별이 만연해 있기 때문이라고 생각해버릴 수도 있다. 하지만 성차별만이 여성 관련 연구가 상당히 적은 데 대한 유일한 이유는 아니다. 남녀 비율이 심각하게 어긋나는 데는 몇 가지 이유가 있다. 안전도 그 한 가지 이유이다. 약물 시험을 하는 동안 여성이 임신한다면 태아에게 해로운 영향을 미칠 수 있다. 사람을 포함한 모든 동물의 암컷은 자료를 모으기 어렵다는 것 또한 이유가 될 수 있다. 생식 주기에 맞추어(특히 사춘기부터 갱년기 사이의 가임기 동안에) 분비되는 여성호르몬 때문에 본질적으로 여성의 생리 활동은 남성보다 훨씬 변덕스럽다. 여성의 생리 주기를 '여성의 본성에 필요 없이 더해진 변덕의 원인이며 현명한 사람이라면 피해야 할 본질적으로 귀찮은 특성'이라고 간주할 때도 있었다.[5]

해부 구조와 생리 작용 같은 생물학을 근거로 남녀를 구분하는 성sex과 사회·문화적인 특성으로 남녀를 구분하는 성gender이 밀접하게 얽혀서 쉽게 풀리지 않는다는 것도 문제를 더욱 복잡하게 만든다. 앞으로 알게 되겠지만 '그건 모두 여자의 호르몬 때문'이라거나 '모두 사회가 가하는 기대와 관계가 있다'와 같은 말로 연구를 끝내기는 쉽지 않다. 그 때문에 연구자들은 복잡하게 얽힌 여성의 생물적 성과 사회적 성, 여성호르몬과 문화의 관계 같은 힘든 제약을 극복하면서 연구를 해나가기보다는 그런 장애 없이 남성을 연구하길 택하는 경우가 많다.

마지막으로 성은 어떤 의미의 성이건 간에 오랫동안 연구가 금기시된 대상이었다는 사실도 여성을 연구하는 사례가 적은 이유이다. 특

여자, 뇌, 호르몬

히 신경생물학 분야에서는 성과 관련해 알게 된 새로운 지식이 시대에 뒤떨어진 부정확한 고정관념이나 차별을 뒷받침하는 데 이용될 수 있다는 우려를 크게 하고 있다. 신경생물학자들의 두려움은 충분히 근거가 있다. 역사적으로 여성의 뇌는 부족하다거나 남성의 뇌보다 생물적으로 열등하다는 평가를 받아왔으며, 그런 연구들은 '여성이 자기에게 주어진 자리를 얌전하게 지키게' 만드는 수단으로 이용되어왔다.[6] 한 신경과학자는 성 차이를 탐구하는 일은 한때 '최선의 경우 생식 기능을 연구하지 않는 뇌 과학자가 신뢰를 잃게 되고 최악의 경우에는 주류 신경과학자들이 보기에는 부랑자에 지나지 않게 되는 가장 좋은 방법'이었다고 했다.[5] 성을 생물 변수로 삼는 과학자는 '게으르다'고 생각했다는 신경과학자도 있었다. 하지만 그 과학자는 결국 여성의 생리 주기가 뇌에 미치는 영향을 연구하는 것이 자신의 연구에 크게 도움이 되리라는 결론을 내렸다.

다행히도 신경생물학은 여성을 연구한 사례가 부족하다는 문제를 해결하려는 노력을 시작했고, 이 책에서는 최선봉에 서서 그런 노력을 하고 있는 여러 과학자들을 만나게 될 것이다. 미국국립보건원NIH 같은 기관들과 《신경과학 연구 저널Journal of Neuroscience Research》 같은 학술지들은 현재 모든 연구에서 성을 생물 변수로 포함해야 한다는 결정을 내렸고, 세계보건기구WHO는 성인 여성과 소녀의 건강 관련 연구를 최우선 과제로 삼아야 한다는 사실을 분명히 밝혔다. 오스트레일리아에서는 5만 8000명의 여성들을 대상으로 한 신체, 정신, 심리의 건강에 대한 추적 연구인 오스트레일리아 여성 건강 종단 연구가 진행되었다(종단 연구longitudinal study란 오랜 시간이 흐르는 동안 변하는 현상을 연구하는 방법이다. – 옮긴이). 마지막으로 '혁신과 발견에 생물적 성과 사회적 성이 갖는 창조력을 활용하려고' 하는 스탠퍼드대학교 젠더 혁신 프로젝트 같은 아주 멋지고 진취적인 연구들도 진행되고 있다.

남성과 여성의 뇌는 얼마나 다를까?

사람들에게 여성의 일상에 관여하는 신경생물학에 관한 책을 쓰고 있다고 말하면 반드시 듣게 되는 질문이 있다.

"남성의 뇌와 여성의 뇌는 어떻게 다른가요?"

사람들은 여성의 뇌와 남성의 뇌가 생물적으로 다르기 때문에 성별에 따라 다르게 나타나는 행동 특성을 수도 없이, 그것도 아주 빠르게 나열할 수 있다. 사람들은 여자들이 모두 '여성의 뇌'를 가지고 있고 남자들이 모두 '남성의 뇌'를 가지고 있으며 우리 뇌가 '여자답다'거나 '남자다운' 행동과 태도, 취향과 성격을 결정한다고 생각하기를 좋아한다. 독자들도 이런 생각을 조금은 알고 있을 것이다.

'여성의 뇌'는 감성적이라 지도를 제대로 읽을 수는 없지만 동시에 여러 일을 할 수 있으며 사물보다는 사람을 더 좋아하고 결코 승진시켜 달라는 말을 하지 않으며 컴퓨터 코딩이나 STEM(과학·기술·공학·수학) 관련 일을 하기에는 적합하지 않다.

'남성의 뇌'는 사람의 감정을 읽지 못하고(포르노그래피는 예외지만) 사람보다 사물을 더 좋아하며 천재일 가능성이 더 높고 직장에서 훨씬 더 적극적으로 승진하려고 애쓴다.

확실히 사람들은 (생물적으로나 사회적으로) 남녀의 성에 차이가 있다는 사실에 매혹되는데, 특히 뇌를 기반으로 그 차이를 설명할 때 더욱 그렇다(실제로, 신문 제1면에 성과 신경과학을 결합한 것보다 더 유혹적인 기사를 실을 수 있을지 의문이다).

성별 차이를 묻는 질문에 대답해야 할 때면 나는 언제나 '이 책은 남자와 여자의 뇌 차이를 탐구하는 책이 아니다'라는 말로 시작한다. 이 책은 신경생물학이라는 렌즈를 통해 들여다본 어린 여자아이들과 성인 여자들의 건강 탐구서이다.

그리고 이 책에서는 '남성의 뇌'나 '여성의 뇌' 같은 것은 없다는 말을 한다. 실제로 남성과 여성의 뇌는 다른 점보다는 비슷한 점이 훨씬 많다. 생식기 구조로 사람을 두 집단으로 나눌 수 있는 것과 달리 뇌 구조로는 사람을 간단하게 두 집단으로 나눌 수 없다. 실제로 사람의 뇌는 어떤 부분은 남자 같고 어떤 부분은 여자 같은 모자이크라고 할 수 있는데, 모자이크를 구성하는 비율은 사람마다 모두 달라서 사람의 뇌는 양성의 특징을 가졌다고 하는 것이 가장 옳은 기술일 것이다.

이스라엘 텔아비브대학교의 신경생물학자 다프나 요엘Daphna Joel 연구팀은 모자이크 뇌라는 개념을 지지한다. 요엘 연구팀은 자기공명영상MRI 기술을 이용해 1400명이 넘는 성인의 뇌를 수백 번 촬영했고, 남성과 여성의 뇌 지역과 뇌 연결 방식은 상당히 비슷한 부분이 많다는 것을 알아냈다. 여성들끼리 더 많이 공유하는 뇌 부분도 있고 남성들끼리 더 많이 공유하는 뇌 부분도 있지만 1400명의 뇌가 서로 공유하고 있는 뇌 특성은 전체 특성의 절반 정도를 차지했다.[7]

식상한 색상표를 활용하는 방식을 쓰는 것에 미리 용서를 구해야 할 것 같지만, 한번 이런 식으로 생각해보자. 사람의 뇌는 여자 같은 부분은 분홍색으로 칠하고 남자 같은 부분은 파란색으로 칠할 수 있는, 수백 개의 작은 부분으로 이루어졌다고 말이다. 멀리서 사람의 뇌를 보면 분홍색이 아주 진한 여자 뇌도 있고 파란색이 아주 진한 남자 뇌도 있겠지만, 대부분은 남색, 자주색, 보라색처럼 분홍색과 파란색이 뒤섞인 다양한 색을 띠고 있을 것이다.

사람의 뇌를 생각하는 또 다른 방법은 우리가 사람의 습관과 선호도, 능력, 독특한 성격 등을 생각할 때처럼 '남성적인' 혹은 '여성적인' 특성과 중성적인 특성을 한데 혼합하는 것이다. 사람은 누구나 저마다 남자 같은 면, 여자 같은 면, 중성적인 면이 섞인 독특한 특성을 가지고 있는 것처럼 우리 뇌도 여러 특성이 섞여 있다.

깔끔하게 통계를 이용해 성 차이를 분명하게 평가할 수 있는 방법도 있다. 통계라고 하면 너무 딱딱하고 건조해서 무슨 말인지 알 수가 없다고 생각하는 독자가 많다는 사실도 알고 있다. 하지만 다행히도 신경생물학자 도나 매니Donna Maney가 관련 자료를 분명하게 이해할 수 있는 훌륭한 통계 프로그램을 개발했다. 관심이 있는 사람은 SexDifference.org를 방문해보자.

통계가 필요한 사람들에게 SexDifference.org는 두 집단의 차이가 얼마나 되는지를 보여주는 d값을 알려준다. 통계 자료를 해석하려면 알아둬야 할 것이 있다. 성에 따른 차이가 없을 때 d값은 0이다. 성 차이가 커지면 d값도 커진다. 일반적으로 d값이 0.2 이하라면 성 차이는 적음을 나타내고 0.5일 때는 적당하다고 할 수 있으며 0.8이 넘

여자, 뇌, 호르몬

으면 차이가 아주 크다고 생각할 수 있다.

그렇다면 세 가지 예(성인의 키, 뇌의 좌반구와 우반구의 연결 정도, 3학년 때 수학 성적)를 들어 남녀 차이를 생각해보자.

만약에 내가 우리 부모님 키가 한 분은 191센티미터이고 한 분은 160센티미터라고 말한다면 분명 당신은 191센티미터가 내 아버지 키라는 사실을 옳게 추측할 것이다. 남자의 평균 키가 여자의 평균 키보다 크다는 데는 논란의 여지가 없다. 하지만 남자들보다 큰 여자들도 있다는 것은 모두 알고 있다. 내가 만약 내 형제의 키를 183센티미터라고 한다면 사람들은 대부분 내가 오빠나 남동생을 말하고 있다고 생각할 것이다. 사실은 여동생의 키였다고 해도 말이다. 남녀의 평균 신장 차이는 d값이 1.91인데, 이는 남녀가 키 차이가 많이 난다는 의미이다. 하지만 그렇다고 하더라도 남자와 여자의 키 분포 곡선은 상당히 많이 겹친다(두 분포 곡선은 34퍼센트 정도 면적이 겹친다).

여자는 뇌의 두 반구를 연결하는 섬유 다발인 뇌량corpus callosum (뇌들보)이 더 커서 남자보다 뇌의 좌반구와 우반구가 더 많이 연결되어 있다는 것은 흔히 듣는 주장이다. 여자가 남자보다 여러 가지 일을 한꺼번에 처리하고 동정심이 더 강한 이유도 그 때문이라고 말하는 이들도 있다. 그러나 다음 페이지의 그림 1에서 보듯이 남녀의 뇌 연결 정도는 차이는 나지만, 그 차이가 크지는 않다. d값은 0.31이며 두 분포 곡선의 면적은 88퍼센트가량 겹친다.

흔히 남자아이들은 여자아이들보다 수학을 잘한다고 알려져 있다(구글에서 일하는 여자 소프트웨어 엔지니어가 많지 않은 이유는 그 때문이라고 설명한다). 이 주장의 타당성을 확인해보려고 내 큰아들이 대입 시험을 치른 2016년에 나온 나플란^{NAPLAN8} 수리 영역 시험 결과를 SexDifference.org 계산 프로그램에 입력해보았다. 내 아들이 시험을 보았을 때 남자아이들의 수학 평균 점수는 여자아이들의 수학 평균 점수보다 조금 높았다. 하지만 d값은 0.14였는데, 그것은 차이가 거의 나지 않는다는 뜻이었다. 분포 곡선이 겹치는 부분도 94퍼센트에 달했다. 그것은 전체 여학생의 거의 절반 정도는 평균 점수를 받은 남자아이들보다 수학을 더 잘한다는 뜻이다.

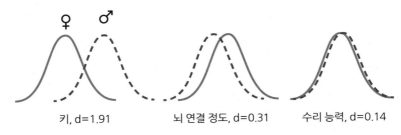

키, d=1.91   뇌 연결 정도, d=0.31   수리 능력, d=0.14

그림 1 성인의 키, 뇌 연결 정도, 수리 능력에서 남녀 간 차이를 나타내는 분포 곡선. 실선은 여자 분포 곡선을, 점선은 남자 분포 곡선을 나타낸다. (프로그램 제공: SexDifference.org)

이런 통계를 활용하는 이유는 사람들을 지루하게 하려는 것이 아니라 적절한 과학 도구를 활용해 남녀 간의 차이가 있다고 알려진 내용을 실질적으로 평가할 수 있는 방법을 제공하는 데 있다. 충분히 시간을 투자해볼 마음이 있다면 적절한 과학 보고서에 담긴 모든 자료를 SexDifference.org 프로그램에 입력하고 평가해봐도 된다.

모자이크 뇌의 개념을 소개하거나 남녀 간 차이와 유사점을 분석하는 통계학을 언급함으로써 그 어떤 차이도 없다는 식으로 단정을 짓거나 실제로 존재하는 차이점을 외면하려는 의도는 전혀 없다. 그

여자, 뇌, 호르몬

보다는 그저 '우리는 다른가?'라는 식으로 질문하는 습관에서 벗어나 '차이가 난다면 어느 정도나 나는가? 비슷한 점은 무엇인가? 나 자신의 뇌는 어떤 모습인가?'와 같이 좀 더 정교하게 질문하기를 바라는 것이다.

분명한 것은 여성인 사람과 남성인 사람의 뇌에 존재하는 신체, 정신, 행동 차이의 범위와 특성에 관해서는 논쟁의 여지가 많고 이 주제가 지극히 정치적이라는 점이다. 성호르몬과 뇌 발달 과정을 연구하는 신경과학자 마거릿 매카시Margaret McCarthy 교수는 남녀 차이를 둘러싼 논쟁을 가리켜 적절하게도 "뇌의 성별 차이는 누군가가 좋아하는 것보다는 크고 누군가가 믿는 것보다는 작다."[9]라고 했다.

본성과 양육은 협력한다

나는 삶이 우리 뇌를 형성하는 데 어떤 방식으로 영향을 미치며, 그와 마찬가지로 뇌는 우리가 우리 자신으로서 살아가는 데 어떤 식으로 영향을 미치는지가 늘 궁금했다. 그래서 인생 초기 단계에서 벌어지는 뇌 회로 형성에 영향을 미치는 사건을 탐구한다는 목표를 박사 학위 연구 주제로 삼았다. 나의 학위 논문은 이렇게 시작한다. "이 논문에서 나는 본성이냐 양육이냐 하는 낡은 논쟁 주제로 돌아갈 것이다. 발달 단계에서 나타나야 하는 특성 가운데 내재된 작용 원리를 따르는 특성은 어떤 것이며 경험을 통해 형성되는 특성은 어떤 것일까?"

3년 동안 나는 탁한 지하실 구석에 있는 옥스퍼드대학교 생리학 실험실에서 밤을 새면서 시각 피질(뇌에서 시각 정보를 처리하는 장소)에서 뇌세포(뉴런)와 세포 연결부(시냅스)가 발달하는 과정을 세심하게 관찰했다. 나는 내재되어 있는 생물 메커니즘(본성)이 형성하는 뇌 회로와 경험(양육)이 형성하는 뇌 회로의 형태와 특성을 명확하게 규정하고 싶었다.

논문의 마지막 부분은 이렇다. "요약하면, 뇌 회로는 발생이 진행되는 동안 변하는 것처럼 보인다. 뇌 회로 형성에는 본성과 양육이 모두 관여한다." 그 논문을 쓰고 나서 친구들과 함께 술집에 가서 맥주를 마실 때 대학원 친구들이 나에게 반드시 했던 질문("논문은 어떻게 됐어?")에, 몇 년 동안이나 잠을 자지 못하고 연구에 매달렸던 내가 할 수 있었던 대답은 고작 이것뿐이었다. "뇌가 변하는 걸 알았어. 그런데 그 이유가 **본성 때문만도** 아니고 **양육 때문만도** 아니었어. 내 생각에는 둘 다 이유인 거 같아."

내 연구가 뇌 회로 연구 분야에서 전혀 예상하지 못했던 결과를 더하지는 못했지만 발달하는 동안 뇌 회로를 형성하는 데는 본성과 양육이 모두 필요하다는 사실을 뒷받침해주는 수많은 논문과 결을 같이 했다.

내가 박사 학위 논문을 쓴 것은 벌써 20년 전으로, 지금은 양육이냐 본성이냐를 두고 격렬한 철학 논쟁은 더는 벌어지지 않고 있다. 본성과 양육은 협력한다. 본성과 양육은 함께 작용해 시너지를 낸다. '본성' 프로그램을 형성하는 유전자, 호르몬, 생체 분자, 내재적 신경 활동 패턴이, 그리고 '양육' 프로그램을 형성하는 어린 시절의 경험, 사회관계, 교육, 문화, 우리 주변을 둘러싼 세상이 우리 뇌를 만들어간다. 본성과 양육이 힘을 합쳐 우리 뇌를 조각해내는 것이다.

쉽게 변하는 모자이크 뇌

자궁에 있을 때 특정 유전자나 호르몬에 노출되면 영원히 변하지 않는 차이가 생긴다는 생각은 여자 뇌와 남자 뇌가 다르다는 개념과 아주 밀접한 관련이 있다. 이 가설은 본성이 중요하지 양육은 중요하지 않다는 생각을 담고 있다. 남자의 뇌와 여자의 뇌가 본질적으로 다르다는 믿음은 생물적 성과 사회적 성이 본성과 양육처럼 서로 영향을 주고받는다는 사실을 완전히 간과하고 있다.

남녀의 뇌가 본질적으로 서로 다르며 처음부터 고정되어 있다는 오해는 우리 뇌는 가소성이 있어 평생 끊임없이 변한다는 잘 알려진 사실을 무시한다. 어떤 의미에서는 뇌 발달은 우리가 죽기 전까지 절대로 '끝나지 않는다'고 할 수 있다. 이 책을 읽는 것을 비롯해 사춘기가 시작되는 것, 동료들과 함께 일하기, 경주에 참가하기, 자녀를 사랑하는 일에 이르기까지 우리가 하는 모든 경험이 우리 뇌를 만든다. 수조 개가 넘는 신경세포가 우리가 살아가고 있는 환경에 맞추어 계속해서 번성하거나 가지를 치면서 신경 연결부를 형성하고 재형성하며, 새로 만들고 수정하면서 뇌를 만들어간다.

분홍색 부분과 파란색 부분으로 이루어진 모자이크 뇌는 자궁 속에서 유전자와 태아 호르몬 때문에 완벽하게 운명이 결정된 단단한 도자기 조각들의 모임이 아니다. 뇌를 이루는 모자이크 조각들은 우리가 살아가는 동안 움직이기도 하고 다시 모양을 갖추기도 하고 대체되기도 하고 연마되기도 하고 다듬어지기도 하는 유연한 조각들이다. 우리의 모자이크 뇌는 가소성이 있어 아직은 완성되지 않은, 변해가는 독특한 예술작품이다.

이 책은 남녀의 차이점(과 유사점)에 관한 과학을 탐구하는 책이 아니며 화성에서 온 남자와 금성에서 온 여자라는 정형화된 두 성별에 관한 고정관념을 깨부순다는 의도도 없기 때문에 그런 주제에 관심이 있는 사람이라면 페미니스트 심리학자 코델리아 파인Cordelia Fine의 《젠더, 만들어진 성: 뇌 과학이 만든 섹시즘에 관한 환상과 거짓말Delusions of Gender: The Real Science Behind Sex Differences》[10]과 신경과학자 리즈 엘리엇Lise Eliot의 《분홍 뇌, 파란 뇌: 작은 차이가 만드는 엄청난 차이, 우리는 무엇을 할 수 있을까?Pink Brain, Blue Brain: How Small Differences Grow into Troublesome Gaps - and What We Can Do About It》[11]를 읽어보자. 둘 다 탁월한 책이다.

이 책을 읽을 때 기억할 것

신경과학자로서 나는 생리학, 약리학, 심리학을 배웠을 뿐 아니라 증거의 가치를 평가하고 다양한 가설을 검토하고 자료에 근거해 새롭게 설명하는 법도 배웠다. 학술 논문을 쓸 때는 논문을 읽을 때 주의해야 할 고지사항을 함께 적어야 한다는 것도 배웠다. 이 책을 읽을 때에는 다음과 같은 사항을 기억해둘 만하다.

생물적 성sex은 생물적이며 언제나 그런 것은 아니지만 보통은 아주 간단하게 구별할 수 있다. 그러나 XX 염색체는 여자를 만들고 XY

염색체는 남자를 만든다는 식으로 생물적 성과 사회적 성을 단순하게 생각할 수 없는 사람들도 있다. 현재 과학자들은 생식기 구조가 남성과 여성을 구분하는 전형적인 정의에 들어맞지 않는 간성intersex 상태로 태어나는 갓난아기에 관해 더 많은 것을 알아가고 있다.

사회적 성인 젠더gender는 훨씬 더 복잡하다. 젠더는 문화·사회·생물·심리 요소들이 복합적으로 들어 있다. 젠더는 우리가 보고, 느끼고, 행동하는 방식이다. 생물적 성과 사회적 성이 일치하는 경우는 많다. 두 성이 일치할 경우 여성 생식기를 가지고 태어난 XX 염색체의 아기는 자라서 소녀, 여자가 된다. 그와 마찬가지로 페니스를 가지고 태어난 XY 염색체의 아기는 자라서 소년, 남자가 된다. 젠더 정체성과 생물적 성이 일치하는 사람을 흔히 '시스젠더cisgender'라고 부른다. 생물적 성과 사회적 성이 일치하지 않는 사람을 가리킬 때는 트랜스젠더, 제3의 성nonbinary, 젠더 비순응자gender non-conforming 등 다양한 용어를 사용한다.[12]

성적 지향sexual orientation은 성별을 구별하는 것과는 또 다른 문제로 다른 사람에 대해 (감정적, 심리적, 육체적으로) 끌림이 있어야 한다(성적으로 끌림이 있을 수도 있다). 성적 지향에 따라 같은 성에 끌릴 수도 있고 다른 성에 끌릴 수도 있으며, 생물적으로 양쪽 성에 끌릴 수도 있고 생물적 성이나 사회적 성에 상관없이 끌릴 수도 있다.[12]

특별히 언급하지 않는다면 이 책에서 내가 '소녀'나 '여자'라는 단어를 쓸 때는 여성 생식기를 가지고 있고 성염색체는 XX이며 소녀로 자라고 여자라는 정체성을 갖는 사람을 의미한다. 물론 이런 전통적인 분류법으로는 분류할 수 없는 사람도 많으며, 간성이나 트랜스젠더,

성전환자에 관한 논의를 함께 한다면 이런 책은 훨씬 풍요로워지리라는 사실도 분명히 알고 있다. 하지만 그런 사람들에 관한 과학 연구는 거의 진행된 것이 없기 때문에 이 책에서 다루는 대상은 대부분 시스젠더인 소녀, 여자이다.

생물적 성이나 사회적 성을 결정하기는 쉽지 않으며, 과학은 현실에 존재하는 성 스펙트럼을 이제야 간신히 따라잡고 있다. 학계 교재가 제시하지 못하는 남성과 여성의 정의, 생물적 성과 사회적 성의 정의를 좀 더 알아보고 싶은 독자들은 성에 관한 개괄적인 지식을 굉장히 탁월하게 알려주는 《사이언티픽 아메리칸Scientific American》 2017년 9월호에 실린 〈생물적 성과 사회적 성: 여성만의 문제가 아니다Sex and Gender: It's Not a Women's Issue〉[13]를 읽어보자.

이 책에서는 내 이야기도 조금 들려줄 것이다. 나는 스트레이트 시스젠더 여성으로 내 경험이 다른 모든 여성의 경험을 대변한다는 생각은 절대로 하지 않는다.

01

곧 태어날 여자 아기의 뇌
― 태아기

굉장한
정자 레이스

모눈종이, 체온계, 호르몬으로 배란을 조절하는 방법을 알려주는 서적으로 무장한 나는 박사 과정 1학년 학생다운 진지한 열정을 가지고 아이를 갖는다는 사업에 임했다. 다행히 내 몸과 남편의 몸은 서로 협력했고 지난 10년 가운데 가장 좋은 시간들을 나는 사랑스러운 두 아들의 엄마로 살아갈 수 있었다. 이 책의 첫 번째 장을 쓰는 동안 남편은 아버지가 반드시 참석해야 하는 큰아들 학교 행사에 가야 했다. '나는 어디에서 왔는가?'를 알아보는 학부모와 학생의 밤 행사였다. 집에서 초조하게 두 사람을 기다린 나는 (정말로 냉정하고 냉철한 부모의 모습을 보여주고 싶었지만) 아들이 현관문으로 들어오는 순간 "그래서, 아기들은 어떻게 **태어나는** 거니?"라고 묻고 말았다.

아들은 이렇게 대답했다. "아, 조금 이상하고 창피했는데, 그래도 재미있었어. 정자들이 통로를 따라 수영해서 올라간대. 반은 틀린 길로 가다가 죽어버린대. 절반은 맞는 길로 가서 화학물질을 내보내는 난자를 만나고. 난자 안으로는 정자가 하나만 들어가는데, 난자 안에 갇힌 정자가 승자인 거래."

승자가 되어 난자 안에 '갇힌' 정자가 자신이 가지고 있던 X 염색체나 Y 염색체를 난자에게 내놓는 순간 생명은 결정된다. 정말로 이상하고도 재미있는 상황이다. 사람들은 대부분 생물적 성이 여성이라면 어머니에게서 X 염색체를, 그리고 아버지에게서도 X 염색체를 받은 사람이고 생물적 성이 남성이라면 어머니에게서 X 염색체를 받고 아버지에게서는 Y 염색체를 받은 사람이다.

성염색체의 이름이 X 염색체와 Y 염색체인 이유는 현미경으로 보았을 때 각각 알파벳 X와 Y처럼 보이기 때문이다. 다른 스물두 쌍의 일반 염색체처럼 성염색체도 DNA 두 가닥이 서로 단단하게 얽혀 있다. DNA는 유전자를 지정하고 유전자는 단백질을 만든다. 사람의 DNA가 만드는 유전자는 놀랍게도 2만 개 정도밖에 없는데, 2만 개 가운데 3분의 1은 뇌를 만드는 데 관여한다.[14]

한 뉴런(신경세포)이 다른 뉴런과 연결되어 만들 수 있는 시냅스의 수는 수만 개에 달한다. 그렇다면 아무리 적게 잡아도 한 뇌에 들어 있는 860억 개 뉴런은 100조 개에 달하는 시냅스를 만들 수 있다는 뜻이다. 유전자 수에 비해 시냅스 수가 그렇게나 많다니, 영리한 사람들은 이 계산이 어딘가 이상하다는 생각을 할 수밖에 없을 것이다.

우리의 유전자와 뇌와 행동은 아주 복잡한 관계를 맺고 있음이 밝혀졌다. 어머니와 아버지에게서 물려받은 DNA는 우리가 어떤 사람이 될지에 영향을 미치지만, 영향을 미치는 방법은 직접적이지도 않고 단순하지도 않다. 이 책에서 우리는 여자의 뇌에 있는 수조 개 시냅스가 우리를 만들어가는 과정을 탐구할 것이다. 이 책을 읽어나가는 동안 유전자는 생명체의 기본 토대를 지시하지만 여러 생물·사회·심리 요소들이 유전자와 상호작용하면서 시너지를 내고 유전자의 발현 모습을 바꾸어 나간다는 사실을 알게 될 것이다.

배아로, 태반으로

엄밀하게 말해서 수정란은 접합자zygote라고 할 수 있다. 생애 첫 6일에서 7일 동안 접합자는 나팔관을 따라 정신없이 굴러가면서 배반포blastocyst라고 부르는, 가운데가 텅 빈 둥근 세포 덩어리가 될 때까지 여러 번 분열한다. 배반포 시기가 되면 수정란은 자궁에 이르게 되고, 자궁벽에 파묻힌 배반포는 두 층으로 나누어질 때까지 계속해서 분열한다. 자궁벽 속에서 나누어진 배반포의 한 층은 배아embryo가 되고 다른 한 층은 태반이 된다.[15]

태반은 단순히 산모와 아기를 연결하는 중간 고리가 아니다. 태반은 임신을 유지하고 출산을 준비할 수 있게 해주는 여러 호르몬과 화학물질을 분비하는 거대한 분비샘 역할을 한다. 태반은 제일 먼저 임신 호르몬인 사람 태반 생식샘자극호르몬human Chorionic Gonadotropin(이하 hCG)을 만들어낸다. 임신 검사기에 소변을 묻히고 초조하게 기다리는 것이 바로 hCG 화학 반응이다. 소변에 hCG가 들어 있으면 임신 검사기에는 가는 파란색 선이 나타난다. hCG는 또한 생리 주기를 멈추게 하는 여러 호르몬 분비를 촉진한다.[16]

장차 XX 염색체나 XY 염색체를 가지고 아기로 자랄 세포들과 기원이 같기 때문에 태반에도 생물적 성이 존재한다. 태반의 성은 태반의 작용과 산모의 스트레스나 감염, 음식물로부터 아기를 보호하는 방법을 결정한다. 태반 때문에 자궁 속에서 성장하는 태아에게는 성차이가 나타나며, 여성이 될 배아의 태반은 남성이 될 배아의 태반보다 더 방어적인 것처럼 보인다.[17]

아직 닫히지 않은 신경관

엄마의 임신 검사에서 양성 반응이 나타나거나 생리 예정일이 지나면(수정되고 2주 정도 지났거나 마지막 생리일부터 4주 정도 지났을 때) 아기의 뇌가 형성되기 시작한다. 신경계는 가장 먼저 발달하기 시작하고 가장 늦게까지 발달하는 신체 기관 가운데 하나로, 이십 대나 삼십 대가 될 때까지도 계속해서 발달한다.

사람의 뇌와 척수는 착상된 배반포 내부에 형성된 평평한 세포층인 신경판neural plate에서 만들어지기 시작한다. 일련의 조화로운 여러 단계를 거쳐 평평했던 세포층의 두 끝부분은 둥그렇게 말려 가운데 부분에서 만나 동그란 신경관을 형성한다. 여기서 뇌 발달 초기에 일어나는 일까지 살펴보는 것은 지나치게 자세하게 들어가는 것처럼 보일 수도 있지만 신경판에서 전체 신경계가 분화된다는 사실을 생각하면 뇌 발달에서 이 단계는 아주 중요하다.

어쩌면 당신은 '신경관'이라는 말을 들어본 적이 있는지도 모르겠다. 아주 심각한 목소리로 '엽산 보조제를 복용해야 한다'고 권하는 말, 혹은 '선천성 결합'이라는 말과 함께 말이다. 당연히 그럴 만하다. 신경관이 닫히는 과정은 잘못될 수 있는데, 엽산은 신경관 폐쇄 부전을 줄이는 데 도움을 준다. 자연 상태에서 엽산은 비타민 B9의 형태로 존재한다.

수정되고 28일이 지난 뒤에도 신경관이 제대로 닫히지 않으면 이분척추(척추뼈가 불완전하게 닫혀 척수가 외부로 노출되는 기형 – 옮긴이), 무뇌증(문자 그대로 뇌가 없는 기형) 같은 심각한 선천성 기형이 발생할 수 있다. 엽산이 신경관에 문제가 생기지 않도록 막는 역할을 한다는 증거는 많지만 이 필수 비타민이 신경관을 어떻게 닫히게 하는지는 여전히 밝혀지지 않고 있다. 어떤 과학자들의 말처럼 엽산과 신경관 문제는 닫히려면 아직 멀었다.[18]

여자가 될
운명을 타고나다

———

독자들은 내가 언제 여자의 뇌를 다룰 것인지 궁금할지도 모르겠다. 나는 지금까지 두 성에 모두 쓸 수 있는 용어를 사용했는데, 수정이 된 뒤 한 달쯤 지났을 때까지는 남녀 구별이 없기 때문이다. 그러니 조금만 참아주면 좋겠다! 여자의 뇌가 발달하는 과정을 이해하려면 먼저 남자 배아가 발달하는 과정부터 살펴보아야 한다.

XY 염색체를 가진 배아는 수정 후 6주에서 8주쯤 지나면 Y 염색체 위에 있는 SRY(Y염색체 성 결정 영역) 유전자가 활성화된다. SRY 유전자는 정소결정인자라는 단백질을 지정하며 정소결정인자는 정소의 발달을 유도한다. SRY 유전자가 활성화되면 남자 배아에서는 수십 개 유전자 스위치가 연속적으로 켜지고 여자 배아에서는 수십 개 유전자 스위치가 꺼진다.[19]

라트로브대학교 유전학 교수 제니 그레이브스Jenny Graves는 SRY 유전자는 단 한 개 유전자일 뿐이지만 SRY의 역할은 단순히 정소를 만드는 것에서 끝나지 않는다고 했다. SRY 유전자가 활성화된 뒤에 따르는 후속 효과는 엄청나다. "테스토스테론 같은 남성호르몬은 배아의 정소에서 합성된 뒤에 발달하는 아기의 몸 전체로 퍼져나가면서 영향을 미칩니다. 안드로겐은 남성 생식기를 생성하게 하고 키가 자라게 하며, 머리카락, 목소리, 행동 방식을 결정하는 수백 개(어쩌면 수천 개) 유전자의 스위치를 켭니다."[20]

Y 염색체가 존재하지 않는다는 것이 태아가 여자로 발달할 수 있는 초기 설정값이다. 그런데 '초기 설정값'이라는 용어 때문에 그 의미를 축소해서 생각하는 사람이 있을지도 모르겠다.

남자 태아와 여자 태아의 뇌 발달에 관한 복잡한 수수께끼를 푸는 데 도움을 받기 위해서 나는 메릴랜드의과대학교에서 호르몬이 뇌 발달에 미치는 영향을 연구하고 있는 신경과학자 마거릿 매카시에게 전화를 걸었다. 호르몬과 뇌 성장 연구 분야의 선구자 중 한 사람인 매카시는 성호르몬이 뇌 발달에 미치는 영향에 관한 초기 연구를 몇 건 진행했다. 매카시는 나에게 한 말을 단 한 번만 한 것이 아님을 분명하게 알려주는 단호한 말투로 먼저 이렇게 말했다. "초기 설정값이라는 용어는 수동적인 의미가 아니에요. 그보다는 발달하고 있는 포유류 뇌가 여성으로 표현형이 결정되어 있음을 나타내고 있는 거랍니다."

현재 우리는 Y 염색체에 있는 SRY 유전자가 활성화되지 않으면 배아는 모두 여성으로 발현한다는 사실을 알고 있다.

Y 염색체가 없는 배아의 난소는 어떻게 발달할까?

XX 염색체를 가진 태아에게는 Y 염색체가 없으니 SRY 유전자도 당연히 없다. 따라서 XX 염색체 태아에게서는 SRY 유전자가 아닌 다른 유전자 스위치가 켜지거나 꺼지면서 정소 발생 프로그램은 억제하고 난소 발생 프로그램을 활성화한다.

난소는 여성의 생식 생활을 조정하는 세 신체 기관 가운데 하나일 뿐이다. 세 신체 기관은 서로 연합해 '시상하부-뇌하수체-난소 축 hypothalamic-pituitary-ovarian axis(이하 HPO 축)'을 이룬다. 난소를 제외한 두 기관(시상하부와 뇌하수체)은 뇌의 구성원이다.

잠시 시간을 내 시상하부부터 시작해 세 기관을 간단하게 살펴보자. 시상하부hypothalamus는 시상thalamus(간뇌 대부분을 차지하는 회백질 부분으로 시상을 통해 감각이나 충동, 흥분이 대뇌 피질로 전달된다.-옮긴이) 밑에 있는 뇌의 기저부에 있다(이 부분의 명칭이 시상하부인 것은 그 때문이다). 뇌하수체는 시상하부 옆에 있다. 시상하부는 뇌의 모든 지역을 통틀어 아주 바쁜 곳에 속한다. 시상하부는 체온을 조절하고 신진대사가 원활하게 진행되게 하며 배고픔, 목마름, 공격성, 성욕, 생체리듬, 스트레스 등과 관련된, 생명체가 살아가려면 반드시 수행해야 하는 기본 활동을 점검하고 조절하는 역할을 한다. 시상하부는 다른 뇌 지역과 신경 경로neural pathway로 정교하게 연결되어 있으며 신체 나머지 부분과 엄청나게 많은 혈관으로 연결되어 있기 때문에 몸에서 일어나는 일을 뇌가 반응할 수 있게 조절할 수 있다.

시상하부에서 만드는 호르몬과 신경전달물질은 뇌하수체 전엽과 연결되어 있는 여러 혈관으로 분비되기 때문에 시상하부와 뇌하수체는 아주 가까이 있어야 한다. 시상하부와 뇌하수체 사이에 놓인 문맥 덕분에 두 기관은 아주 빠른 속도로 직접 신호를 주고받을 수 있다.

뇌하수체 전엽은 난소 같은 여러 분비샘과 조직을 자극하고 조절하는 호르몬을 분비하기 때문에 흔히 '주분비샘master gland'이라고 부른다. 하지만 뇌하수체 전엽의 활동은 시상하부의 철저한 통제를 받기 때문에 뇌하수체 전엽을 주분비샘이라고 하는 것은 조금 어폐가 있다.

마지막으로 난소를 살펴보자. 난소는 뇌에서 아주, 아주 멀리 있는 복부 아래쪽에 깊숙이 숨어 있다. 난소는 호르몬과 난자를 생성하고 방출하는데, 태아기 절반을 보낼 즈음에는 여자 태아의 난소에는 500만 개 정도 되는 난자가 만들어진다. 이제는 곧 독자들이 익숙해질 여자 태아의 발달 과정이 진행되는 동안 태아의 난소 속 난자는 3분의 2 정도가 퇴화하고, 갓 태어난 아기의 난소 속에는 50만 개에서 100만 개 정도 되는 난자가 들어 있게 된다. 그 뒤로도 난자는 계속 퇴화해 사춘기에 이른 여자아이의 난소에 들어 있는 난자의 수는 수십만 개 정도로 줄어든다. 임신 여부와 횟수에 따라 달라지지만 한 여자가 평생 배란하는 난자의 수는 평균 450개 정도이다.

시상하부에서 분비하고 혈관을 따라 내려온 호르몬이 난소에 도달하면 난소는 자신이 만든 호르몬을 분비하는 것으로 시상하부 호르몬에 반응한다. 이때 난소에서는 생리 주기의 첫 절반 동안에는 주로 에스트로겐을 분비하지만 배란을 한 뒤에는 프로게스테론을 분비한다. 난소가 성숙해지면 뇌가 보내는 신호에 훨씬 능숙하게 반응하는데, 사춘기 초기에 생리 주기가 점점 더 '규칙적'으로 안정화되는 과정도 난소가 성숙해가는 과정 가운데 하나이다. 생리 주기가 완전히 규칙적으로 반복되려면 몇 년 정도 걸린다.

사춘기부터는 HPO 축이 맡은 역할 가운데 아주 중요해지는 것이 있는데, 바로 에스트로겐 같은 난소 호르몬의 분비를 조절하는 역할이다. 사실 에스트로겐oestrogen은 단일 호르몬이 아니라 에스트라디올oestradiol, 에스트리올oestriol, 에스트론oestrone을 합친 용어이다.

- ♀ 에스트라디올은 난소가 만드는 주요 에스트로겐으로, 유방 발달 같은 이차 성징이 나타나는 데 아주 중요한 역할을 할 뿐 아니라 생리 주기나 임신 유지에도 중요한 호르몬이다. 시중에서 판매하는 피임약에는 합성 에스트라디올이 들어간다.
- ♀ 에스트리올은 태반이 만든다. 평소에는 거의 검출되지 않는 호르몬이지만 임신을 하면 1000배 정도 분비량이 늘어난다.
- ♀ 에스트론은 능력이 많지 않은 에스트로겐으로 난소에서 분비하지만 폐경기가 되기 전까지는 두 에스트로겐보다 훨씬 적은 양이 분비된다.

내용이 복잡해지지 않도록 세 에스트로겐을 구별하는 일이 중요하지 않다면 이 책에서는 세 에스트로겐 호르몬을 합쳐 그저 '에스트로겐'이라고 부를 것이다.

태아의 뇌에 생식 영역을 구축하다

어머니 자연Mother Nature(여성의 창조성에 빗대어 대자연을 표현한 말 – 옮긴이)은 이기적이다. 자연의 유일한 목적은 우리가 섹스를 하고 아기를 만들게 하는 것이다. 두 개체가 만나서 짝짓기를 할 수 있도록 각 개체의 생식샘(정소와 난소)에 맞춰 생식을 조절하는 뇌 부위(특히 시상하부)도 '남성화'되거나 '여성화'된다.

호르몬은 생식에 관여하는 뇌 회로가 성장하고 반응하는 방식에 영향을 미친다. 태아기는 뇌가 성호르몬에 가장 민감하게 반응하는 두 시기 가운데 첫 번째 시기이다. 매카시는 이렇게 말했다. "성호르몬에 노출되는 이 첫 번째 시기를 '조직화 기간organisational period'이라고 합니다. 성호르몬이 뇌가 성인이 되었을 때 호르몬에 반응할 수 있도록 뇌를 조직하고 구성하는 단계라고 할 수 있습니다." 실제로 존재하는 많은 남녀의 차이는 성호르몬에 노출되는 두 번째 시기인 사춘기 때 조직적으로 발달해 활성화하거나 밖으로 드러난다.

태아기 때 뇌의 생식 영역에 가장 크게 영향을 미치는 성호르몬은 태아의 정소에서 생성되는 테스토스테론이다. 남자 태아의 뇌 생식 영역에 테스토스테론이 영향을 미치면 남자 태아의 생식 뇌 영역은 '남성화'된다. 그와 달리 정소가 없어 테스토스테론을 만들지 못하는 태아의 뇌 영역은 '여성화'된다.

테스토스테론이 남자 태아를 '남성화'하는 역할을 한다면 난소에서 만드는 에스트로겐은 여자 태아를 '여성화'하는 역할을 하리라고 생각할지도 모르겠다.

믿을 수 있을지는 모르겠지만, 사실 태아가 분비하는 에스트로겐은 성 차이를 만드는 일에 조금도 관여하지 않는다. 여자 태아는 여자가 되기 위해 굳이 난소 호르몬에 의지할 필요가 없다(여자 태아는 여자가 되도록 운명이 정해져 있다는 사실을 기억하자!). 발달 중인 여자의 뇌에서 에스트로겐이 하는 역할은 존재하기 때문이라기보다는 **부재하기** 때문에 생긴 부산물이라고 할 수 있다.

태아의 뇌는 알파태아단백질alpha-fetoprotein이라는 분자 덕분에 산모의 에스트로겐(산모나 태반이 만드는 에스트로겐)의 영향을 받지 않는다. 태아의 간에서 생성되는 알파태아단백질은 에스트로겐이 혈관에만 존재하게 해 산모의 에스트로겐이 태아의 뇌로 들어가지 못하게 막는다.[21]

흥미롭게도 에스트로겐은 남자의 뇌 구조를 형성하는 데 관여한다. 남자 태아의 뇌 속으로 쉽게 들어가는 테스토스테론은 뇌 속에서 방향화효소aromatase를 만나 에스트라디올로 바뀐다. 현재 '여성' 호르몬인 에스트라디올이 남자 태아의 뇌를 '남성화'한다는 사실은 잘 알려져 있다.

어머니 자연은 이기적이지만, 유머 감각이 풍부한 게 분명하다.

뇌와 행동은 어떤 관계를 맺고 있을까?

수학 성취도, 기술 관련 과목에 보이는 흥미도, 과학 이해 능력 등에서 성 차이가 나타나는 이유를 전적으로 태아기 테스토스테론의 존재(혹은 부재)로 설명할 때가 많다. 2005년에 하버드대학교 학장 로렌스 서머스는 타고난 생물적 차이(즉, 태아기 테스토스테론의 유무)가 수학 분야에서 남자가 여자보다 훨씬 더 뛰어난 성과를 내는 이유라고 말했고, 결국 학장직에서 물러나야 했다. 2017년 8월에는 구글 소프트웨어 기술자가 STEM 직종에서 남성이 여성보다 훨씬 많이 성공하는 근거를 대고 다양성 교육에 반대하려고 서머스와 같은 주장을 했다가 해고됐다.

성 차이를 연구하는 과학자들은 대부분 태아기에 노출되는 테스토스테론이 학업 성취도나 직업 선택에 직접 영향을 미치지는 않는다는 증거가 아주 많다는 사실에 동의한다. 코델리아 파인은 호르몬 때문에 성 차이가 생긴다는 결론을 내린 연구들은 서로 상관관계가 있을 때가 많으며, 그런 연구들은 사람의 생명 작용이 살아가면서 경험하는 사건들과 사회 상황과 복잡하게 얽혀 있음을 고려하기보다는 호르몬 수치가 사람을 규정하는 주요 요인임을 암시하고 싶어 한다고 말한다.[22]

태아기에 노출되는 호르몬은 태아가 '한 방향으로 움직일 수 있도록 살짝 밀어줄' 수는 있을지도 모른다.[11] 하지만 여자아이와 남자아이가 양육되는 방식에 따라 그 약간의 밀어줌이 만든 결과는 훨씬 강화될 수도 있고 완전히 소멸할 수도 있다. 내 생각은 이렇다. 60년 전만 해도 여자 정치인, 여자 변호사, 여자 의사는 거의 없었다. 여자인 과학자도 공학자도 수학자도 거의 없었다(그러니 신경과학에 관한 책을 쓰는 여자도 거의 없었을 것이다). 내가 보기에 태아의 뇌에 존재하는 아주 작은 성 차이로는 우리 사회에서 목격하는 사회적 성 사이에 나타나는 엄청난 차이를 제대로 설명할 수 없다. 오늘날 소녀나 성인 여성들의 능력과 직장에서의 여자들의 위치를 바라보는 사회적 태도 및 문화적 기대는 옛날과는 크게 달라졌다. 하지만 태아기 호르몬 수치는 전혀 달라지지 않았다.

신경과학자들이 태아기에 노출된 호르몬과 뇌와 행동의 관계를 밝히는 일은 생각보다 훨씬 어렵다는 사실이 이미 잘 알려져 있다. 우리 신경과학자들은 사람은커녕 신중하게 설계한 설치류 대조군 연구에서도 호르몬이 뇌와 행동에 미치는 영향을 정확하게 밝히지 못해 애를 먹고 있다. 연구 결과가 제대로 나오지 않는 가장 큰 이유는 한 개체를 만들어내고 행동 방식을 결정하는 뇌세포 회로망(신경 회로망)이 아주 광범위하다는 데 있다. 이런 신경 회로망의 역할 중 하나는 다양한 경로로 뇌에 들어온 정보를 통합하는 일이다. 사는 동안 우리가 받는 사회·문화·심리 자극은 여러 가지 복합적인 방법으로 생명 작용과 결합해 우리가 생각하고 느끼고 행동하는 방식을 결정한다.

전 생애에 걸쳐 생물·심리·사회 요소들이 뇌에 미치는 영향을 살펴볼 수 있는 토대를 학생들에게 제공해주기 위해 나는 '상향식으로 영향을 미치는 요인, 밖에서 안으로 영향을 미치는 요인, 하향식으로 영향을 미치는 요인 모형'을 개발했다.

이렇게 많은 뇌에 영향을 미치는 많은 요인들은 뇌 건강과 발달 과정, 수행 능력을 조절할 뿐 아니라 각 요인들은 아주 역동적인 방식

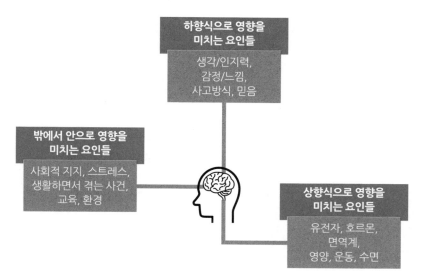

그림 2 상향식으로 영향을 미치는 요인, 밖에서 안으로 영향을 미치는 요인, 하향식으로 영향을 미치는 요인 모형

으로 서로 영향을 주고받는다. 다음이 그 예다.

♀ 생각과 감정은 육체가 경험하는 고통에 영향을 미칠 수 있다. 밖에서 안으로 뇌에 영향을 미치는 요인(스트레스)이 상향식 요인(고통)을 느끼는 하향식 요인(인지)을 악화시킬 수 있는 이유는 바로 그 때문이다.

♀ 사회적 관계는 뇌 건강에 직접 영향을 미친다. 다른 사람과 교류하지 않고 홀로 살아가는 사람들의 치매 발병률이 높은 이유는 그 때문이다.

♀ 육체 건강과 기분은 밀접하게 연결되어 있어서 상향식으로 영향을 미치는 요인인 운동은 하향식으로 영향을 미치는 요인인 감정을 조절하는 데 크게 영향을 미쳐 우울증도 치료할 수 있다.

뇌는 어떻게
만들어지는가?

신경외과 수술실에 들어가보면(또는 유튜브로 수술 장면을 보면) 살아 있는 사람의 뇌는 분홍색도 파란색도 아님을 알게 될 것이다. 활발하게 뛰고 있는 뇌는 자줏빛을 띤 회색이다. 뇌에서 가장 바깥쪽에 있는 주름진 층은 띠고 있는 색을 따라 회백질grey matter이라고 부르는데, 회백질에는 신경세포체와 수상돌기dendrite라고 하는 신경세포체에서 뻗어 나간 가지인 아교세포glia가 있다. 회백질에서 1센티미터 정도 아래쪽에는 회백질과 뇌의 다른 부위를 연결하는 신경 다발이 들어 있는 백질white matter이 있다.

전통적으로 피질은 한쪽 뇌 반구마다 전두엽, 측두엽, 두정엽, 후두엽이라는 네 개의 엽으로 구성되어 있다. 이 네 엽이 하는 일을 간단하게 살펴보면 후두엽은 시각을 처리하며, 측두엽은 소리와 들리는 언어와 기억을 담당하고, 두정엽은 감각과 운동을 통합하며, 다른 동물들보다 사람에게서 가장 크게 발달하고 진화한 전두엽은 운동, 언어, 추상적 사고와 주의력 등을 통제한다.

뇌의 각 부위가 하는 일을 어떻게 알 수 있을까? 올리버 색스의 걸작 《아내를 모자로 착각한 남자The Man Who Mistook His Wife for a Hat》를 여는 글에 그 단서가 있다. "신경학은 결손deficit이라는 용어를 총애한다." 뇌졸중이나 뇌종양 때문에 기능에 문제가 생긴 뇌를 관찰하다가 신경과학자들은 '기능의 국소화localisation of function'라고 부르는 개념을 처음 생각해냈다.[23]

색스가 언급한 것처럼 과학계는 프랑스 신경학자 폴 브로카Paul Broca가 왼쪽 측두엽의 특정 부위에 손상을 입으면 말하는 능력에 문제가 생긴다는 사실을 발견한 1861년에 뇌와 정신의 관계를 연구하기 시작했다. 브로카의 연구는 뇌의 특별한 부위가 언어, 지능, 감정, 시각 같은 특별히 정해진 힘을 발휘한다는 인간 뇌 지도를 그리는 길을 활짝 열었다. 박사 학위 과정 학생일 때 나는 후두엽 한 부분을 측정하면 두 눈 중 한쪽에서 들어오는 신경 자극을 기록할 수 있음을 분명하게 알고 있었는데, 그 부분을 텅스텐으로 만든 4밀리미터짜리 미소 전극micro-electrode을 가지고 찔러대면서 수백 시간을 보냈다. 신경외과 수술을 하는 의사들도 메스를 들어 뇌를 절개하기 전에 중요한 부위가 손상되지 않도록 전극으로 뇌를 자극해 꼼꼼하게 뇌 지도를 파악한다. 현재 사용하는 기능적자기공명영상fMRI은 혈류의 흐름을 측정해 뇌 활동과 각 뇌 부위의 기능을 파악한다.

그렇다고 해서 피질의 특정 부위가 특별한 작업job이나 특성으로 '고정되는' 일은 절대로 일어나지 않는다. 우리 뇌는 가소성이라는 특징이 있어서 경험에 반응해 변한다는 사실을 기억해야 한다. 텅스텐 미소 전극으로 후두엽을 찔러 눈에서 들어오는 정보를 기록하는 동안 나는 한쪽 눈을 가리는 방식으로 각 뉴런이 두 눈 가운데 한쪽을 선호하도록 조작할 수 있었다. 귀에서 들어오는 신경 자극의 이동 경로를 바꾸면 시각 뉴런이 소리에 반응하게 만들 수 있다. 사람이 배우고 기억할 수 있으며, 뇌졸중 같은 질환에서 회복될 수 있는 이유는 이런 뇌 가소성 때문이다.

조금 더 깊게 들여다보면 다양성이 뇌 지역 특이성을 뒷받침하고 있음을 알 수 있다. 아주 단순해 보이는 신경 구조체도 수많은 종류의 세포로 이루어져 있다. 망막을 이루는 신경세포는 수십 종에 달하며 척수에서 근육으로 뻗어 나가는 분화된 뉴런은 100종류가 넘는다. 배아 초기 단계에서 세포의 다양성을 만드는 두 요소는 화학 물질의 농도 차이와 신호 분자들이다. 예를 들어 어떤 구조가 가로로 발달할 것이냐 세로로 발달할 것이냐는 유전자를 끄거나 켜는 방식으로 세포의 발달 모습에 영향을 미치는 화학물질을 분비하는 세포가 어느 정도의 거리에 있느냐에 따라 결정된다.

우리 뇌와 마음이 놀라운 능력을 발휘하는 이유는 자궁 속에서 태아가 발달하는 동안 수십억 뉴런이 형성하는 다양성과 정교한 연결망 덕분이다. 뇌는 우리가 사랑을 하고 느끼고 이 세상에서 움직이고 예술작품을 만들고 인공위성을 우주로 날려 보내게 하며, 올리버 색스의 환자처럼 손상된 뇌는 "손을 뻗어 아내의 손을 잡고 머리 위로 들어 올려 쓰게" 하기도 한다.

새로운 뇌세포의 탄생

태아 발생 초기에 신경관을 만든 수백 개 세포가 갓난아기의 뇌를 구성하는 860억 개에 달하는 다양한 세포로 분화하다니, 정말로 어마어마한 증가라고 할 수 있다. 아주 단순하게 계산한다고 해도 자궁 속 태아는 1분에 25만 개에서 50만 개에 달하는 새로운 뉴런을 만들어낸다는 결론을 내릴 수 있는 것이다. 엄청나게 증식한 뇌세포는 사실 단 한 종류의 세포에서 분화되어 나온다. 줄기세포stem cell 말이다.

줄기세포라는 말을 들으면 낙태한 태아의 조직을 가지고 암이나 파킨슨병을 치료하겠다며 윤리 논쟁을 불러일으키는 미친 과학자들을 떠올릴지도 모르겠다. 하지만 자연에 존재하는 줄기세포는 그렇게 극적인 존재가 아니다.

줄기세포에는 몇 가지 독특한 특성이 있다. 줄기세포는 끝없이 분열하고 자기 복제품을 만들며 신체를 구성하는 그 어떤 세포로도 분화될 수 있다. 신경 줄기세포는 이름에서 알 수 있듯이 뉴런과 아교세포를 비롯해 뇌와 신경계에 있는 모든 세포로 분화될 수 있다. 줄기세포가 뉴런으로 분화되는 과정을 **신경 발생**neurogenesis이라고 하고 아교세포로 분화되는 과정을 **아교세포 발생**gliogenesis이라고 한다.

전체 뇌세포의 절반 정도를 차지하는 아교세포는 크게 별아교세포astrocytes, 희돌기교세포oligodendrocytes, 미세아교세포microglia라는 세 가지 아교세포로 분류할 수 있다. '아교세포'를 뜻하는 영어 'glia'는 그리스어로 '접착제glue'라는 뜻이다. 한때 과학자들은 아교세포의 역할은 오직 뉴런을 뉴런이 있어야 할 곳에 '붙이는' 것이 전부라고 생각했었다. 하지만 지금은 아교세포의 역할이 뉴런의 구조를 지지하는 데 그치지 않는다는 것이 알려져 있다. 아교세포는 뉴런에 영양분이 공급될 수 있도록 도우며 자는 동안 독성 물질을 제거하고(별아교세포), 축삭돌기에 절연체인 수초를 형성하고(희돌기교세포나 말초신경계의 슈반세포), 뇌에서 내재적으로 존재하는 면역계 역할을 한다(미세아교세포). 아교세포 발생 과정은 사람의 전 생애에 걸쳐 일어난다. 예를 들어 희돌기교세포는 뇌를 스캔해 백질의 부피와 밀도가 변하는 정도를 측정하면 소멸하고 생성되는 정도를 확인할 수 있다.

성인의 뇌에서 일어나는 신경 발생 과정은 아직 제대로 밝혀지지는 않았다. 신경 발생은 공기 속에 들어 있는 14 탄소 원자 표지를 이용해 중년층을 연구한 논문에서 처음 기술되었다. 14 탄소는 핵폭탄을 터뜨릴 때 생성되는 탄소 원자로 DNA에 융합되어 들어갈 수 있다. 1955년부터 1963년까지의 냉전 기간에 지상에서 핵무기 실험을 많이 하면서 대기 속 14 탄소의 양은 엄청나게 늘어났다. 14 탄소는 산소와 반응해 이산화탄소를 생성했고, 식물은 이 이산화탄소를 흡수해 광합성을 하면서 영양분을 만들었다. 사람은 식물을 직접 섭취하거나 식물을 먹고사는 동물을 먹음으로써 식물이 14 탄소로 만든 영양분을 흡수했고, 우리 세포로 들어간 이 영양분은 우리의 DNA에 '제조 날짜'를 새겼다. 냉전 시대에 살았던 사람들의 뇌에서 새로 생성된 뉴런에는 14 탄소가 들어 있다. 신경과학자들은 14 탄소를 찾는다는 혁신적인 방법을 이용해 중년기 사람의 해마에서는 14 탄소 표지를 단 뉴런이 매일 700개 정도 새로 생성된다는 추정을 할 수 있었다. 바다에 사는 해마를 닮은 뇌의 해마hippocampus(그리스어로 '해마'라는 뜻)는 학습과 기억의 중추이다.[24]

당연히 신경 발생이라는 개념에 많은 사람이 흥분했는데, 특히 노화되는 뇌를 치료할 수도 있다는 기대를 품을 수 있게 된 사람들이 흥분했다. 어쨌거나 늙어가는 동안 뇌세포가 끊임없이 죽는 것보다는 새로운 뇌세포가 끊임없이 생성되는 상황이 누구에게나 훨씬 더 마음에 드는 상황일 테니까. 매일 700개 뉴런이 새로 생성된다는 추정은 충분히 놀라운 일이었지만, 뉴런 700개는 사실 해마에 존재하는 한 가지 유형 세포의 전체 세포 수에 비해서도 고작 0.004퍼센트밖에 되지 않으며 신경 질환을 모식화하려고 연구한 설치류의 뇌세포 생성 수에 비해서도 10분의 1밖에 되지 않는 적은 양이다. 그 때문에 그렇게 적게 생성되는 새로운 뇌세포가 복잡한 행동과 정신 질환에 어떤 영향을 미칠 수 있다는 것인지 알 수 없다고 의문을 제기하는 과학자들도 있다.[25]

조금 실망할 독자가 있을지도 모르겠지만 신경 발생에 관한 연구도 대부분 실험실에서 동물을 대상으로 진행한 것이지 사람을 대상으로 하지는 않았다는 사실도 말해야겠다. 설치류의 경우 스트레스를 받거나 우울증, 감염 등의 증상이 생기면 신경 발생 속도가 느려졌고 항우울제를 투여하거나 운동을 하면 신경 발생 속도가 빨라졌다. 하지만 어른인 사람의 뇌에서도 같은 결과가 나올지는 알 수 없다.

뉴런은 이동해야 한다

2015년 말, 전 세계 언론은 남아메리카 대륙(특히 브라질)에서 소두증microcephaly 아기가 급증하고 있다는 보도를 하기 시작했다. 그 뒤로 소두증이 증가한 이유를 제시한 수많은 가설이 나왔는데, 그때까지 나온 증거들은 대부분 모기가 옮기는 지카바이러스를 소두증의

여자, 뇌, 호르몬

원인으로 가리켰다. 2016년 리우올림픽을 앞두고 다수의 해외 여행객과 운동선수는 지카바이러스를 피하려고 브라질에 가지 않을 것을 고려하기도 했다.

결국 지카바이러스는 방사신경아교세포radial glia를 감염시킨다는 사실이 밝혀졌다. 방사신경아교세포는 신경 줄기세포 역할을 할 뿐 아니라 새로 태어난 뉴런이 이동할 수 있는 발판 역할도 해준다. 한창 발달하는 신경관을 잘라보면 신경관 벽에 방사신경아교세포가 자전거 바큇살처럼 촘촘하게 박혀 있는 모습을 볼 수 있다. 뉴런이 새로 태어나면 뉴런들은 방사신경아교세포를 따라 자신들이 있어야 할 곳까지 이동한다. 피질을 구성하는 여섯 개 세포층이 안쪽에 먼저 쌓이고 바깥쪽에 나중에 쌓이는 것처럼 목적지까지 이동한 새로 태어난 뉴런들은 먼저 도착한 뉴런 위에 자리를 잡는다. 뉴런이 태어난 날짜가 뉴런이 위치할 자리를 결정하는 것이다. 새로 태어난 뉴런이 이동하도록 돕는 역할을 끝내면 방사신경아교세포는 하던 일을 멈추고 동그랗게 뭉쳐 별아교세포로 분화한다.

이 책을 쓰고 있을 무렵에 임산모가 지카바이러스에 노출되면 태아의 방사신경아교세포가 감염되어 장애가 발생한다는 연구 결과가 나왔다. 지카바이러스에 감염된 방사신경아교세포는 성장을 멈춰 분열하지 못한 채 죽기 때문에 결국 태아의 뇌에서 생성된 뉴런은 가야 할 곳으로 가지 못하게 된다. 지카바이러스에 감염된 아기가 소두증으로 태어나는 이유는 신경관에서 방사신경아교세포가 제 기능을 하지 못하기 때문일 수도 있는 것이다.[26,27]

임신이 아무 문제 없이 진행된다면 5개월에서 6개월 정도면 신경 발생은 거의 모두 끝난다. 그런데 그때부터는 전혀 예상하지 못한 일이 일어난다. 태어난 뉴런의 절반 정도가 죽어버리는 것이다.

뉴런은 세포 자멸이라는 엄격하게 통제된 과정을 통해 죽어간다. 세포 자멸apoptosis이라는 용어는 '나무에서 떨어지는 잎'을 뜻하는 그리스어 단어에서 유래했다. 힘들게 만든 뉴런이 죽어버리다니, 쓸데없는 낭비라는 생각이 들 수도 있지만 사실 세포 자멸은 생명체가 필요로 하는 적절한 수의 뉴런과 아교세포를 구성하고, 신경이 분포해야 하는 부분의 적절한 크기에 맞는 뉴런 수를 유지하는 데 아주 중요한 역할을 한다. 세포 자멸이 하는 역할을 훨씬 더 분명하게 확인할 수 있는 곳은 뇌가 아닌 다른 신체 부위다. 태아의 손은 처음에는 오리발처럼 물갈퀴가 달린 평평하고 넓적한 모습으로 만들어지지만, 시간이 흐르면 손가락 사이에 있는 물갈퀴 같은 부분의 세포들이 자멸하면서 사람 손가락 모양을 갖추게 된다.

1906년에 노벨상을 받았고 흔히 현대 신경과학의 대부라고 불리는 스페인 신경과학자 산티아고 라몬 이 카할Santiago Ramon y Cajal(1852~1934)은 이렇게 말했다. "뇌는 아직 탐사하지 않은 수많은 대륙과 거대한 미지의 영역이 존재하는 세상이다."

카할은 옳았다. 태어난 뒤에 자신이 머물러야 할 최종 주소지로 옮겨간 뉴런은 죽어야 하는 50퍼센트 안에 들지 않는다면 그때부터는 돌기를 만든다. 수상돌기라고 부르는 나뭇가지처럼 생긴 뉴런의 돌기는 다른 뉴런이 보내온 신호를 받아들이는 수신기 역할을 한다. 뉴런의 신경세포체가 만든 신호를 다른 뉴런에게 전달하는 축삭돌기는 아주 긴 덩굴줄기처럼 보인다. 일단 뉴런이 자기 위치에 자리를 잡고

돌기를 생성하면 긴 덩굴처럼 생긴 축삭돌기는 다시 이동할 준비를 한다.

성장원뿔growth cone이라고 하는 축삭돌기의 끝부분은 아주 경이롭다. 성장원뿔은 주변 환경에 존재하는 분자나 화학 표지판을 따라서 자신이 가야 할 길을 찾을 수 있는 감각 구조물이자 태아의 뇌 지형을 가로질러 직접 이동하는 운동 구조물이기도 하다. 축삭돌기는 고작 몇 마이크로미터 떨어진 곳에 있는 이웃 뉴런의 문을 두드리기도 하고 (척수에서 엄지발가락까지의 거리인) 수 미터나 떨어진 곳에 있는 뉴런까지 뻗어 나가기도 한다(척수에서 엄지발가락까지 축삭돌기가 이동한다는 것은 오스트레일리아의 서쪽인 퍼스에 사는 아기가 오스트레일리아의 동쪽인 시드니에 있는 항구 옆 아파트까지 기어가서 두드려야 할 문을 정확하게 두드리는 일에 비유할 수 있다). 축삭돌기가 목적지에 도달하면 성장원뿔은 붕괴해 시냅스라는 독특한 구조로 바뀐다.

미니어처 통신 지역, 시냅스

뉴런은 서로 접촉하지 않는다. 두 뉴런은 시냅스라는 조그만 틈을 사이에 두고 떨어져 있다. 시냅스가 존재하는 이유는 한 뉴런이 보내는 전자 신호를 화학 신호로 전환해 다른 뉴런에 전달하려는 데 있다. 좁은 시냅스를 건너가 다른 뉴런으로 들어간 화학 신호는 다시 전자 신호로 바뀐다.

도파민, 옥시토신, 세로토닌 같은 유명한 신경전달물질은 이름을 들어보았을 것이다. 이런 유명한 신경전달물질을 분비하는 뉴런은 명

성에 비해 뇌에 상당히 적게 들어 있다. 이 물질들의 역할은 신경 활동을 강화하는 글루탐산glutamate과 신경 활동을 억제하는 감마 아미노부티르산GABA의 활동을 조절하는 것이다. 본질적으로 시냅스의 구조와 수가 뇌 변화 방식을 결정한다. 커피부터 니코틴, 코카인, 항우울제 같은 향정신성 약물은 대부분 시냅스에 작용한다. 나중에 살펴보겠지만 학습과 경험도 시냅스의 구조와 수를 바꾼다. 시냅스 가소성이라고 알려진 이런 특징이 각 개인의 뇌에 고유한 특성을 부여한다.

태아 발생 초기에는 시냅스가 어마어마하게 많다. 필요한 양보다 훨씬 많은 뉴런 연결부가 생성되는 것이다. 그렇기 때문에 전체 뉴런 가운데 절반이 사라질 때 과잉 생성됐던 시냅스도 함께 정리된다.

태아의 뇌에서 시냅스를 가지 치는 과정은 잘못될 수도 있는데, 그럴 경우 공감각synaesthesia이라고 하는 아주 흥미로운 상황이 벌어질 수도 있다. 올리버 색스가 설명한 것처럼 일반적으로 우리의 뇌 영역area은 한 가지 종류의 신경 신호로 들어온 정보를 처리하도록 분화되어 있다. 하지만 공감각인 사람은 시냅스가 엉뚱하게 제거되었기 때문에 서로 연결되면 안 되는 뇌 영역들이 서로 연결된다. 공감각인 사람들은 색을 '듣거나' 모양을 '맛보기' 때문에 '1월은 연한 사과 같은 초록색'이라거나 '가온다 음은 소고기 육수 같은 맛'이라는 식으로 외부 세계를 인지할 수 있다. 전체 인구 가운데 약 4퍼센트 정도가 세상을 그런 식으로 풍부하고 창의적으로 묘사할 수 있으며, 공감각인 사람들에게 그런 능력은 고통이 아니라 오히려 **선물**일 수도 있다.

태어나고
1000일이 될 때까지

수정된 날부터 아기가 두 돌을 맞기까지는 대략 1000일 정도가 걸린다. 이 1000일은 아기가 성장하고 배우고 미래에 공헌할 수 있는 기초를 세울 수 있는 아주 중요한 기간이다. 그렇다면 첫 1000일 가운데 처음 280일 동안 우리는 아기를 위해 어떤 일을 할 수 있을까?

앞에서 살펴본 것처럼 임신 기간에 적절한 양의 엽산을 음식이나 영양제 형태로 섭취하면 신경관에 문제가 생길 가능성을 줄일 수 있다. 흡연도 아기 뇌를 위해 피해야 할 유독한 행동이다. 임신 기간에 산모가 과도하게 술을 마시면 아기의 뇌는 제대로 성장하지 못하고 부피도 감소하며 뉴런이나 시냅스 같은 미세 조직도 변형된다. 니코틴은 축삭돌기가 제대로 뻗어 나가지 못하게 하고 시냅스 형성을 방해하며, 흡연 시 산모가 흡입하는 일산화탄소는 태아의 뇌로 들어가는 산소를 줄여 뇌가 제대로 성장하지 못하게 막는다.[28] 한 가지 흥미로운 점은 산모의 흡연이 여자 태아보다 남자 태아에게 더 심각한 영향을 미친다는 점이다. 어쩌면 그 이유는 여자 태아를 감싸는 태반이 훨씬 더 방어적이라는 데 있는지도 모른다.[29]

걱정을 걱정하다

처음 임신을 했을 때 나는 계속해서 무언가 잘못되고 있다는 기분을 느꼈다. 어쩌면 간접흡연을 했거나 비타민제를 복용하는 걸 깜빡했을지도 모른다는 기분이 들었다. 수년 동안 뇌 발달 과정을 연구하다 보니 태아기 때 사람이 얼마나 외부 환경에 민감하게 반응하는지 잘 알고 있었기 때문이다. 내 임신 기간은 스트레스로 가득 차 있었다. 엄마가 나에게 산모가 스트레스를 받으면 아기도 함께 스트레스를 받는다는 사실을 지적해주었을 때 나는 내가 스트레스를 아주 많이 받는다는 사실에 정말로 스트레스를 받았다.

건강하게 임신이 진행될 때는 스트레스 호르몬인 코르티솔cortisol의 수치가 평소보다 두세 배 높아지지만 태아는 태반에서 분비하는 효소 덕분에 '높지만 정상 범위'인 어머니의 코르티솔의 영향을 받지 않는다. 하지만 자연재해나 격렬하고 심각한 질병 때문에 산모가 극심한 스트레스를 받거나 외상 후 스트레스 장애를 앓게 되면 효소의 활동성이 변해 산모의 스트레스가 태아에게 전해질 수도 있다. 자궁 속에서 어머니의 코르티솔에 지나치게 많이 노출되는 것은 훗날 질병을 유발하는 주요 원인일 수 있다. 발생의 각기 다른 시기에 자궁 속에서 일어나는 일이 유아기부터 성인기에 이르기까지, 출생한 아기에게 영향을 미칠 수 있다는 설명을 '태아 프로그래밍foetal programming'이라고 부른다.[30]

산모의 스트레스에 관해서는 우리 엄마가 틀렸다. 정상적인 산모의 불안은 태어날 아기에게 전혀 해를 끼치지 않는다. 오히려 전혀 반대 효과를 낼 수도 있다. 존스홉킨스대학교의 과학자들이 건강한 산모 94명을 대상으로 진행한 연구에서 '질병과 상관없는 산모의 불안(예를 들어 처음으로 부모가 된다는 전형적인 산모의 불안)'이나 임신을 하면 자연스럽게 경험하는 스트레스(예를 들어 아기가 얼마나 움직일지를 걱정하는 것)는 오히려 아기에게 이롭다는 사실이 밝혀졌다. 질병과 상관없는 불안과 임신하면 자연스럽게 느끼는 스트레스의 수치가 높은 산모의 아기는 그 수치가 낮은 산모의 아기보다 두 살이 되었을 때 운동 능력과 인지 능력이 더 발달했다.[31]

존스홉킨스대학교의 과학자들은 자신들의 연구 결과가 걱정을 걱정하는 경향이 있는 여자들을 안심시켜주기를 바란다고 했다. 내가 임신을 했을 때 이런 사실을 알았다면 얼마나 좋았을까!

뱃속에서 자연재해를 겪는다면

자연재해를 경험하는 것은 불행한 일이지만 극심한 스트레스를 유발하는 사건이 태아의 뇌 발달에 미치는 영향에 대해 '자연 실험'을 할 수 있는 기회를 주는 것도 사실이다. 바로 그런 자연 실험 연구가 1998년 1월, 캐나다 퀘벡에서 있었다. 그때 퀘벡에서는 언 비가 내리는 얼음 폭풍이 불었고 눈 때문에 송전탑이 수천 개나 무너져 내렸다. 하필이면 추운 캐나다에서도 가장 추운 계절에 전기가 끊겨 임산부 수백 명을 비롯한 300만 캐나다 사람들이 적어도 45일 동안 난방도 하지 못하고 추운 겨울을 견뎌야 했다.

얼음 폭풍이 내리고 5개월이 지났을 때 맥길대학교 정신과 의사 수

잰 킹Suzanne King 연구팀은 자신들에게 독특한 기회가 왔다는 것을 알았다. 얼음 폭풍이 불 때 임신을 하고 있던 여자들의 아기를 조사하면 산모의 스트레스가 태아에게 미치는 영향을 알아볼 수 있음을 깨달은 것이다. 킹의 연구팀은 얼음 폭풍이 불 때 임신을 하고 있었던 여자들을 수백 명 찾아내, 그때부터 수십 년 동안 아이들의 성장 과정을 세밀하게 관찰했다.[32]

얼음 폭풍 프로젝트에서 관찰한 아기들은 자연재해를 겪지 않은 아이들보다 더 적은 몸무게로 더 일찍 태어났다. 특히 얼음 폭풍이 불 때 임신 초기였거나 임신 말기였던 산모의 아기에게서 그 경향이 두드러졌다. 영아기 때 이 아이들은 인지 능력과 언어 능력도 느리게 발달했다. 다섯 살 때 평가한 검사에서도 이 아이들은 인지 능력과 언어 능력이 더디게 발달하고 있었고, 주의력 장애와 행동 장애가 발생하는 비율이 높아지고 있다는 결론이 나왔다.

얼음 폭풍 '아기들'은 십 대가 된 후에도 여전히 생애 초기에 노출된 스트레스에 영향을 받고 있다. 여자아이들의 경우 사춘기가 빨리 오거나 비만과 천식으로 고생하는 아이도 많았다. 지문 형태가 바뀐 아이도 있었다(비대칭적으로 발달한 지문은 일반적으로 조현병을 진단하는 기준이다).

전반적으로 남자아이들의 상황은 더 안 좋았다. 킹과 동료들은 남녀 차이가 나타나는 이유가 태반의 차이 때문일지도 모른다고 했다. 왜인지는 모르지만 여자 태아의 태반이 어머니의 스트레스 호르몬에 더 강한 보호 작용을 하는 것처럼 보인다고 했다.

얼음 폭풍 연구는 태아가 어머니와 아주 밀접하게 연결되어 있음을 보여준다. 산모의 신체 상태와 감정 상태는 태아와 아동의 발달에 상당히 크게 영향을 미친다. 킹은 이렇게 말했다. "우리 연구 결과는 생각했던 것보다 태아가 산모의 환경에 훨씬 더 민감하고 연약하게 반응하고 있음을 보여줍니다. 따라서 우리는 산모들이 가급적 스트레스를 피하거나 관리해야 한다고 조언하고 싶습니다." 물론 자연재해는 통제할 수도, 막을 수도 없지만 킹은 산모와 산모를 돕고 지원하는 사람들은 산모가 받는 스트레스를 줄일 수 있도록 노력해야 한다고 했다. 스트레스와 스트레스를 낮춰주는 사회적 완충 장치의 절대적 필요성에 관해서는 이 책을 읽어나가는 동안 여러 번 다시 살펴보게 될 것이다.

1928년에 카할은 "처음에는 불완전하게 연결되는 곳도 아주 많고 제자리가 아닌 곳에서 생성되는 경우도 아주 많다……. 하지만 서서히 틀린 부분을 교정해나간다."라고 썼다. 이번에도 카할이 맞았다. 시냅스를 형성하고 정교하게 다듬고 제거하는 과정을 통해 전기 신호로 암호화되는 경험은 태아기에, 아동기에, 십 대 시절에, 그리고 성인이 된 뒤에도 뇌 회로를 바꾸어나간다.

이제 곧 태어날 여자 아기의 뇌는 자신의 인생 이야기를 새겨 넣을 준비를 마쳤다. 어머니 자연은 거친 초안을 만들어주었다. 자연은 여자 아기를 위한 목차를 작성해주었지만 각 장에 실을 절과 문장과 단어는, 이야기와 문법과 문장 기호는 아이가 살아가는 동안 계속해서 쓰고 다시 쓰고 교정하고 수정해나갈 것이다.

2장에서는 자궁을 벗어나 세상으로 나온 여자아이의 뇌에서 일어나는 일들을 살펴보도록 하자. 사회적이고 문화적인 역할, 부모의 기

대와 믿음, 살아가면서 겪는 경험들이 아이의 뇌를 자극하는 모습을
볼 수 있을 것이다.

아주 거룩한 시간
- 아동기

상호작용하면서
다듬어지고 정교해지다

"아들이군요."

2008년, 이슬비가 부슬부슬 내리던 가을 저녁에 나의 산부인과 담당 의사는 아주 무덤덤한 목소리로 이렇게 말해 나를 놀라게 했다. 물론 임신 기간 내내 아들이라는 생각을 했기 때문에 첫아이가 아들이라는 사실에 실망하지는 않았다. 그보다는 하룻밤, 하루 낮을 꼬박 진통으로 고생한 뒤에 낳은 내 첫아이의 성별을 그런 식으로 특별한 일이 아니라는 듯이 툭 내뱉는 말투에 짜증이 났던 것이다.

그로부터 19개월 뒤에 다른 의사의 보살핌을 받으면서 둘째 아이를 출산할 때 나는 출산 계획서에 한 줄을 적어 넣었다. "아이의 성별은 남편이 알려준다." 아주 짧고 쉬웠던 두 번째 진통이 끝난 뒤에 내 둘째 아이가 내 품에 안겼다. "또 아들이에요." 내가 울부짖자 산부인과 의사가 재빨리 대답했다. "난 아무 말도 안 했습니다." 다행히 남편은 새로 만난 아들에게 완전히 마음을 빼앗겨서 이번에는 내가 아이의 성별을 발표했다는 사실에는 신경 쓰지 않았다.

아기가 태어난 뒤에 가장 먼저 듣는 말은 대부분 '아들입니다'나

'딸입니다'이다. 사람의 아이는 성이 존재하는 세상에 태어나기 때문에 사람인 여자의 뇌가 발달하는 과정을 이해하려면 인간 사회가 남자와 여자에게 기대하고 있는 것이 무엇인지, 사회가 성에 어떤 영향을 미치는지를 먼저 이해해야 한다.

1장에서는 자궁 속에서 뇌가 발달하는 동안 유전자와 호르몬이 어떻게 영향을 미치는지 살펴보았다. 산모가 건강하고 제대로 영양분을 섭취하며 스트레스를 막을 수 있고 독성 물질을 피할 수 있다면 자궁이라는 고치 속에서 뇌가 자라는 방법을 결정하는 가장 중요한 요소는 생물학이 된다. 2장에서는 상향식으로 영향을 미치는 생물학뿐 아니라 복잡한 사회·환경 요소가 아동의 뇌 발달에 어떤 영향을 미치는지를 알아보려고 한다.

1장을 끝내면서 신경관 형성, 신경세포의 증식과 이주, 신경 신호 운반과 세포 자멸에 이르기까지 정교하게 조화된 뇌 발달의 초기 과정은 신경계가 미리 적어둔 '거친 초안'의 결과라는 사실을 이야기했다. 자궁 속에서 보호받던 여자 아기가 역동적인 바깥세상으로 나왔을 때, 아기의 뇌는 어른 뇌의 3분의 1 크기밖에는 되지 않으며 할 수 있는 일도 빨기, 울기, 자기 같은 단순 반사 작용밖에 없다. 하지만 태어나는 순간부터 아기의 뇌는 엄청나게 빠른 속도로 성장하며, 거칠었던 초안은 바깥세상과 상호작용하면서 다듬어지고 정교해진다. 영유아기를 지나고 청소년기를 지나는 동안 아기가 세상에서 경험한 일들은 ―좋은 일이건 나쁜 일이건 간에― 아기의 뇌에 지워지지 않는 흔적으로 각인된다.

나이가 들면 뇌의 부피도 감소할까?

아주 옛날에는 아이가 학교에 갈 무렵이 되면 뇌 성장이 멈춘다고 믿었던 때도 있었다. 이런 주장이 있었던 것은 시체 해부 결과 때문이었다. 얼핏 보기에 다섯 살 아기와 45세 어른의 뇌는 다른 점이 없는 것 같았다. 안전하게 뇌를 촬영할 수 있는 현대 기술이 발전하기 전까지는 실제로 아이와 어른의 뇌 구조가 같은지를 보려고 아이의 두개골 안을 들여다볼 마음을 품은 사람이 아무도 없었다.[33]

1990년대가 되어 MRI 기술이 발달하자, 출생 후 첫 몇 년 동안은 뇌가 확실히 빠른 속도로 성장하지만 뇌는 유치원을 졸업한 뒤에도 오랫동안 성장한다는 사실을 분명히 알 수 있었다. 캐나다 캘거리대학교 신경과학자 캐서린 레벨Catherine Lebel은 다양한 MRI 기술을 활용해 뇌 발달 과정을 기록하고 있다. 레벨은 자신이 하는 연구는 '아동기에 뇌는 어떻게 변하는가?'라는 아주 단순한 질문의 답을 찾는 것이라고 했다.

한 연구에서 레벨은 5세부터 30세까지, 어린아이들과 청년들 103명을 연구실로 초대했다. 각 지원자는 확산텐서영상Diffusion Tensor Imaging(이하 DTI)이라는 최신 MRI 기술을 이용해 뇌를 촬영했다. DTI는 뇌의 미세구조를 보여주는 독특한 뇌 촬영 방법이다. 지원자들은 4년 동안 적어도 두 번 정도 뇌를 촬영했고, 세 번이나 네 번까지 뇌를 촬영한 사람도 있었다. 그 결과 레벨은 유아기와 청소년기를 거쳐 성인이 될 때까지 뇌의 회백질과 백질이 변해가는 모습을 221번 촬영할 수 있었다.

이 자료를 근거로 레벨은 5세부터 30세까지는 백질은 부피가 증가하고 회백질은 부피가 감소한다는 사실을 알게 됐다. 증가하는 백질의 부피만큼 회백질의 부피는 감소했기 때문에 뇌의 전체 부피는 크게 변하지 않았다.[33,34]

레벨의 실험에서는 30세 이상인 어른의 뇌는 관찰하지 않았다. 하지만 사람의 뇌 백질 부피는 50세까지 증가했다가 그 뒤로 일반적인 노화 과정을 겪으면서 줄어든다는 연구 결과를 발표한 뇌 영상 연구는 아주 많다.[33,35] 백질의 이런 변화가 지혜의 발달 과정을 형태학적으로 보여주는 증거라고 우스갯소리를 하는 이도 있다.[36] 이십 대가 되면 회백질이 줄어드는 속도는 늦춰지며, 피질의 두께는 노년기에 접어들어 퇴행 현상이 진행되기 전까지는 상당히 오랫동안 아주 안정된 상태를 유지한다. 레벨의 연구들은 건강한 뇌는 안정적으로 질서 있게 발전해나가며, 개인의 기량과 행동은 뇌 발달에 맞춰 예측할 수 있는 패턴과 경로로 함께 발전하고 있음을 보여준다. 뇌가 조금 더 조직적이고 효율적이고 정교해지면 뇌 주인도 역시 조직적이고 효율적이며 정교하게 행동하게 된다.

백질과 회백질을 자세히 들여다보면

이제 막 절개한 사람의 뇌나 레벨의 DTI 스캔 사진을 보면 신경 조직은 바깥쪽에 있는 흰색이 섞인 회색 조직과 그 밑에 있는 섬유성 흰색 조직으로 나누어지는 것을 알 수 있다.

회백질은 피질을 구성하며, 편도체와 해마처럼 훨씬 깊은 곳에 있는 뇌 조직을 구성한다(편도체와 해마를 변연계limbic system라고 한다). 회백질에는 신경세포체, 수상돌기, 별아교세포 같은 아교세포가 들어 있다.

백질에는 다른 뇌 구조물과 회백질의 부분들을 이어주는 축삭돌기 다발이 들어 있다. 백질에는 좌우 반구만 연결하는 짧은 관도 있고 척수까지 내려가는 긴 관도 있다. 어린아이 뇌의 백질을 얇게 잘라 현미경으로 확대해보면(이런 표현이 불편하게 느껴진다면 쥐의 뇌 백질을 자른다고 표현할 수도 있을 것이다) 레벨이 묘사한 뇌 변화(성장하면서 백질은 증가하고 회백질은 감소하는 현상)가 뉴런과는 전혀 관계없을 때가 많다는 것을 알 수 있다.

성장하면서 백질이 증가하는 이유는 아주 길고 가늘고 평평하게 늘어나서 보호막처럼 축삭돌기를 칭칭 감싸는 희돌기교세포 때문이다. 흰색 지방질 물질로 이루어진 희돌기교세포가 축삭돌기를 감싸면 절연체인 수초가 만들어지는데, 백질이라는 이름도 이 흰색 수초 때문에 붙은 명칭이다. 따라서 백질의 부피 변화는 축삭돌기에 수초가 얼마나 두툼하게 쌓여 있는지를 반영한다. 수초의 양은 축삭돌기가 절연체를 얼마나 두르고 있는지, 뉴런이 얼마나 효율적으로 작동하고 있는지를 보여주는 직접적인 증거이다. 간단히 말해서 수초가 많으면 뉴런 간 통신이 빨라진다.

1장에서 언급한 것처럼 발달하는 뇌에 형성된 뉴런은 50퍼센트가 생성된 뒤 소멸되는데, 대부분은 아기가 태어나기 전에 뱃속에서 죽는다. 회백질이 줄어드는 이유는 유아기와 청소년기를 거치면서 지나치게 많이 만들어졌던 뉴런 간 연결부위(시냅스)가 사라지기 때문이다.

그 많은 뉴런과 시냅스를 힘들게 만들어놓고 절반 정도를 그냥 없애버리다니, 터무니없고 어처구니없는 낭비처럼 보이지만 엄청나게 증식한 뒤에 제거하는 방법으로써 우리 뇌는 신경망을 간소하게 만든다. 그렇게 우리가 살아가는 세상에서 효율적으로 기능하고 적응해나간다.

그렇다면 뉴런은 어떤 방법으로 계속 간직할 시냅스를 선택하는 것일까? 어떤 기준으로 시냅스를 유지하거나 제거할까?

옥스퍼드대학교 콜린 애커먼Colin Akerman 연구팀은 이 질문에 답을 찾기 위해 노력했다. 콜린은 나와 함께 지하 실험실에서 박사 과정을 밟은 친구로 이 책을 쓰는 동안 나는 비 내리는 아침에 옥스퍼드대학교 약리학과로 찾아가 콜린과 함께 커피를 마셨다. 그때 나는 콜린에게 '뉴런이 시냅스를 선택하는 방법'을 설명해달라고 부탁했다.

콜린은 대답했다. "시냅스 연결의 형태와 세기, 분포 상태가 신경망을 구성하는 각 뉴런의 행동을 결정해. 유전자에 미리 입력된 정보와 실제 활동에 의해 바뀌는 과정이 함께 작용해서 이런 시냅스 회로를 만들어가는 거야." 본성과 양육, 혹은 그 두 가지가 모두 조금씩 뉴런의 선택에 영향을 미치고 있다는 것이다.

"'사용하거나 버리는' 방식으로 남길 시냅스를 결정하는 거야. 신경 자극끼리 경쟁을 벌여 전기적으로 더 많은 활동을 하는 축삭돌기는 '승자'가 되어 남고 활동을 적게 하는 축삭돌기는 '패자'가 되어 제거되고 마는 거지."

콜린과 내가 학생이었을 때는 '함께 발화되는 세포는 서로 연결된다'라거나 '동시에 활동하지 못하는 세포는 이어지지 않는다'와 같은 문구에 이제 막 익숙해질 무렵이었다. 이 두 문구는 신경 활동이라는 형태로 일어나는 경험이 시냅스 생성 전후의 뉴런이 '함께 발화'해 '서로 연결'되게 한다는 사실을 간결하게 묘사해준다. 남길 시냅스와 제거할 시냅스는 '사용할 것이냐 버릴 것이냐'라는 태도로 시냅스 형성에 영향을 주는 경험이 결정한다. 신경 활동은 어린 시절에 겪은 경험이 개인의 뇌를 조각하고 효율적으로 만드는 생명의 도구이다.

여자, 뇌, 호르몬

어린 시절에
뇌를 발달시키는 경험

사람은 거의 모든 생물 종에 비해 훨씬 미성숙한 상태로 태어난다. 가젤은 태어나는 순간, 비틀거리며 걸을 수 있다. 하지만 아기인 사람이 비틀거리며 걸으려면 태어난 뒤로 1년 정도 시간이 더 필요하다. 하지만 우리가 배워온 것처럼 느리고 긴 발달 과정 덕분에 사람은 사람다워질 수 있으며 단지 몇 년만 지나면 가젤의 능력을 훌쩍 뛰어넘을 수 있다.

태어나고 2년이 지나기 전에 여자 아기는 고개를 들고 앉고 걷고 뛰고 기어오르는 법을 배운다. 움켜잡기 반사라는 본능이 사라지고 직접 손으로 물건을 움켜잡고 혼자서 먹을 수 있게 되며 크레용을 잡고 직선을 그을 수도 있게 된다. 또 자신에게 하는 말을 알아들을 수 있고 간단한 지시 내용을 따를 수 있으며 아주 간단한 문장으로 자기 마음을 표현할 수도 있고 단호한 확신을 가지고 말을 할 수도 있게 된다. 한 개인으로서 생각하고 느끼고 행동하는 방식에 영향을 주는 독특한 심리 자질인 성격도 이때부터 밖으로 드러나기 시작한다.

학교에 들어갈 무렵이 되면 여자아이는 가장 가까운 가족들과는 별개로 다른 사람과 관계를 맺는 작은 사회적 동물이 된다. 여자아이인 사람에게는 자신만의 친구가 생기고 자신만의 독특한 특성이 생기며 좋아하고 싫어하는 것이 생긴다. 이야기를 할 수 있게 되며 예술작품을 만들고 읽고 쓰고 간단한 산수를 할 수 있게 된다. 생각하고 문제를 해결하고 다른 사람과 상호작용하고 공감할 줄 알게 되며 마음 이론(다른 사람의 마음 상태를 이해하는 능력)까지도 갖게 된다.

그러나 고립된 아이는 이런 기술을 익힐 수 없다. 아이에게서 발달하는 모든 신경 과정, 모든 생각, 모든 감정과 행동은 아이를 둘러싼 세계 속에서 형성되며 바깥세상의 영향을 받는다. 뇌가 건강하게 발달하려면 절대적으로 사람, 장소, 사물과 상호작용해야 한다.

아이들은 놀이를 통해 가장 많이 배운다. 아이들은 사람과 동물과 찬장 밑에 있는 냄비와 프라이팬과 비가 만든 웅덩이와 놀고 부딪치고 맛보고 탐험하고 느끼고 냄새 맡고 실험하고 상호작용하려는 충동을 느끼게끔 진화해왔다. 아이들의 뇌가 발달하려면 외부 세계와 강렬하게 상호작용해야 한다. 어린 뇌는 경험을 통해 성장하고 배울 준비가 완벽하게 되어 있으며, 시냅스를 정리하고 살아가는 데 필요한 기술을 익히게 해주는 경험을 반드시 해야 한다.

크고 복잡하고 사회적인 사람의 뇌로 발달하려면 어린 시절에 뇌를 발달시킬 수 있는 경험을 오랫동안 해야 한다. 흔히 아주 긴 유아기 덕분에 사람의 뇌는 사람이 살아가야 하는 다양한 환경에 필요한 풍부한 경험을 할 수 있다고 말한다. 긴 유아기는 또한 마음과 자아감(각 개인을 엄청나게 매력적으로 만들고, 이 세상에 적응할 수 있게 해주며, 다른 개체와 구별되는 독자적인 개인으로 살아갈 수 있게 해주는 무정형의 두 정신

속성)을 만드는 토대를 세워준다.[37]

어린 뇌는 유연하다

결정적 시기critical periods라고 하는 중요한 발달 시기에 뇌 구조는 정교하게 다듬어진다. 결정적 시기는 대부분 갓난아기 때 오지만 늦게는 십 대에 오는 경우도 있다. 결정적 시기가 되면 뇌는 급속하게 발달해 시각, 언어, 사교 기술 같은 능력이 향상된다. 새로운 시냅스를 만들고 기존 연결을 강화하고 필요 없는 수상돌기를 쳐내고, 필요할 경우 빠른 통신을 위해 수초를 더 만들려면 시각이나 청각 같은 감각 자극의 형태로 겪게 되는 경험이 꼭 필요하다. 결정적 시기는 뇌가 경험을 이용할 뿐 아니라 거칠게 만들어둔 초기 회로를 재정비하고 수정할 수 있도록 특별한 경험을 반드시 필요로 하는 때이다. 결정적 시기에 제대로 자극받지 못하면 치명적인 결과가 생길 수도 있다.

아기가 두 눈으로 같은 방향을 보지 못하는 사시strabismus로 태어났다고 생각해보자. 아기는 생후 첫 몇 개월 동안 왼쪽 눈과 오른쪽 눈이 함께 협력해야 지각 능력을 기를 수 있다. 그런데 사시인 아이는 지각 능력이 제대로 발달하지 않아 3차원으로 사물을 보지 못하거나 사물이 얼마나 멀리 있는지 인지하지 못한다. 사시는 일반적으로 저절로 교정이 되거나, 이상이 없는 눈에 안대를 대고 생활하는 방법으로 고칠 수 있다. 하지만 교정을 하지 않고 그대로 내버려두면 시력이 약한 눈을 거의 사용하지 않게 되어 한쪽 눈이 약시(눈에 특별한 이상을 발견할 수 없으나 정상적인 교정시력이 나오지 않는 상태 – 옮긴이)가 되며, 이 때부터 뇌는 복시(단일 물체를 두 개의 상으로 인식하여 물체가 겹쳐 보이는 상태 – 옮긴이)가 되지 않으려고 약시인 눈에서 받아들이는 정보를 무시해 버린다. 약시 교정은 빠르면 빠를수록 좋은데, 두 눈의 시력을 비슷하게 발달시킬 수 있는 결정적 시기(대략 10세 전후)를 놓치면 너무 늦어버려서 약시를 교정할 수 없게 된다.

어른의 뇌도 경험을 하면 바뀌는 능력이 있지만 어린 뇌에 비하면 엄청나게 노력해야만 뇌를 바꿀 수 있다. 나이가 들어 처음으로 악기나 외국어를 배우는 사람은 어른도 새로운 기술을 익힐 수 있음을 입증해 보일 수 있다. 하지만 어린아이들처럼 수월하게 배울 수는 없을 것이다. 두 가지 이유가 있다. 하나는 이미 결정적 시기가 끝났기 때문이고 또 하나는 전반적으로 뇌 가소성이 줄어들었기 때문이다.

하버드대학교 신경과학자 타카오 헨시Takao Hensch는 나이가 들면서 가소성이 늘어났다가 줄어드는 이유와 가소성이 변하는 모습을 알아보기 위해 결정적 시기를 시작하게 하거나 끝나게 하는 신경계의 작동 원리를 탐구하고 있다. 그는 결정적 시기가 시작되기 전의 뇌 활동을 콘서트홀에서 한꺼번에 질서도 없이 아무렇게나 시끄럽게 떠들고 있는 사람들에 비유한다. 사람들이 떠드는 소리를 잠재우려면 무대 위에서 막이 올라야 한다.

헨시는 결정적 시기를 통제하고 '떠드는 군중을 잠잠하게' 만드는 두 과정을 발견했다. 억제성 신경전달물질인 감마 아미노부티르산과 분자 '브레이크'를 생산하는 뉴런의 발달 과정을 발견한 것이다. 현재 헨시는 감마 아미노부티르산의 억제 작용과 분자 '브레이크'를 조절해

여자, 뇌, 호르몬

결정적 시기가 시작되는 곳으로 생체 시계를 돌려 유아기 발달 장애를 교정하는 방법을 연구하고 있다.[38,39]

결정적 시기가 진화한 이유는 무엇일까? 어째서 나이가 들면 뇌 가소성은 줄어드는 것일까? 나이가 들면서 겪는 경험들에 제대로 반응하려면 뇌 가소성이라는 무한한 능력을 계속해서 보유하는 것이 생존에 훨씬 유리하지 않을까? 뇌 가소성만 있다면 새로운 기술을 아주 쉽게 익힐 수 있고 어린 시절에 겪었던 스트레스와 외상 후 스트레스 장애를 극복할 수 있는 엄청난 잠재력을 가질 수 있을 테니 말이다.

학자들은 기술을 익히고 행동을 적절하게 할 수 있게 된 뒤에도 새로운 경험을 할 때마다 뇌를 대규모로 재조직한다는 것은 성인의 뇌가 이 세상에 제대로 적응하지 못했음을 보여주는 분명한 예라는 사실에 대부분 동의한다. 사람의 뇌는 '안정'된 채로 주변에서 일어나는 일을 재빨리 처리할 수 있어야 하지, 언제나 주변 상황 때문에 뇌를 바꿀 수는 없다. 헨시는 뇌 형성 시기에는 한 사람의 본질적인 정체성도 함께 형성되기 때문에 결정적 시기를 다시 여는 일은 상당히 신중해야 한다며 이렇게 말했다. "한 사람이 인생 초기에 겪는 경험들과 기억들은 본질적으로 그 사람의 성격을 형성하며, 그 뒤에 어떤 사람이 될 것이냐에 크게 영향을 미칩니다. 따라서 뇌 가소성을 되살릴 때는 아주 신중해야지, 그렇지 않았다가는 신경세포가 다른 식으로 연결되면서 한 사람의 자아감을 해칠 수도 있습니다."[40]

아기들은 모두 '언어 만능'

지금까지는 현미경으로 결정적 시기에 뇌에서 일어나는 일을 살펴보았으니 이제는 시선을 밖으로 돌려 한창 발달하고 있는 뇌의 주인에게 일어나는 일을 살펴보자. 뇌 형성기에 나타나는 강도 높은 학습과 뇌 가소성의 관계를 가장 개념화하기 쉬운 분야는 사람의 언어 학습일 것이다.

아이들이 언어를 배우는 과정은 크게 두 단계로 나뉜다. 먼저 다른 사람이 하는 말을 이해하고 그다음에 말을 하게 되는 단계로 말이다. 아기들은 생후 3개월쯤 되면 옹알이를 시작하고 1년쯤 되면 처음으로 말을 한다. 생후 2년쯤 되면 50단어쯤 말할 수 있고 수백 단어를 듣고 이해할 수 있다. 생후 3년쯤 되면 아이들은 1000개가 넘는 단어를 가지고 어른이 사용하는 것과 비슷한 문장으로 말할 수 있게 된다. 이렇게 두 단계를 거쳐 언어를 습득하는 과정은 전 세계 모든 문화에서 공통적으로 언어를 습득하는 방식으로, 이는 아기들이 언어를 습득하는 것의 뿌리가 사실은 신경생물학적 원인에 있음을 보여주고 있다.

사춘기를 지나도 사람은 모국어 외에 다른 언어를 이해하고 말할 수 있긴 하지만 그때는 외국어 습득 과정이 쉽지 않다. 사춘기 전에 언어를 배우지 않는 한, 사람은 다른 언어를 그 나라 언어를 쓰는 사람들처럼 완벽하게 유창하게 말할 수 없고 모국어의 억양을 드러내지 않고 말할 수도 없다. 왜냐하면 언어는 뇌 언어 중추의 가소성이 가장 높은 성장기에 가장 잘 배울 수 있는 기술이기 때문이다.

언어 습득의 결정적 시기는 생후 첫 1년이지만 임신 24개월에서 28

개월 차가 됐을 때부터는 자궁 속에 있는 아기도 바깥에서 나는 소리를 들을 수 있다는 사실을 기억해두는 게 좋겠다. 갓난아기가 어머니의 목소리와 자궁 속에서 들은 언어를 조금 더 좋아한다는 연구 결과가 이 가설을 뒷받침한다. 물론 아기는 양수 속에서 어머니의 자궁벽을 사이에 두고 소리를 듣기 때문에 아기가 듣는 소리는 상당히 둔탁할 수밖에 없다. 뱃속에서 아기는 말을 배운다기보다는 어머니의 말 속에서 느껴지는 운율이나 패턴, 리듬을 느낄 것이라고 추정된다.[41]

1990년대 중반에 임신을 했던 사람들은 태아에게 고전 음악을 들려주면 아기가 천재가 되거나 적어도 아이비리그에 입학할 수 있다는 소리를 들어봤을 것이다. 그런 이야기가 나왔던 것은 자궁 속에서도 태아가 외부에서 들리는 음악 소리에 반응한다는 연구 결과가 나왔기 때문이다. 과학자들이 그런 말을 했으니 태아가 양수 안에서 빈둥거리며 시간을 낭비하기보다는 하나라도 더 빨리 배우는 것이 좋겠다고 생각한 부모가 있는 것도 당연했다.

그때도 고전 음악을 들으면 태아가 똑똑해진다는 모차르트 효과가 실제로 존재한다는 분명한 증거는 나오지 않았다(은행 잔고가 줄어든다는 것 말고는 해가 된다는 증거 역시 없었다). 그러나 고전 음악을 이용한 태교는 엄청난 인기를 끌어서 태교 음악 음반과 장비는 지금도 판매되고 있다. 인터넷을 검색하다가 나는 '엄마의 질에 직접 스피커를 넣어 뱃속 아기에게 직접 음악을 들려줄 수 있는 장치(베이비팟)'까지 찾아냈다. 음, 그렇다고 한다.

엄마의 질에서 퍼져 나오는 교향곡을 듣는 아기도, 그저 조용히 들려오는 엄마의 자연스러운 목소리에 위로를 받으며 태아기를 보낸 아기도 모두 '세계 시민'이자 '언어 만능인'으로 태어난다.

두 용어를 만든 워싱턴대학교 언어청각과학과 퍼트리샤 쿨Patricia Kuhl 교수는 전 세계 모든 아이들은 태어났을 때 전 세계 모든 언어의 모든 소리를 구별할 수 있는 능력을 지니고 있다는 연구 결과를 발표했다. 어른이나 조금 더 자란 아이에게는 없는 능력이다. 하지만 생애 첫 번째 생일을 맞이할 때가 되면 아기는 '자기가 속한 문화의 언어를 듣는' 아이가 되어 외국어가 아닌 모국어 소리만을 구별할 수 있게 된다.[42]

도쿄에서 태어난 아기와 런던에서 태어난 아기는 어떤 식으로 언어가 발달할까? 태어났을 때 두 아기는 모두 언어 만능인이지만 아기의 부모들은 '자기 문화의 언어만을 아는' 전문가일 가능성이 크다. 아마 일본어를 하는 일본 아기의 부모는 R과 L을 구별하지 못하고 두 음을 모두 R로 인식할 것이다. 생후 6개월 때 일본 아기와 영국 아기에게 R과 L 음을 들려주면, 두 아기 모두 두 음을 다른 소리로 구별할 수 있다. 하지만 생후 10개월이 되면 일본 아기는 R과 L을 구별할 수 있는 능력을 잃는데, 그 이유는 민감기 때 R과 L을 다르게 발음하는 경험을 하지 못하기 때문이다. 그와 마찬가지로 스페인 사람들은 'pano'와 'bano'를 다른 음으로 발음하지만 영어를 쓰는 사람들은 스페인어 'pano'와 'bano'의 발음을 구분하지 못한다.

많은 언어가 동일한 소리를 사용한다는 사실은 갓난아기는 말의 의미를 이해하는 방법을 언어로 배우는 것이 분명하다는 뜻이다. 생후 첫 1년 동안 언어 만능인이었던 갓난아기는 모국어 전문가가 되어 모국어의 주파수에 자신의 주파수를 맞춘다. 두 개 언어를 하는 아기도 만능인에서 전문가로 전환되는 점은 동일하다. 단지 이중 언어를 하는 아기는 두 개 언어의 소리에 자신을 맞추는 것뿐이다.

어린아이는 그저 앉아서 단어장과 문법책을 암기하면서 언어를 배우지 않는다. 아이가 언어를 배우려면 정규 교육 과정이나 근면한 학습이 아니라 아기와 함께 활발하게 말을 하고 놀아줄 자상하고 따뜻한 어른이 있어야 한다.

아기와 말을 하는 사람은 자신도 모르게 소리가 높아지고 말하는 속도가 느려지며 목소리와 표정을 잔뜩 과장한 채로 **"에구구, 엄마가 지인짜로 우리 아기, 진짜, 지인짜 사랑해!"**처럼 말하게 된다. 아기들은 그런 식으로 말해주는 걸 좋아한다. 어른처럼 말해주기를 원하지도 않고 그렇게 말할 필요도 없다. 아기와 하는 이런 대화 방법을 '모성어 사용'(아버지도 같은 방식으로 말을 하니 정확히는 부모어 사용이라고 하는 것이 옳겠지만)이나 '주고받기 학습serve and return learning'이라고 부른다. 아기와 어른의 대화는 탁구 경기와 같아서 어른이 다정하게 말을 걸면 아기는 옹알이로 화답하고, 적절한 표정을 지으면서 서로 이야기를 주고받는다.

결정적 시기가 지나기 전에

두 유형의 어린아이들(귀가 들리지 않은 상태로 태어난 아이들과 '주고받기' 상호작용 없이 혼자서만 자란 아이들)은 언어 결정 시기가 얼마나 중요한지를 보여준다.[41]

보청기, 달팽이관 이식 수술, 신생아 검진이 가능해지기 전에 귀가 들리지 않은 채로 태어난 아기들은 심각한 학습 장애를 겪어야 했다. 귀가 들리지 않는 아이는 단어, 문법, 구문(단어를 나열하는 순서처럼 문장을 만들 때 지켜야 하는 규칙과 원리, 문장 구성 방법들)을 익히는 일이 쉽지 않다. 또한 서로 번갈아서 말을 해야 한다거나 설명을 요청하고 눈을 맞추고 인사를 하는 등, 비언어 소통 방식도 익히기 어렵다. 읽기를 배우기도 어렵고, 수학처럼 뛰어난 인지 능력이 필요한 과목도 쉽게 해낼 수가 없다. 하지만 결정적 시기가 끝나는 생후 8개월 정도쯤에 청각 보조 기구를 장착하면 귀가 들리는 또래 친구들과 비슷한 인지 능력을 기를 수 있다.[43]

흥미로운 점은 수화에 노출된 청각 장애 아동은 학습 장애 문제를 겪지 않는다는 것이다(청각 장애 아동은 부모도 청각 장애인 경우가 많아서 수화를 접할 수도 있다). 귀가 들리지 않는 아이에게 수화는 '모국어'와 같아서 이르면 생후 6개월에도 벌써 손으로 '옹알이'를 하는 아이들도 있다.

공산주의 루마니아의 대통령이었던 니콜라에 차우셰스쿠가 몰락한 1980년대 말에 루마니아에서 들려온 끔찍한 이야기를 기억하는 사람도 있을 것이다. 그 당시에 루마니아 아이들 수천 명이 고아원에 버려져 거의 아사할 정도로 굶주렸고 사회적으로나 감정적으로 고립되어 있었는데, 이 아이들 가운데 일부를 영국 가정에서 입양했다. 그때부터 과학자들은 입양된 루마니아 아이들과 결핍을 경험하지 못한 영국에서 태어나고 입양된 아이들을 비교, 추적하는 연구를 진행했다. 그리고 2017년, 의학 잡지 《랜싯The Lancet》에는 이십 대 중반이나 후반에 접어든 그 아이들을 비교한 놀라운 연구 결과가 실렸다.[44]

여자, 뇌, 호르몬

영국에서 나고 자란 아이들에 비해 루마니아에서 온 아이들은 교육 성취도와 취업률이 낮았고 정신과 치료를 받아야 할 정도로 심각한 정신 장애로 고생하는 아이들도 있었다. 루마니아 입양아 가운데 많은 아이가 십 대 시절부터 우울증과 불안 장애라는 진단을 받았다. 루마니아 아이들은 주의력에 문제가 있거나 탈억제성 사회 관여 장애를 앓거나 자폐 증상을 보이는 경우도 많았다. 그런데 루마니아 고아원에서 보낸 기간이 6개월 미만이라는 요인은 아이들을 보호하는 한 가지 요소로 작용하는 것 같았다. 고아원에서 생활한 시간이 6개월 미만인 아이들은 영국에서 나고 자란 입양아들과 차이가 거의 없었다. 논문을 쓴 과학자들은 다음과 같은 결론을 내렸다. "아주 어렸을 때 제도적으로 결핍을 겪으면 그 뒤로 아무리 풍족한 자원을 제공받고 다정한 가족의 지원을 받는 환경에서 살아간다고 해도 어린 시절에 겪은 심각한 불행이 전 생애에 걸쳐 정서에 심각한 영향을 미친다." 현재 우리는 뇌가 건강하게 발달하려면 갓난아기가 경험하는 따뜻한 인간관계가 **절대적으로 중요하다는** 사실을 알고 있다.

뇌에 영원히
흔적을 남기다

───

더니든Dunedin 연구는 1972년과 1973년에 뉴질랜드 더니든에서 태어난 아이들 1037명의 삶을 모든 측면에서 추적하여 밝힌 것이다. 이 연구를 이끈 리치 폴턴Richie Poulton 교수는 이렇게 말했다. "지금까지 우리는 어린 시절이 아주 중요하다는 사실을 간과하고 있었는지도 모르겠습니다."

인생 초기에 겪는 경험들은 발달하는 뇌 구조를 결정하고 한 어린 아이가 한 사회의 건강하고 생산적인 일원으로 자라는 데 엄청난 영향을 미친다. 어린 시절 강화되는 뇌 가소성은 살아가는 데 필요한 기술을 배울 수 있게 해주지만 결핍과 스트레스에는 아주 취약해지게 만드는 양날의 검이다. 독성 스트레스는 아주 오랫동안 지속적으로 받는 극심한 스트레스라고 정의할 수 있는데, 아이를 돌봐주고 가까운 관계를 맺는 보호자가 없는 환경도 아이가 독성 스트레스를 받을 수 있는 환경이다. 독성 스트레스는 뇌 발달을 저해할 수 있으며, 그 때문에 전 생애에 걸쳐 학습 능력과 행동 발달, 육체와 정신 건강에 해를 미칠 수 있다.[45] 더니든 연구는 독성 스트레스가 뇌를 취약

여자, 뇌, 호르몬

하게 만든다는 사실을 분명하게 입증해 보였다.

폴턴 교수는 사회에서 문제를 일으키거나 건강상에 문제가 있는 어른으로 자랄 아이를 상당히 정확하게 예측할 수 있음을 보여줬다. 사회적으로나 경제적으로 가족과 분리된 채 학대받고 자란 아이가 지능과 자기 통제 능력이 떨어진다면 어른이 되었을 때 범죄를 저질러 유죄 판결을 받거나 약을 달고 살거나 복지급여를 신청해야 하거나 병원을 제집 드나들 듯 들락거려야 하는 등, 사회 문제나 건강 문제로 힘들어질 가능성이 크다. '아주 힘든' 성인기를 보내게 될 아이들은 세 살 정도면 상당히 높은 확률로 예측할 수 있다. 폴턴은 어린 시절에 겪은 불행 때문에 사회 경제에 부담을 주는 어른들에게 비난을 가할 것이 아니라 성장기에 불운했던 아이들의 건강과 사회 복지를 늘릴 수 있도록 생애 초기에 적절하게 간섭할 수 있는 '회백질 기반 시설'(폴턴이 만든 용어)을 마련하는 것이 더 경제적이라고 했다.[46]

크라이스트처치 지진을 겪은 아이들

뉴질랜드 더니든에서 몇 시간만 북쪽으로 자동차를 타고 가면 갓난아기가 받은 극단적인 스트레스가 어린 시절 사회·정서·인지 능력 발달에 심각한 영향을 미친다는 사실을 알 수 있게 해주는 또 다른 어린이들을 만날 수 있다.

내 고향인 크라이스트처치에는 2010년 9월부터 여러 차례 지진이 발생했다. 그 가운데 가장 강력했던 지진은 2011년 2월 22일에 발생했는데, 그 지진으로 185명이 죽고 6600명이 다쳤다. 당연히 우리 가족을 포함해 모든 사람의 삶이 지진에 영향을 받았다. 그 뒤로 2년 동안 1만 4000번이나 여진이 발생했고, 강도가 5가 넘는 지진도 서른 두 번이나 있었다. 내 친구들은 페이스북에 '강도를 짐작해보라'는 글을 올리기 시작했고 모두 소수점 자리까지 정확하게 지진 강도를 추정하고 단층선의 위치를 정확하게 파악할 수 있게 되었다. 사람들은 끊임없는 흔들림과 손상된 기반 시설, 보험 분쟁, 사라지지 않는 심리적 스트레스와 함께하는 삶을 '새로운 정상 상태'라고 불렀다.

그리고 지난 몇 년 동안 크라이스트처치에 있는 학교에서는 초등학교에 입학한 아이들 가운데 상당수가 학습 장애와 행동 장애로 어려움을 겪고 있다는 이야기가 들려오기 시작했다. 내가 알기로는 학생들이 수업을 할 수 있도록 보조교사를 네 명이나 투입해야 하는 학급도 있다. 내 친구들과 가족들은 어린 학생들이 어려움을 겪는 이유는 '새로운 정상 상태'에서 성장했기 때문이라고 생각한다.

몬트리올 얼음 폭풍 아이들에 대해 추적 연구를 했던 것처럼 캔터베리대학교 아동발달학과 부교수 캐슬린 리버티Kathleen Liberty가 크라이스트처치의 아이들을 대상으로 추적 연구를 진행했다. 나는 그녀가 '지진을 겪은 아이들'이라고 부르는 아이들의 상황을 확인하기 위해 2016년 크리스마스 직후에 리버티의 교수실로 찾아갔다.

뉴질랜드에서는 생애 다섯 번째 생일날이나 생일 무렵에 학교에 입학하는데, 리버티는 2006년부터 학교에 입학한 아이들을 대상으로 사회성·정서·인지 발달 상태를 조사해왔다. 2010년에 지진이 발생한 뒤로 리버티는 기존에 연구하던 초등학교들을 찾아가 '지진을 겪은 아이들'에 관한 자료를 모아왔고 '옛 정상 상태'에서 성장한 아이들과 어떤 차이가 있는지 비교했다.

비교 결과 리버티는 지진을 경험한 뒤에 학교에 입학한 아이들은 그 전에 입학한 아이들보다 행동 발달 장애와 외상 후 스트레스 장애 증상이 훨씬 심각한 수준으로 나타났다고 단언했다. 2016년에 리버티는 국제 학술지 《PLOS 자연재해PLOS Natural Disasters》에 발표한 논문에서 지진을 겪은 아이들 가운데 21퍼센트는 내성적, 집착, 짜증, 반항, 불행함, 변덕 같은 외상 후 스트레스 장애 증상이 여섯 개 이상 나타난다고 했다(어린아이의 경우 외상 후 스트레스 장애 증상이 여섯 개 이상이라면 실제로 외상 후 스트레스 장애를 겪고 있을 가능성이 아주 높음을 의미한다). 지진을 겪지 않은 아이들 가운데 외상 후 스트레스 장애 증상을 여섯 개 이상 보이는 비율은 9퍼센트가 되지 않았다.[47]

지진이 나기 시작했을 때 아이가 몇 살이었는가는 장애를 겪을 가능성이 얼마나 되는지를 예측할 수 있는 강한 지표 중 하나였다. 놀랍게도 지진이 나기 시작했을 때 두 살 미만이었던 아이들이 그보다 더 나이가 많았던 아이들보다 훨씬 취약했다. 리버티는 그 이유로 나이를 더 먹은 아이들은 스트레스가 없는 상황에서 정상적으로 뇌가 발달한 기간이 있어 충격을 완화할 수 있었을 가능성을 지적했다. 더구나 나이가 많은 아이들은 자신이 겪고 있는 충격을 부모님과 대화를 통해 이해할 수 있는 행동·언어·인지 능력을 보유하고 있었기 때문에 방이 흔들리고 사람들이 비명을 지르고 자신을 둘러싼 세상이 무너져 내릴 것만 같은 상황이 의미하는 바를 충분히 알 수 있었을 것이다.

지진은 경고 없이 시작되기 때문에 지진을 겪은 아이들은 스트레스에 쌓인 가족들과 함께 전혀 예측할 수 없는 환경에서 성장해야 했다. 더구나 그 시기에는 신경 가소성이 엄청나게 높기 때문에 아이의 스트레스 반응계는 정상적인 상황에서보다 수천 배는 높게 활성화된다. 두 살이 되기 전에 극단적인 스트레스에 노출되면 시상하부-뇌하수체-부신 축hypothalamus-pituitary-adrenal axis(이하 HPA 축)과 HPA 축을 조절하는 뇌 지역 같은 미성숙한 스트레스 반응계가 활성화되어 아이의 행동 방식에 오랫동안 영향을 미친다.[48,49]

당연히 독자들은 지진에 반응하는 방식에 남녀 차이가 있는지 궁금할 것이다. 리버티는 성 차이는 발견하지 못했다고 했다. 지진 스트레스가 초등학교에 입학한 아이들에게 미치는 영향은 남녀 구별 없이 동등했다. 하지만 지진이 발생하고 6개월 뒤에 크라이스트처치에 사는 십 대 아이들 525명을 조사한 연구에서는 외상 후 스트레스 장애의 남녀 차이가 뚜렷하게 나타났다. 지진 스트레스로 치료를 받아야 할 정도로 심각한 외상 후 장애 증상이 나타난 십 대 남자아이는 전체 남자아이의 13퍼센트였지만 여자아이는 34퍼센트였다. 이 같은 조사 결과는 자연재해가 일어난 곳에서 외상 후 스트레스 장애를 연구한 다른 조사 결과(사춘기 소년과 어른 남성에 비해 사춘기 소녀와 어른 여성의 외상 후 스트레스 장애 발병률이 더 높다)와 일치한다.[50]

흥미롭게도 마오리 공동체의 일원이라는 사실은 지진 스트레스를 완화해주었다. 뉴질랜드 원주민인 마오리의 공동체에 존재하는 사회적 유대관계, 영적 지원, 집단적 역동성은 크라이스트처치에 사는 마오리 아이들에게 스트레스를 견딜 수 있는 회복력을 선사했다.[51]

리버티는 현재 학교 교사들, 가족들과 협력해 지진을 겪은 아이들이 자신의 감정 상태를 이해하고 감정을 조절해 회복력을 갖출 수 있게 돕고 있다. 리버티는 아이들이 스트레스를 받거나 회복력을 기르지 못한 것이 부모, 그중에서도 특히 어머니 때문이라는 사회의 그릇된 통념을 깨뜨리기 위해 애쓰고 있다. "아이들은 지진이 났을 때 엄마가 보인 반응 때문에 문제를 겪고 있는 것이 아닙니다. 아이들이 힘들어진 이유는 지진 때문입니다. 엄마 때문이 아니고요. 물론 부모는 아이들이 스트레스를 받을 때 어떻게 반응해야 하는지를 가르쳐줄 수 있는 적임자이기는 합니다."

회복력 강한 아이는 타고나는 것일까, 길러지는 것일까?

몬트리올 얼음 폭풍 연구나 더니든 연구처럼 이 책에서 언급하는 모든 연구에는 어떤 환경에서도 엄청난 회복력을 보이며 잘 살아가는 아이들이 일부 있었다. 크라이스트처치에서 지진을 겪은 아이들 가운데 30퍼센트 정도는 외상 후 스트레스 장애 증상이 전혀 없었다. 루마니아의 아이들도 다섯 명 가운데 한 명 비율로 자신들이 받은 학대에 전혀 영향을 받지 않았다. 회복력이 강한 이 아이들 덕분에 과학자들은 생애 초기에 '회백질 기반 시설'로 지원을 해주고 적절하게 개입을 한다면 스트레스 장애를 극복할 수 있을지도 모른다는 생각을 하게 되었다.

스트레스와 회복력을 살펴볼 때는 상향식으로 영향을 미치는 요인, 하향식으로 영향을 미치는 요인, 밖에서 안으로 영향을 미치는 요인을 모두 살펴보는 것이 중요하다. 가족들의 유대감과 심리적 대처 능력이 회복력을 강화하는 요소이기는 하지만, 회복력은 생물학에도 뿌리를 두고 있다.

살면서 하는 경험에 아이들이 보이는 신체 반응과 심리 반응은 모두 다른데, '좀 더 좋은' 방식으로 반응할 수도 있고 '좀 더 나쁜' 방식으로 반응할 수도 있다. 스트레스를 많이 받는 환경과 철저하게 양육되는 환경에 다른 아이들보다 훨씬 민감하게 반응하는 아이들도 있다. 난초처럼 정성껏 가꿔주면 잘 자라지만 방치하면 시름시름 앓다 시들어버리는 아이들도 있다. 그에 반해 민들레처럼 적응력과 회복력이 강해서 웬만한 스트레스에는 끄떡도 하지 않는 아이들도 있다. 이런 아이들은 어떤 환경에서 자라더라도 잘 커나갈 수 있다. 현재 '난초' 유전자는 뇌에서 분비하는 특별한 효소나 화학물질 수용체와 관계가 있는데, 이 수용체가 아주 어린 시절에 독성 스트레스와 결합해야만 훗날 행동 발달 장애나 정서 장애를 일으킬 수 있다는 연구 결과가 나오고 있다. 이런 흥미로운 연구 결과는 정신 건강을 살펴보는 6장에서 다시 다룰 것이다.

젠더 경험이
뇌 구조에 미치는 영향

경험이 뇌를 만든다는 사실을 생각해보면 여자아이들이 하는 경험을 살펴보지 않고 여자의 뇌 발달 과정을 이야기할 수는 없을 것이다. 코델리아 파인이 지적한 것처럼 사회는 생물적 성에 상당히 많은 영향을 미치며 여자아이와 남자아이는 태어났을 때부터 사회가 지정하는 젠더의 역할에 익숙해진다. 언어 학습, 음악, 감정 조절, 택시 운전, 저글링 같은 다양한 경험에 반응할 수 있다는 것은 뇌 가소성이 평생 지속된다는 사실을 보여준다. 여자라는 성을 규정하는 어린 시절의 경험이 뇌 구조 형성에 영향을 미치리라는 사실은 거의 의심할 여지가 없다.

두 아들이 다니는 초등학교 교정을 걷다가 나는 고학년 학생들이 나와 있는 운동장이 성별에 따라 거의 절반으로 나누어져 있다는 사실을 발견했다. 한쪽 절반에서는 아홉 살, 열 살, 열한 살의 같은 성 아이들이 복잡한 규칙으로 가득하고 '정정당당하게' 승부를 내야 하는 격렬한 공놀이를 하면서 고함을 지르고 있었다. 그리고 공놀이를 하는 아이들 사이사이에는 두세 명이 무리를 지어 수다를 떨고 조용히 속삭이다가 조용히 무리에서 떨어져 나와 선생님을 찾아가거나 선생님에게 중재를 요구하는 또 다른 성의 아이들이 있었다. 초등학교 아이들에게 하고 싶은 대로 마음껏 할 수 있는 자유 시간을 주고 관찰해보면 어떤 무리가 어떤 성으로 구성되어 있는지는 어렵지 않게 구분할 수 있다.

나는 고함을 지르고 뛰어다니는 집단에 속한 아들들의 엄마지만 내 어린 시절이 어땠는지는 분명하게 기억하고 있다. 나는 고함을 지르며 공을 따라간 적이 거의 없다. 그보다는 몇 명이 모여 비밀을 속삭이고, 계속해서 함께 어울리는 친구와 멀어지는 친구를 바꾸고, 여자 친구들과 함께 거의 팬티가 젖을 정도로 키득거리던 기억이 있다. 엄마는 내게 말해주길, 어렸을 때 나는 어떤 애가 어떤 애들한테 무슨 말을 했는데, 그 애들은 그러면 안 되는 거라고, 그러니까 엄마가 어떻게 좀 해줬으면 좋겠다는 말을 자주 했다고 한다.

케임브리지대학교 젠더 발달 연구 센터의 소장이자 아주 저명한 젠더 연구자인 멜리사 하인스Melissa Hines 교수는 유아기 남자아이와 여자아이에게서 나타나는 놀이 문화의 차이를 간략하게 설명했다.[52] 하인스 교수는 학교에 들어가기 훨씬 전부터도 아이들이 함께 놀 상대로 선택하는 친구와 장난감을 보면 그 아이의 성별을 상당히 정확하게 맞힐 수 있다고 했다(들어가는 글에서 나는 d값을 소개했는데, 아이들의 장난감과 친구 선호도에 나타나는 d값은 0.8이다).[53]

한 살에서 두 살인 아기는 젠더에 관해 아주 유연하게 생각하기 때문에 여자아이라고 해도 자신이 커서 아빠 같은 남자가 될 수 있다고 굳게 믿을 수 있으며, 남자아이나 여자아이 할 것 없이 함께 어울

여자, 뇌, 호르몬

려 행복하게 놀 수 있고, 여자아이라고 여아용 장난감을 특별히 선호하지도 않는다. 하지만 두 살 무렵이 되면 여자아이들은 여자아이들과 놀아야 하고 남자아이들은 남자아이들과 놀아야 한다는 부추김을 많이 받으면서 '여자는 분홍색 옷을 입는 공주'라는 식으로 전형적인 젠더 역할에 고정되는 모습을 상당히 강하게 드러낸다(나는 첫째 아이가 목욕을 하고 난 뒤 분홍색 수건으로 닦아주려고 하자 강하게 거부하는 바람에 당혹했던 순간을 기억하고 있는데 지금은 아들의 행동이 정상적인 발달 과정이었음을 알고 있다!). 부모가 아무리 자기 아이가 전형적인 성 역할에 갇히는 것을 염려해 아이를 중성적으로 기르려고 해도 여자아이들은 인형을 좋아하고 남자아이들은 자동차와 무기 장난감을 선호하는 경우가 많다. 남자아이들 집단이나 형제들은 격렬하게 몸을 부딪쳐가면서 하는 놀이를 하게 될 가능성도 더 크다.

놀이와 친구 선호도에서 보이는 남녀 차이는 여자아이의 경우 나이가 들면 조금 줄어드는 경향이 있고 혼자 있을 때는 레고 같은, 전통적으로 '남자아이들의 장난감'으로 분류되는 장난감을 기꺼이 선택해 놀기도 한다. 그러나 그런 차이는 전 세계 문화권에서 동일하게 나타나며 학창 시절까지 이어지는 경향이 있다. 여자아이들과 달리 남자아이들의 놀이와 친구 선호도는 나이가 들수록 더욱 강해진다(그 이유는 아마도 어렸을 때도 이미 '작은 남자'로 살아야 하는 압력이 남자아이들에게 작용하기 때문이라고 여겨진다).

장난감 선택, 놀이 친구 선택, 놀이 방법에서 성 차이가 나타나는 이유를 설명하는 가설은 크게 두 가지로 정리할 수 있다. 양육으로 설명하는 가설과 본능으로 설명하는 가설 말이다(놀라운가?). 많은 사람이 젠더의 생물적 뿌리를 들여다보는 일을 불편하게 느낀다. 마거 릿 매카시의 말처럼 "젠더와 생물학의 충돌은 여성의 뇌를 둘러싼 논 쟁에서 가장 뜨거운 열기를 발산하는 주제"이다.

갓난아기의 '작은 사춘기'

갓난아기 때 남자 아기와 여자 아기는 아주 조금 차이가 난다. **평 균적으로** 갓 태어난 여자 아기는 남자 아기보다 조금 더 작고 덜 까 다로우며 쉽게 달랠 수 있고 사람들의 행동에 좀 더 민감하게 반응한 다. 생후 1년 동안은 여자 아기가 남자 아기보다 언어, 기억, 행동 능 력이 조금 더 앞선다. 그 이유는 부분적으로는 임신 초기에 분비되는 테스토스테론이 뇌의 특정 부위를 '남성화'하거나 '여성화'하기 때문이 라고 여겨진다.[11] 또 다른 이유로는 '작은 사춘기'를 들 수 있다. 과학 용어로 '작은 사춘기'는 '신생아 내분비계 물질 급증postnatal endocrine surge'이라고 하는데, 작은 사춘기가 오면 '진짜 사춘기'처럼 정소에서 는 테스토스테론이 분비되고 난소에서는 에스트로겐이 분비된다.

임신 기간 전반기에는 시상하부–뇌하수체–생식샘 축hypothalamic- pituitary-gonadal axis(이하 HPG 축)이 발달하고 활성화된다. 임신 기간 후 반기에는 태반에서 분비한 호르몬이 HPG 축을 잠재운다. 여자 아기 의 경우 태반 호르몬과 어머니의 호르몬 효과가 사라지면 HPG 축을 잠가두었던 브레이크가 풀리고 잠시 동안 HPG 축이 활동을 하게 된 다. 그 때문에 생후 일주일 정도 지나면 여자 아기의 난소에서는 에스 트로겐이 분비되어 가슴이 조금 커지고 자궁이 성장한다. 남자 아기

여자, 뇌, 호르몬

는 테스토스테론 때문에 페니스와 정소가 커지고, 피지샘과 여드름이 발달한다.[54]

작은 사춘기는 생후 2년쯤 되면 마무리되고 HPG 축은 '진짜 사춘기'가 올 때까지 다시 잠잠해진다. 뇌 발달이라는 측면에서 작은 사춘기가 오는 이유는 아직 밝혀지지 않았다. 하지만 《분홍 뇌, 파란 뇌: 작은 차이가 만드는 엄청난 차이, 우리는 무엇을 할 수 있을까?》의 저자 리즈 엘리엇은 태아기 때 호르몬이 뇌를 조직하는 데 영향을 미치는 것처럼 출생 후 갑자기 증가하는 성호르몬이 남자와 여자라는 정해진 길로 더 나아갈 수 있도록 갓난아기의 뇌를 재촉하는 결정적 시기를 만들고 있는지도 모른다고 추론했다.[11]

호르몬이 장난감과 친구 선택에 영향을 미친다는 단서는 사람이 아닌 영장류 연구에서 나왔다. 사람의 아이는 문화적으로나 사회적으로 성 역할에 따른 기대에 크게 영향을 받기 때문에 성 차이의 생물학적 측면을 살펴볼 때는 영장류가 중요한 역할을 한다. 《신경과학 연구 저널》에 실은 논문에서 엘리자베스 론스도프Elizabeth Lonsdorf는 영장류에게서 나타나는 성 차이는 사람의 아이에게서 나타나는 성 차이를 보여주고 있음을 간략하게 설명했다.

론스도프는 영장류 수컷은 암컷보다 '몸을 쓰며' 노는 거친 놀이를 더 많이 했고, 여형제들보다 어미 곁을 벗어나는 범위도 훨씬 넓다고 했다. 생후 1년 동안 암컷은 수컷보다 서로의 털을 더 많이 골라주었고, 일종의 엄마 놀이인, 막대기를 아기처럼 안고 옮기는 '막대 옮기기'라는 특별한 행동을 하기도 했다. 론스도프는 사람 사회에서는 젠더의 사회화 때문에 남자아이와 여자아이의 성 차이가 훨씬 극대화되지만 영장류 연구 결과를 보면 '이런 성에 따른 행동 차이는 생물적이고도 진화적인 유산으로 뿌리박혀 있는' 것인지도 모른다고 했다.[55]

태어나기 전부터 규정되는 성

'자동차나 트럭을 사야 할까, 머리끈이나 나비 모양 리본을 사야 할까? 이제 곧 알게 되겠지!'

발달한 기술 덕분에 우리는 더는 아기가 태어날 때까지 아기 물건의 색을 정하기 위해 기다릴 필요가 없어졌다. 아기가 자궁에 있을 때부터 우리는 아기 물건의 색을 정할 수 있다. 소셜미디어 시대에 생긴 독특한 유행 때문에 성별 발표 파티는 이제 예비 부모들이 반드시 해야 하는 일종의 '절차적인 의식'이 되었다. 무슨 말인지 모르는 독자를 위해 설명하자면, 예비 부모들은 아기가 태어나기 몇 달 전에 친구와 가족을 불러 아기의 성별을 발표하는 파티를 해야 한다는 뜻이다.

핀터레스트Pinterest에 올라온 사진들을 쭉 훑어보면 예비 부모들이 얼마나 창의적인 방법으로 앞으로 태어날 아기의 성별을 발표하고 있는지 알 수 있다. 성별을 발표하는 방법으로는 파티에 온 모든 손님이 겉은 성별을 알 수 없게 꾸며놓고 속은 분홍색이나 파란색으로 만들어 성별을 드러내는 케이크를 동시에 먹는다거나 분홍색이나 파란색 헬륨 풍선이 가득 든 거대한 상자들을 연다거나 분홍색이나 파란색 색종이를 가득 넣은 통을 막대기로 쳐서 터뜨리는 방법들이 가장 인기를 끌고 있다. 성별을 확인하기 전에 손님들은 아들이냐 딸이냐를 두고 내기를 하거나 '분홍 팀'이나 '파란 팀'에 투표를 한다.

아기의 성별 때문에 '실망'하는 사람도 분명히 있어서, 케이크를 잘 랐는데 원하는 색이 나오지 않을 때 벌어질 일을 생각하면 마음이 좋지 않다. 작은 여자아이가 태어나기를 바라는 엄마가 파란색 풍선을 보고 실망을 해도 어쨌든 손님들이 돌아갈 때까지는 자기 마음을 감추고 있어야 하는 것이 옳은 걸까?

정말로 나는 지금 유행하고 있는 성별 발표 파티가 마음에 들지 않는다. 성별 발표 파티는 태어나지도 않은 아기에게 자연스럽게 성에 관한 고정관념을 새겨주고 그 고정관념을 축하하고 강화할 수 있기 때문에 많은 페미니스트가 우려하고 있다.

자신들의 의도와 상관없이 부모들은 뱃속에 있을 때부터 남자 아기와 여자 아기를 다르게 대한다. 뱃속에 있는 아기가 남자 아기라는 사실을 아는 산모들은 여자 아기를 임신한 산모에 비해 자기 아기의 움직임이 아주 맹렬하고 활발하다고 말하는 경향이 컸다. 네덜란드에서 남자 아기를 임신한 산모 56명과 여자 아기를 임신한 산모 67명을 대상으로 진행한 아주 신중한 연구에서 태아의 움직임, 심장 박동 수, 심장 박동 수의 변화를 측정한 과학자들은 남녀 태아의 움직임에 차이가 없다는 결론을 내렸다.[56]

아기가 태어나면 모든 내기는 취소되고, 자기 아기는 '성'에 구애받지 않는 사람으로 기르겠다고 맹세를 하는 부모들조차도 자기 아기를 '중성'으로 기르는 일이 쉽지 않음을 매 순간 느껴야 한다. 예를 들어 딸을 기르는 어머니들은 아들을 기르는 어머니보다 '사랑해', '무섭다', '걱정이야', '제발', '짜증난다' 같은 '감정' 언어를 더 많이 사용한다. 그 때문에 말을 할 나이가 되면 여자 아기들은 남자 형제보다도 감정적

인 단어를 더 많이 쓴다.[57]

리즈 엘리엇은 남자 아기들과 여자 아기들은 조금은 다른 세상으로 들어가며 부모가 (의식하지 못하는 편견 때문이건 명백한 믿음 때문이건 간에) 아이들을 대하는 방식이 고질적인 차이를 만드는 데 기여한다고 단언했다. 엘리엇은 말했다. "전통적인 성 역할을 규정하고 그에 맞는 기대를 하는 부모들도 있습니다." 그러니까 '본성'을 '양육'하는 것이다.[11]

사람들은 아이들에게 영향을 미치는 사회적 요소가 부모만이 아님을 쉽게 잊는다. 앞에서 논의한 것처럼 초등학교 운동장에는 성별을 가르는 경계선이 분명하게 그어진다. 과학자들은 그렇게 초등학생들 '스스로 만드는 가로막' 때문에 아이들은 규범이 전혀 다르고 무리의 구성원들끼리만 상호작용하는 이질적인 두 문화를 만들어간다고 추론한다. 아이들은 각자 남자아이들 집단이나 여자아이들 집단에 속한 채로 사회과 과정을 익히며 남자라면, 또는 여자라면 이런 식으로 놀고 반응하고 말해야 한다는 생각을 좀 더 강하게 하게 된다. 같은 성의 아이들과 함께하면서 사회가 규정한 성에 따른 행동 방식을 '연습하는' 것이다. 그 결과 여자아이들은 좀 더 '여자답게' 변하고 남자아이들은 좀 더 '남자답게' 변한다.[58,59]

아이들을 교육할 때 특히 남녀 차이에 집착하는 사람들이 많은 데는 몇 가지 이유가 있다. 신경생물학자 도나 매니는 미국 직업 교육 연수회에서 교사들이 주로 받는 지침을 목록으로 작성했다. 그 지침에는 '여자들의 뇌는 남자들의 뇌보다 좀 더 활동적이다. 남자들의 뇌는 과제를 하고 난 뒤에는 잠시 정지될 때가 많은데, 그런 정지 상태를 깨려고 남자아이들은 큰 소리로 떠들거나 달리거나 팔짝 뛰는 것

여자, 뇌, 호르몬

이다.'라거나 '남자들은 여자들보다 옥시토신이 적게 분비되기 때문에 눈을 마주치면 불편해한다. 따라서 남자아이들은 나란히 옆으로 앉혀야 한다.' 같은 그럴듯하지만, 터무니없는 말도 있다.[60]

남자아이들은 여자아이들보다 뇌에서 세로토닌이 적게 분비되기 때문에 훨씬 충동적이며 오랫동안 한 곳에 앉아 있지도 못한다는 글이 올라와 있는 남자 고등학교 홈페이지도 있다. 그러니 이제 세로토닌과 옥시토신을 교실에 얌전하게 앉아 있게 해주는 화학물질로 다시 분류한다고 해도 아무도 이의를 제기하는 사람은 없을 것 같다.

부모와 교사에게는 성별에 따라 다른 기대를 갖는 일이 중요하다. 왜일까? 그런 기대는 정형화된 성 역할을 만들 수 있기 때문이다. 정형화된 성은 남자아이들과 여자아이들에게는 서로 완전히 다른 특징을 가진 집단이라고 여기게 만드는 특별한 특성이 있다고 한다(여자아이들은 얌전하게 앉아 있을 수 있지만 남자아이들은 그럴 수 없다는 식으로 말이다). 정형화된 성은 동일한 성을 가진 개체들 사이에도 차이가 있을 수 있음을 본질적으로 무시한다(얌전하게 앉아 있을 수 없는 여자아이들도 있고 굉장히 오랫동안 얌전하게 앉아 있을 수 있는 남자아이들도 있다). 그리고 두 성 간의 차이를 지나치게 강조한다.

전 세계적으로 남자들은 자신들이 여자들보다 더 영리하고 똑똑하다고 믿는다. 《영국 심리학 저널British Journal of Psychology》에 실린 오스트레일리아, 영국, 미국을 포함한 12개국에서 진행한 연구 결과는 (실제 지능과는 관계없이) 자신의 지능을 직접 평가했을 때 남자들은 '자만심'을, 여자들은 '겸손'을 보인다고 했다.[61]

성을 정형화하는 이런 해로운 고정관념은 어린 시절부터 시작된다.

2017년에 《사이언스^{Science}》에 실린 연구 결과에 따르면 6세 여자아이들은 학습 능력에 전혀 차이가 없는데도 이미 성에 관한 고정관념에 사로잡혀 있었다. 여자아이들은 '영리함, 재능, 비범함' 같은 특성은 남자아이들의 자질이라고 믿었다. 《사이언스》 연구에서 어린 여자아이들은 '정말로 아주 영리한 아이들'을 위한 것이라 알려져 있는 게임에는 그다지 관심이 없었다. 네 살이나 다섯 살 때는 '영리한 아이를 위한 게임'을 열정적으로 하다가 여섯 살이 되면 이렇게 말한다. "이런 게임은 나한테 맞지 않아." 하지만 남자아이들은 여섯 살이 되어도 그런 말을 하지 않는다. 더 나쁜 것은 여섯 살 여자아이들은 남자아이들을 상대로 '정말로 아주 영리한 어린아이'라고 평가하면서도 자기와 같은 성을 가진 여자아이들은 그렇게 평가하지 않는다는 것이다.[62]

성장하는 뇌가 제대로 발달하려면?

2장에서는 독성 스트레스가 미치는 영향부터 성에 관한 해로운 고정관념까지, 유아기에 뇌가 잘못될 수 있는 방법을 주로 다루고 있는 것처럼 보일지도 모르겠다. 아이가 아직 어리다면 언제라도 책을 놓고 탈지면과 뽁뽁이를 잔뜩 사려고 뛰어가야 할지도 모르겠다. 뇌의 정상적인 발달 과정과 비정상적인 발달 과정에 관해 우리가 알고 있는 내용에 비추어 볼 때 단지 살아남는 것이 아니라 최상의 상태로 발달하려면 영유아(민들레와 난초)는 어떤 경험을 해야 한다고 말할 수 있을까? 또한 아기의 뇌가 건강하고 행복하게 발달할 수 있게 해주려면 보호자인 어른은 어떤 일을 해야 할까?

여자, 뇌, 호르몬

이런 질문들에 대한 답을 찾으려고 아동 성장 발달 관련 논문들을 힘겹게 읽어나가는 대신 전화기를 들고 내 친구이자 동료인 크리스티 굿원 박사에게 전화를 했다. 굿원은 아동 학습·발달 전문가로 가장 중요한 실험 일곱 건을 요약해주었을 뿐 아니라 뇌를 가장 잘 발달시키기 위해 아이들에게 반드시 주어야 하는 일곱 가지 본질적 요소도 알려주었다(굿원은 이 요소들을 뇌 발달을 위한 '건축 자재'라고 불렀다).

그 일곱 가지 본질적 요소는 다음과 같다.

♀ **애착과 관계:** 보호자와 따뜻하고 예상 가능하며 사랑스러운 관계를 맺고 있는 아이는 불안해하지 않고 안심할 수 있으며 스트레스를 받지 않는다.

♀ **언어:** 영유아는 듣고 말할 수 있는 기회가 충분히 있어야 한다. '주고받는' 관계가 중요하다.

♀ **수면:** 잠자기는 아이들의 정서와 신체, 정신 발달에 아주 중요하다.

♀ **놀이:** 놀면서 영유아는 인지 능력, 창의력, 감정 조절 능력을 기른다. 아이들에게는 자연 속에서 뛰어노는 일을 비롯해 경험하고 탐구해볼 기회가 필요하다. 굿원은 '화면'에 빠져 지낸 시간만큼 '푸른 자연'에서 보내는 시간이 필요하다고 강조했다.

♀ **육체 활동:** 나중에 정교하고 좀 더 차원이 높은 사고 기능을 익히려면 단순한 운동 기능부터 시작해 복잡한 운동 기능을 익혀야 한다.

♀ **영양:** 아이들이 최상으로 발달하려면 양질의 영양분을 섭취해야 한다. 뇌가 최고로 발달하려면 아이들은 필수 지방산이 들어 있는 음식을 많이 먹어야 한다.

♀ **집행 기능:** 아이들은 충돌 조절 능력이나 작업기억 같은 단순하지만 고차원

인 사고 기능을 익혀야 한다.[63]

굿윈은 이렇게 말했다. "아이의 발달에서 경험이 차지하는 비율은 대략 70퍼센트라고 알려져 있어. 그러니 적절한 경험을 하게 해주는 일이 정말 중요해." 굿윈과 나는 유아기가 아주 거룩한 시간이라는 데 동의한다. 유아기는 소중하게 보살핌을 받고 잘 먹으면서 보호를 받아야 하는, 사람의 인생에서 아주 특별한 시기이다.

03

사춘기는 뇌에서 시작한다
- 사춘기

성호르몬이
뇌 구조를 바꾸다

사춘기는 이 책을 읽는 우리 대부분이 지나가야 할 통과 의례이다. 당신이 여자라면 처음 브래지어를 사러 갔던 즐거운 기억이 있을지도 모르고, 나처럼 첫 생리가 시작하기를 고대하고 있었는지도 모르겠다. 몸이 변한다는 사실에 창피하고 당황하고 불안해하던 기억만 있는 사람도 있을 테고 말이다.

《여자란Girl Stuff》에서 카즈 쿡Kaz Cooke이 언급한 것처럼 사춘기란 좀 더 커지고 거칠어지고 줄줄 새고 우울해지는 시기이다. 당황했다는 이유만으로 불같이 화를 낼 수 있는 시기이다. 나는 일단 어른이 되고 나면 당황할 수 있는 능력이 사라져버린다는 쿡의 말에 동의한다.

여자아이들마다 사춘기를 통과하는 길이 다르다. 음모가 나기 전에 가슴이 커지는 아이도 있고 첫 생리를 하기 전에 겨드랑이 털이 자라는 아이도 있다. 이차성징이 나타나는 속도가 빨라서 여덟 살이면 성숙하기 시작해 열 살 정도면 첫 생리를 하는 아이도 있고 아주 천천히 느긋하게 자라는 아이도 있다.

사춘기는 신체 변화만을 의미하지 않는다. 사춘기가 되면 영유아

때는 보이지 않았던 신경이 발달하고 감정과 행동이 변하기 시작한다. 앞으로 살펴보겠지만 사춘기가 되면 호르몬 외에도 밖에서 안으로 영향을 미치는 요인과 하향식으로 영향을 미치는 요인이 사춘기 때 여자아이들에게 일어나는 일에 영향을 미친다.

진화라는 관점으로 보았을 때 사춘기는 대부분 데이트를 하고 짝을 만나고 자손을 양육할 수 있도록 몸과 뇌가 준비하는 일과 관계가 있다. 남자아이들과 여자아이들 모두 사춘기는 HPG(시상하부-뇌하수체-생식샘) 축이 활성화되면서 시작하고, 그 결과는 다음과 같다.

- ♀ 생식세포가 성숙한다(여자아이는 난소에서 난자가 성숙하고 남자아이는 정소에서 정자가 성숙한다).
- ♀ 성호르몬 수치가 높아진다(여자아이는 난소 호르몬의 수치가 높아지고 남자아이는 정소 호르몬의 수치가 높아진다). 남자아이와 여자아이 모두 부신 호르몬이 증가한다.
- ♀ 이차성징이 나타난다(여자아이는 가슴이 커지며 남자아이는 페니스와 정소가 커지고 근육이 증가한다).
- ♀ 생식 능력이 생긴다(여자아이는 생리가 시작되고 남자아이는 정자를 사정하게 된다).

사춘기를 지나면서 아이들의 몸은 성숙해지고 생식 능력을 갖게 되지만 신체 변화만으로는 난자를 수정시킬 수 없다. 청소년기는 무엇보다도 정자와 난자가 만나 수정을 할 수 있으려면 반드시 필요한 사교 능력, 감정 역량, 인지 능력이 성숙해지는 기간이다.

신경생물학이라는 관점에서 보았을 때 사춘기는 호르몬이 유도하는 뇌 발달을 위한 두 번째 민감기라고 할 수 있다. 태아기와 갓난아기 때처럼 사춘기도 성호르몬이 뇌 구조를 크게 바꾸는 시기이다. 나는 사춘기를 뇌가 다니는 '마지막 학교'라고 생각한다. 태아기에 형성된 뇌 신경 회로가 갓난아기 때 개선되고 사춘기 때 활성화되는 것이다.

사춘기가 되면 뇌에서는 신경 발생, 시냅스와 수상돌기의 가지치기와 다듬기 같은 발생 초기에 신경계에서 일어난 많은 일이 다시 시작된다.

두 번에 걸쳐 뇌가 발달하는 과정을 생각해보면 호르몬이 뇌 구조를 결정하던 첫 번째 단계가 진행되는 동안 (테스토스테론이 영향을 미쳤던 남자의 뇌와 달리) 여자의 뇌는 난소 호르몬의 영향을 받지 않았음을 기억해야 한다. 따라서 사춘기는 난소 호르몬이 비로소 어떤 역할을 하게 되는 시기라고 할 수 있다.

하지만 호르몬은 전체 퍼즐의 한 조각일 뿐이고 사춘기 소녀의 뇌와 생각, 느낌과 행동은 젠더를 보는 시각, 문화, 교육, 가정환경, 계속해서 바뀌는 교우 관계 등 주변 환경에 크게 영향을 받는다. 여자의 뇌는 스무 살을 훌쩍 넘긴 뒤에도 신경 회로가 변하는 경험을 한다.

겨드랑이 털이 자라날 때쯤

갑자기 엄청나게 성장하는 것이 사춘기가 시작되었다는 가장 명백하고도 가장 소소한 증거이다. 이 시기에 아이들은 유방이 발달하고 (유방발육개시thelarche), 음모가 나오고(음모발생pubarche), 겨드랑이에서 털이 성장하며 생리가 시작된다(초경menarche). 하지만 아이에서 어른으로 자라는 신호를 보내는 호르몬 변화는 사람들 대부분이 생각하는 것보다 훨씬 이른 시기인 여섯 살에서 여덟 살 사이에 시작된다.

바로 부신성징발생adrenarche이라는 호르몬 변화가 시작되는데, 이는 콩팥 위에 있는 부신이 활동을 시작한다는 뜻이다(arche란 그리스어로 '기원', '새로운 시작'을 의미한다).

부신은 아드레날린과 노르아드레날린(미국에서는 각각 에피네프린과 노르에피네프린이라고 부른다)이라는 호르몬을 분비하는 부신수질과 광물질코르티코이드, 당질코르티코이드, 안드로겐이라는 세 가지 계열 호르몬들을 분비하는 부신피질이라는 두 부분으로 이루어져 있다. 안드로겐 계열의 호르몬으로는 테스토스테론과 안드로겐 전구물질인 디하이드로에피안드로스테론dehydroepiandrosterone(이하 DHEA)이 있다. 일반적으로 '남성' 호르몬이라고 하면 안드로겐 계열의 호르몬을 생각하는데, 여자의 몸도 안드로겐 계열의 호르몬을 만든다.

남자아이와 여자아이 모두 부신이 제대로 성장하면 음모와 겨드랑이 털이 자라고 성인 암내가 나며 끔찍한 여드름이 난다. 유방이 커지고 생리를 하는 '진짜 사춘기'를 유도하는 수많은 호르몬의 작용은 조금 뒤에 살펴보자. 부신이 제대로 자라고 있다는 것은 건강한 여자아이라면 일곱 살이나 여덟 살쯤에 음모가 몇 가닥 자라기도 하고 암내를 가리려고 데오도란트를 써야 할 수도 있다는 뜻이지만 그렇다고 성조숙증이라는 의미는 아니다.[64]

부신성징발생이 아이의 성장 발달에 중요한 역할을 하고 있다는 인식이 점점 더 높아지고 있으니 부신성징발생에 관해 좀 더 자세히 알아보는 게 좋겠다. 리사 먼디Lisa Mundy 박사는 오스트레일리아에서 오랫동안 아이들을 관찰하면서 사춘기에 관해 연구하는 '유아기에서 청소년기로의 변화 연구Childhood to Adolescence Transition Study(이하

CATS)'를 기획, 관리하고 있다. CATS의 목표는 부신성징발생에 특히 초점을 맞추어 아이들이 건강하게 청소년기를 시작할 수 있게 하는 것이다.[65-68]

먼디 박사 연구팀은 아이들 1200명을 여덟 살부터 청소년기를 지날 때까지 관찰하고자 했는데, 이 책을 쓸 무렵에는 고등학교 2학년이 된 아이들도 있었다. CATS 연구팀은 부신성징발생이 진행될 무렵에는 아이들의 성장 발달이 거의 일어나지 않는다는 기존 통설을 뒤집으면서 아이들이 성장하지 않는 것이 아니라 우리가 그 성장에 대해 그저 선의의 무시benign neglect를 하고 있는 것뿐이라고 주장했다. CATS 연구팀은 실제로 부신성징발생기는 '진짜 사춘기'가 시작되기 훨씬 전에 아이들을 사회적으로나 감정적으로 잘 살아갈 수 있게 돕는 역할을 한다고 했다. 먼디 박사 연구팀이 발견한 놀라운 내용 가운데 하나는 부신에서 분비하는 안드로겐 수치가 높으면 감정과 행동에 영향을 받는다는 것이다. 특히 부신성징발생이 너무 일찍 시작하면 정신 건강에 심각한 문제가 생길 수 있다.[69] DHEA 수치가 높을 경우 문제가 생기리라는 예상을 할 수 있는데, 남자아이들과 여자아이들은 높은 DHEA 수치에 다르게 반응한다.

먼디 박사는 나에게 이렇게 말했다. "DHEA를 연구한 결과 DHEA의 수치가 높을 경우 남자아이들은 감정과 행동에 문제가 생길 수 있음을 알게 되었습니다. 하지만 여자아이들에게서는 그런 관계를 찾을 수 없었습니다. 그 대신에 여자아이들은 DHEA 수치가 높을 경우 교우 관계에 문제가 생길 수 있었습니다."

먼디 박사의 동료이자 아동·청소년 전문 정신과 의사인 조지 패튼

George Patton은 이제는 부신성징발생기 아이들의 사회화 발달 과정과 정서 발달 과정을 주의 깊게 관찰할 시간이 되었다고 했다. 전화통화에서 패튼은 말했다. "선의의 무시는 아이를 돌볼 수 있는 사회 구조와 공동체가 형성되어 있던 1950년대에나 기능하던 방법입니다. 이제 세상은 그때보다 훨씬 더 이해하기 어렵고 예측하기 어려운 곳이 되었습니다."

널리 퍼져 있는 생각 때문에 흔히 사춘기는 난소와 함께 시작하며 에스트로겐에 푹 젖은 어린 몸은 곡선이 생기고 아이를 낳을 수 있게 된다고 여긴다. '진짜 사춘기'에는 생식샘이 관여하고 (충분히 예상할 수 있겠지만) 성샘기능개시gonadarche라는 용어로 불리지만 사실 사춘기는 뇌에서 시작한다.

사춘기를 이끄는 신경생물학적 토대를 이해하려면 몸과 뇌를 연결하고 우리의 생식 생활을 지휘하는 트리오인 HPO(시상하부-뇌하수체-난소) 축으로 다시 돌아가야 한다. 간단하게 말해서 HPO 축은 다음과 같은 일을 한다.

- ♀ 시상하부에서 GnRH(생식샘자극호르몬)를 분비해 뇌하수체에 신호를 보낸다.
- ♀ GnRH가 도착하면 뇌하수체는 LH(황체형성호르몬)와 FSH(난포자극호르몬)를 분비한다.
- ♀ LH와 FSH는 난소를 자극해 에스트로겐과 프로게스테론을 분비하게 한다.
- ♀ 에스트로겐과 프로게스테론은 몸과 뇌에 다양한 영향을 미친다.
- ♀ LH, FSH, 에스트로겐, 프로게스테론 신호는 다시 시상하부와 뇌하수체로 돌아가 복잡한 양성-음성 피드백 회로를 형성한다.

생체 시계를 깨우다

사춘기부터 갱년기까지 가임기간에 시상하부에 있는 펄스 발생기는 일정한 속도로 GnRH(생식샘자극호르몬)를 분비한다. 나는 똑딱똑딱 일정하게 뛰는 이 펄스 발생기가 유명한 생체 시계의 신경계 버전이라고 생각한다.

유아기 때도 GnRH는 분비되지만, 그때는 시계처럼 일정한 속도로 분비되지 않고 아주 적은 양이 아주 느리고 애처롭게 흘러나온다. 아주 적은 양이 꾸준히 흘러나오는 GnRH 때문에 HPO 축은 일종의 '호르몬 동면' 상태를 유지하는데, 이런 생체 반응이 나타나는 동물은 사람과 몇몇 영장류뿐이다. 호르몬 동면 덕분에 사람은 아주 긴 유아기를 보낼 수 있다. 뇌를 발달하고 사회성을 기르고 학습을 하는 데 있어 긴 유아기는 반드시 필요하다. 어머니 자연은 어린 여자아이는 또 다른 사람을 낳고 기를 능력이 없음을 잘 알기에 충분히 능력을 기를 때까지 이 세상에 또 다른 사람을 낳을 수 없게 만든 것인지도 모른다. 물론 생리를 시작했다고 해서 엄마가 될 준비를 마쳤다는 뜻은 아니지만 말이다.

호르몬의 이름은 호르몬이 하는 일을 알려줄 때가 많다. 뇌하수체에 도착한 GnRH가 하는 역할은 분명하다. 생식샘을 자극해 생식샘 호르몬을 분비하게 하는 것이다. 가장 중요한 생식샘 호르몬인 LH와 FSH는 시상하부에 있는 지휘자 덕분에 모두 일정한 속도로 뇌하수체에서 분비된다. FSH는 난포자극호르몬이라는 이름답게 난소에 있는 난포를 성장하게 해 난자의 발달을 촉진하고 주요 에스트로겐인 에스트라디올을 분비하게 한다. LH는 난포를 터뜨려 난자가 밖으로 나올 수 있게(배란할 수 있게) 해준다.

살아가는 동안 분비되는 LH와 FSH의 양은 다양하게 변한다. LH는 유아기에는 아주 적은 양이 분비되지만 사춘기가 되면 사춘기가 시작될 무렵보다 20배에서 많게는 40배까지 분비량이 늘어날 정도로 수치가 높아진다. 하지만 FSH의 양은 두 배나 세 배 정도 늘어날 뿐이다. FSH의 분비량은 노화된 난소가 조절하지 못해 두 호르몬의 양이 급격하게 증가하는 갱년기가 될 때까지는 결코 LH의 분비량을 추월하지 않는다.

뇌에는 에스트로겐 수용체가 있어서 에스트로겐은 우리가 생각하고 느끼고 행동하는 방식에 영향을 미친다. 그 놀라운 예를 갱년기에 볼 수 있다. 갱년기가 되면 난소 호르몬의 수치가 급격하게 요동치기 때문에 홍조, 식은땀, 감정 기복, 건망증 같은 갱년기 증상이 나타난다. 마지막 생리가 끝나고 몇 년쯤 흘러 호르몬이 모두 사라지면 갱년기 증상도 사라진다.

프로게스테론도 난소에서 분비하는 호르몬으로, 좀 더 정확하게 말하자면 난자를 밖으로 내보낸 난포가 변해 생성된 황체에서 분비되는 호르몬이다. 프로게스테론과 에스트로겐은 서로 상보적으로 작동한다. 예를 들어 사춘기 때 여자아이의 유방이 발달하려면 에스트로겐이 세포가 성장할 수 있는 준비를 시켜야 하며 프로게스테론이 세포를 분화하고 성장시켜야 한다. 뇌에 있는 프로게스테론 수용체는 에스트로겐 수용체만큼 많지는 않지만 프로게스테론이 생각과 감정, 신경가소성을 조절하며, 심지어 다친 뇌가 회복하는 데 중요한 역할을 하고 있을지도 모른다는 사실이 점점 더 분명해지고 있다.

그렇다면 GnRH라는 생체 시계를 깨우는 역할은 정확히 무엇이 맡고 있을까? 사람의 몸속에도 연도를 표시해둔 달력이 있는 걸까? 아니면 '밖에서 안으로' 영향을 미치는 영양소나 환경, 가족 구성원 간에 발생하는 상호작용 같은 요소들이 사춘기가 시작되는 시기에 영향을 주는 것일까?

여자아이가 사춘기로 접어드는 시기를 결정하는 가장 중요한 요소는 유전자이다. 여자아이의 사춘기가 시작되는 나이가 어머니나 이모가 사춘기를 시작한 나이와 거의 비슷하다는 것에서 그 사실을 유추할 수 있다. 여러 연구 결과에 따르면 사춘기 시작 시기를 유전자가 결정할 확률은 50퍼센트에서 80퍼센트 정도이다. 이런 연구 결과를 알게 된 나는 스카이프로 엄마에게 전화를 걸어 언제 첫 생리를 했는지 물었다. 엄마는 열두 살에서 열세 살 사이에 처음 생리를 했다고 했다. 언니는 문자로 열두 살 생일이 되기 일주일 전에 생리를 시작했다고 했다. 어머니의 사춘기가 시작된 시기는 아들의 사춘기 시작 시기에도 영향을 미쳤다.[70]

GnRH 뉴런을 깨우는 유전자의 이름은 상당히 기발하게도 KISS-1(키스-1)이다. KISS-1 유전자는 시상하부에 있는 펄스 발생기 속에 모여 있는 작은 유전자 무리 안에서 발현된다. KISS-1 유전자는 키스펩틴kisspenptin이라는 단백질을 지정한다. 키스펩틴은 뉴로키닌 B와 다이놀핀이라는 펩티드 호르몬과 함께 뉴런에서 분비되는데, 이 세 단백질을 합쳐 보통 KNDy(캔디라고 발음한다)라고 부른다.

이 달콤한 이름 뒤에는 숨은 이야기가 있다. KISS-1 유전자는 악

여자. 뇌. 호르몬

성흑색종을 연구하던 대니 웰치Danny Welch가 발견했다. 당시 허시라는 마을에 있는 펜주립의과대학교에서 근무하던 웰치는 자신이 발견한 유전자에다 허시에 있는 유명한 초콜릿 공장에서 만드는 허쉬 키세스Hershey's Kisses를 기려 KISS라는 이름을 붙였다.

평범하지 않은 한 가족이 매사추세츠 종합병원 생식내분비학과 병동의 생식내분비학자인 스테파니 세미나라Stephanie Seminara를 찾아오기 전까지는 KISS-1 유전자가 사춘기에 관여하고 있다는 생각을 아무도 하지 못했다. 2000년대 초반, 사촌끼리 세 쌍이 결혼을 한 대가족이 아이들을 치료해달라며 세미나라를 찾아왔다. 세 부부의 아이들은 모두 열아홉 명이었는데, 그 가운데 여섯 명(남자아이 넷, 여자아이 둘)이 특발성 저생식샘자극호르몬 생식샘 저하증idiopathic hypogonadotropic hypogonadism(이하 IHH)이라는 증상으로 고통 받고 있었다. IHH는 GnRH가 일정한 속도로 분비되지 않거나 아예 분비되지 않는 증상으로, IHH인 아이는 사춘기가 시작되지 않는다. 이 희소 질병을 치료하면서 세미나라 연구팀은 사람이 GnRH를 조절하는 방법을 들여다볼 독특한 기회를 얻었다. 세미나라를 찾아온 대가족은 모두 유전자 검사를 했고, 연구팀은 여섯 아이의 키스펩틴 수용체를 지정하는 유전자가 변형되어 있음을 발견했다. 이는 키스펩틴이 없으면 GnRH가 사춘기를 시작할 수 있는 스위치를 켜지 못한다는 뜻이었다.[71]

여섯 아이를 치료하고 있는 동안에는 세미나라는 알지 못했지만 파리에 있는 프랑스국립보건의학연구원INSERM에서도 한 연구팀이 비슷한 시기에 다른 IHH 가족을 연구하고 있었다. 이 팀이 치료를 맡은 사람은 사춘기가 시작되지 않아 니콜라스 드 루 병원에서 치료를 받던 청년이었다. 이 청년은 스무 살이 되어서도 페니스와 정소가 제대로 성장하지 않았고 키가 작았으며 음모도 적었다. 이 청년뿐 아니라 청년의 세 형제 가운데 두 명도 같은 증상을 보였으며, 여형제 한 명은 유방이 제대로 발달하지 않았고 생리도 단 한 번만 했다. 이 사람들의 부모는 사촌으로 정상적으로 사춘기를 지났고 분명히 아기도 가질 수 있었다. 이 가족을 대상으로 진행한 유전자 검사에서도 키스펩틴 수용체에 문제가 있음이 드러났다.[72] 두 가족 덕분에 키스펩틴 단백질이 생식 기능을 조절하는 신경내분비계에서 아주 중요한 역할을 한다는 사실이 알려진 것이다. 그 뒤로 키스펩틴이 배란, 수정란 착상, 태반 발달, 임신과 출산에도 관여한다는 사실이 밝혀졌고, 2017년에는 갱년기 홍조에도 관계가 있음이 밝혀졌다.

여자, 뇌, 호르몬

사춘기 시작 시기가
앞당겨지고 있다고?

IHH 증상이 나타난다거나 아주 늦은 나이까지 사춘기가 시작되지 않는 사람은 그다지 많지 않지만 사춘기가 빨라지고 있다는 이야기는 심심치 않게 들려온다. 다섯 살 여자아이가 브래지어를 사러 간다거나 유치원 생활을 제대로 해내려고 애쓰는 와중에 생리까지 처리하는 법을 배워야 한다는 말을 들으면 누구나 마음이 편치는 않을 것이다. 언론은 야단법석을 떨면서 일찍 생리를 시작한 아이들의 이야기를 다루고 있는데, 그런 기사에는 흔히 19세기에 살았던 여자아이들은 열일곱 살이 될 때까지도 생리를 하지 않았다는 말을 덧붙일 때가 많다.

정말로 요즘 아이들은 100년 전보다 10년 정도 먼저 사춘기가 시작되고, 1960년대보다도 훨씬 빠르게 생리를 하는 걸까? 내 주치의도 그렇다고 믿고 있었고 내가 이야기를 나눈 많은 전문가도 그렇게 생각한다고 했다. 하지만 조기 사춘기에 관한 이야기에는 조금 미묘한 데가 있다.

오스트레일리아 모나시대학교 정신의학과 교수 자야시리 쿨카르니

Jayashri Kulkarni는 여자아이들의 사춘기가 예전보다 빨리 시작한다는 사실을 확인해주며 이렇게 말했다. "가슴이 발달하는 것 같은 사춘기 체형 변화는 조금 더 빨리 나타나지만 첫 생리를 하는 나이는 13세 정도로 사실상 변한 것이 없습니다." 미국 자료도 이 같은 사실을 확증해준다. 여자아이들이 첫 생리를 하는 나이는 지난 세기보다 넉 달에서 여섯 달 정도 빨라졌다. 하지만 가슴은 최대 2년 먼저 발달했다.

이 사실을 처음 발견한 사람은 노스캐롤라이나대학교 겸임교수이자 소아과 의사인 마르시아 허먼 기든스Marcia Herman-Giddens이다. 1980년대와 1990년대에는 조기 사춘기 증상 때문에 허먼 기든스를 찾아오는 여자아이들의 수가 계속해서 늘었다. 사춘기가 빨라지고 있을지도 모른다는 사실에 걱정하게 된 허먼 기든스는 전국적으로 많은 여자아이를 대상으로 여러 연구를 진행해 사춘기가 시작하는 여자아이들의 평균 연령을 이전 세대 아이들의 평균 연령과 비교했다.

연구를 통해 허먼 기든스가 제일 먼저 알아낸 사실은 여자아이들의 유방이 발달하기 시작하는 시기가 아프리카계 미국인 아이는 평균 8세 8개월, 히스패닉계 미국인 아이는 9세 3개월, 백인과 아시아계 미국인 아이들은 9세 8개월이라는 것이었다.[73] 그 뒤로 미국에서 진행한 후속 연구들은 현대 아이들의 유방 발달 시기가 이전 세대의 아이들보다 빨라졌음을 확증해주었다.[74] 이 같은 상황은 유럽도 마찬가지였다. 코펜하겐에서 행한 사춘기 연구에서 드러난 바로는 유방 발달 추정 평균 연령이 1991년에는 10세 9개월, 2006년에는 9세 9개월로 낮아졌지만 생리를 시작하는 나이는 변화가 없었다.

하지만 그저 친구들보다 빨리 성장하는 아이와 병원 치료를 받아야 하는 아이를 구분하는 일은 중요하다. **진짜** 성조숙증은 신경내분비계 장애나 뇌종양을 앓고 있는 아이들에게서도 나타날 수 있다(성조숙증 증상을 보이는 아이들 가운데 20퍼센트 정도가 신경내분비계 장애나 뇌종양을 앓고 있다). 이런 여자아이들은 세 살이나 네 살 때 사춘기 증상이 나타난다. 그와는 대조적으로 건강한 여자아이들에게서 나타나는 이르기는 하지만 **정상 범위**에 드는 사춘기는 종형 곡선의 왼쪽 가장 끝에 포함된다.[75]

진짜 성조숙증은 아주 드물며 뇌와 관계가 있다(중추신경계와 뇌 이상이 성조숙증을 유발하는 원인이다). GnRH 펄스 발생기가 스위치를 너무 빨리 켜는 바람에 성조숙증이 생기기도 하는데, 그 원인이 뇌종양 때문이 아니라면 GnRH가 활성화되지 않는 약을 먹는 방법으로 조기 사춘기를 막을 수 있다.

정상 종형 곡선을 정의한다는 과제는 의학계의 움직이는 목표물이었다. 충분히 상상할 수 있는 것처럼 '이르지만 정상'이라고 여겨지는 사춘기에 관해 끊임없는 논쟁과 혼란과 옳지 않은 정보가 생겨나 부모들은 당혹했다. 사춘기가 일찍 시작된다고 해서 그런 아이들 모두에게 치료가 필요한 건강 문제가 생기는 것은 아니다.

이르지만 정상인 사춘기가 생긴 이유

1800년대부터 아동의 건강은 엄청나게 향상되었다. 현대 의학과 개선된 영양 공급 상태 덕분에 19세기에는 십 대 중후반에 시작했던 첫 생리가 1960년대부터는 열한 살이나 열두 살 정도에 시작하게 되었다. 하지만 지난 수십 년간 빠르지만 정상인 유방의 조기 발달이 시작된 이유는 아직 베일에 싸여 있다.

종형 곡선의 모습이 바뀌는 이유에 관해서는 수많은 가설이 존재한다. 수많은 연구가 지목하는 가장 유력한 용의자는 세 가지로 과체중, 호르몬을 교란하는 환경 물질, 어린 시절에 받는 심리적 스트레스이다.

덴마크 연구팀은 일곱 살 때 다른 아이들보다 몸무게가 더 많이 나가는 여자아이가 사춘기도 일찍 시작된다는 결론을 내렸다. 비만인 아이들은 시상하부에서 GnRH를 자극하는 호르몬인 렙틴leptin의 수치가 정상보다 높았다. 하지만 일곱 살 아이들의 체지방에 상관없이 사춘기가 시작되는 나이는 계속해서 어려지고 있기 때문에 비만을 유일한 용의자라고 단정할 수는 없다.[76]

내분비교란물질은 우리 몸에서 분비하는 호르몬과 상호작용하거나 교란하는 화학물질이다. 대두처럼 자연 물질도 있지만 공장에서 제조하는 물질도 있다. 그 가운데 한때 아기들 젖병을 만들 때 사용했지만 지금은 많은 나라에서 사용을 금지한 플라스틱 비스페놀A BPA는 광범위한 연구가 이뤄진 내분비교란물질 가운데 하나이다. 내분비교란물질에 노출되었을 때 어떤 결과가 생긴다는 예측은 하기 어렵다. 하지만 내분비교란물질은 여자아이들의 호르몬 환경을 변화시켜 결국 여자아이들의 몸이 에스트로겐에 반응하는 방법을 바꿀 수 있다고 말하는 과학자들도 있다.[75]

역사는 '유아기 스트레스' 가설에 힘을 실어준다. 제2차 세계대전 때 헬싱키를 빠져나가야 했던 핀란드 여자아이들, 허리케인 카트리나

여자, 뇌, 호르몬

에서 살아남은 여자아이들, 몬트리올 얼음 폭풍 연구에서 조사했던 여자아이들 모두 예상보다 더 빨리 사춘기가 왔다. 크라이스트처치 지진을 겪은 아이들은 아직 사춘기가 오기에는 어리지만 캐슬린 리버티는 앞으로 몇 년 동안 계속 지켜볼 생각이라고 했다.

CATS 연구팀은 사춘기가 빨리 찾아온 아이들은 예비학교와 초등학교 저학년 때 파괴적인 행동 장애와 정서 문제로 고생한다는 사실을 알아냈다. 조지 패튼은 이렇게 말했다. "이른 사춘기는 생애 아주 이른 시기에 시작해서 아주 빨리 변하는 어른으로의 발달 과정의 일부일 수 있습니다. 아주 빠르게 진행되는 변화 때문에 정서나 행동에 문제가 생길 수도 있습니다." 그는 (남자아이들의) 테스토스테론과 (여자아이들의) 에스트로겐이 아주 어린 갓난아기 때부터 스트레스 조절 능력과 상호작용을 하는지도 모른다고 했다. 패튼은 유언비어를 퍼뜨리는 사람은 아니다. 그는 아이들이 성장하는 공동체가 아이들에게 '사회적 지지대'를 형성해주거나 '충격 흡수기'를 제공해준다면 어린 시절에 겪은 역경을 극복할 수 있다고 했다. "남자아이들에게나 여자아이들 모두에게 인생에서 가장 중요한 사람은 늘 부모님입니다. 우리는 사춘기를 겪어나가야 하는 아이들을 도울 수 있는 적절하고도 긍정적인 토대를 마련해줄 수 있습니다."

그 누가 사춘기를
감당할 수 있을까

─────

사춘기 소녀들은 어른이나 유아(걸음마 단계의 아기들은 아닐 수도 있지만)에 비해 강렬하고 폭발적인 감정을 느낄 때가 많다. 십 대 아이들은 가장 극심한 행복과 가장 극심한 불행을 동시에 겪는 아이들처럼 보이며, 무언가 행복한 감정을 느꼈다고 해도 어른들처럼 그 감정이 늘 오래 유지되는 것도 아니다. 십 대 여자아이를 양육하는 부모라면 '하나도 웃기지 않은' 이런 말에 정말로 공감하며 한숨을 내쉬고 있을 것이다.

일찍 사춘기가 오는 여자아이는 늦게 사춘기가 오는 아이보다 우울증으로 고생할 가능성이 더 높다. 성장이 빠른 남자아이는 우울증으로 고생하지 않는다. 그보다는 친구들보다 사춘기가 늦게 오는 남자아이가 우울증에 걸릴 가능성이 더 크다. 재미있는 것은 늦지만 정상인 사춘기를 경험하는 여자아이들은 우울증에 걸리지 않는다는 것이다. 오히려 늦은 사춘기는 우울증을 막아주는 역할을 한다. 어린 여자아이들은 사춘기를 감당할 정서 능력을 제대로 갖추지 못한 것이 그 이유라고 생각한다. 몸은 성장하지만 성장한 몸을 감당해야 할

여자, 뇌, 호르몬

정신 능력이 아직 제대로 성장하지 못해 불균형이 생기는 것이다.

확실히 호르몬은 사춘기 우울증의 범인으로 지목된 희생양이다. 하지만 사춘기에 상승하는 에스트로겐으로서는 그런 비난을 순순히 받아들일 수는 없을 것이다.

2015년, 오스트레일리아 과학자들은 청소년기 여자아이들의 감정에 작용하는 에스트로겐의 영향력을 조사한 14개 연구 결과를 취합해 정리했다. 그 결과 에스트로겐 수치가 높아진 시기와 부정적인 감정이 나타난 시기가 일치한다는 사실을 알아냈지만, 에스트로겐이 우울증을 부른다는 사실을 확증해줄 자료를 충분히 확보할 수는 없었다. 그보다는 한 달 주기로 호르몬의 수치를 최대로 만들거나 최소로 만드는 뇌의 조절 작용이 사춘기 우울증을 일으키는 원인인 것처럼 보였다.[77]

이런 발견은 잠시 우리에게 생각할 시간을 갖게 한다. 사람들은 임신기의 불안한 감정 변화(임신 중 기억력과 사고력이 떨어지는 증상), 산후 우울증, 갱년기 브레인 포그가 생기는 것이 보통은 호르몬 때문이라고 생각한다. 하지만 삶의 모든 시기에 에스트로겐은 사실 신경계를 **보호하고** 기분이 **좋아지게** 하는 역할을 한다.

마지막으로 잊지 말아야 할 것은 여자아이들의 사춘기는 단순히 자손을 낳을 수 있도록 생식 기관이 발달하는 시기가 아니라는 점이다. 사춘기 때 여자아이들은 다음과 같은 일들도 경험한다.

- ♀ 뇌 회로망이 정교하게 다듬어진다.
- ♀ 감정·사교·인지 능력을 담당하는 뇌 회로망이 섬세해진다.

♀ 부모·친구·연애 대상과 관계를 맺는 방식이 바뀐다.

♀ 가치관과 윤리관이 바뀐다.

♀ 초등학교를 졸업하고 중학교, 고등학교로 진학한다.

♀ 어머니가 될 수도 있다는 자각을 하고 문화와 사회가 여자에게 기대하는 것이 무엇인지 점점 깨달아간다.

다양하고도 힘든 신체·인지·감정·사회 변화들이 한데 섞이는 사춘기는 강렬한 감정을 불러일으킬 수밖에 없다. 힐러리 보스웰Hillary Boswell은 이렇게 말했다. "사춘기에 관해 더 많은 것을 알아갈수록 사춘기는 정신없는 혼돈 상태가 아니라 생식 능력이 생기고 심리·사회적으로 성숙해가는 놀라운 변형이 일어나는 시기처럼 느껴진다." 사춘기에 겪어야 하는 엄청난 일들을 생각해보면 마음을 다치지 않고 풍성한 감성을 기르면서 무사히 사춘기를 빠져나온 여자들이 그토록 많다는 사실에 찬사를 보내야 한다는 생각이 들 정도이다.

정상적인 기분 변화인가, 정신 질환인가?

사춘기는 걱정도 많고 불행하고 스트레스를 많이 받는 시기라고 알려져 있기 때문에 실제로 정신 건강에 문제가 있는 상황과 '정상적인' 기분 변화를 구분하기가 어렵다. 남자아이들과 여자아이들 모두 정상적인 성장 과정의 일환으로 다양한 감정과 행동 변화를 경험하기 때문에 어떤 한 가지 모습을 가지고 걱정할 일이라고 단정할 이유는 없다. 오스트레일리아 정신 건강 관련 비영리단체인 비욘드블루

beyondblue는 사춘기 우울증이 지나치게 심하거나 오래 지속될 때는 부모와 친근한 대화를 나누는 것보다는(물론 부모와 하는 대화는 중요하지만) 전문가의 도움을 받는 것이 중요하다고 조언한다.

내가 이야기를 나누어본 전문가들은 모두 아이의 사춘기가 시작되는 나이와 상관없이 부모의 태도가 아이들이 변해가는 자기 몸을 어떤 식으로 다룰 것인지를 알려주는 척도라고 강조했다. 사춘기를 위기로 취급하거나 우리가 한 부정적인 경험을 여자아이들에게 투사하지 않는다면 아이들은 훨씬 더 잘 자랄 수 있다.

오스트레일리아 시드니에서 활동하는 심리학자이자 학교 상담교사인 조셀린 브루어Jocelyn Brewer는 대화가 인간관계에서 생기는 가장 해결하기 힘든 까다로운 문제들 가운데 몇 가지를 해결할 수 있도록 돕는다고 굳게 믿고 있다. 그녀는 "대화를 하고 생각을 나누고 경험을 공유하는 기회를 풍성하게 만드는 것이 부모가 아이들과 유대감을 기르는 아주 중요한 방법이며, 부모의 지도와 도움이 정말로 중요한 십 대 시절에 아이가 필요로 하는 관계를 맺을 수 있는 방법입니다. 어렸을 때 경험한 일들을 깊게 생각하고 자기 생각을 마음껏 표현할 수 있는 부모 밑에서 자란 아이들은 훨씬 바람직한 자질을 갖춘 어른으로 자랄 수 있습니다."라고 했다. 부정적인 생각과 감정을 다루는 법을 배우는 일은 겨드랑이 털이나 생리를 처리하는 법을 배우는 일만큼 중요하다.

3장을 쓰면서 나는 백악관을 떠나기 전에 미셸 오바마가 오프라 윈프리를 만나는 텔레비전 프로그램을 보았다. 그때 전직 미국 영부인은 건강 전문가들이 새겨들어야 할 말을 했다. "아이들은 우리가 반응하는 모습을 관찰하고 그대로 반응합니다." 이 말은 정치뿐만 아니라 사춘기 아이들 문제에도 적용되는 말이다.

5장에서는 사춘기와 사춘기 이후에 뇌에서 벌어지는 일을 자세하게 다룰 것이다. 전도유망한 신경과학자들은 우리가 사춘기와 관련된 신경생물학에 관해 알고 있는 내용은 거의 대부분 시리아 햄스터나 생쥐 같은 실험실 동물을 연구한 결과라는 사실에 주목하고 있다. 더구나 우리는 에스트로겐보다는 안드로겐의 역할에 관해 훨씬 많은 사실을 알고 있다. 이제는 난소 호르몬이 십 대 여자아이들의 뇌와 행동을 형성해가는 방법을 알아볼 때가 되었다.

04

호르몬이 여자의 생각과
감정에 미치는 영향

− 생리 주기

생리를
경험하게 되면

내 청소년기를 명확하게 규정한 사건 가운데 하나는 첫 생리를 경험한 일이었다. 주디 블룸의 열렬한 팬이었던 나는 그녀의 책 《안녕하세요, 하느님? 저 마거릿이에요 Are You There God? It's Me, Margaret》를 몇 번이나 탐독했고, 브래지어를 입고 생리를 하고 학교 댄스파티에 나가는 여자가 어서 빨리 되기를 간절하게 소망했다.

내가 오랫동안 기다리던 생리혈을 드디어 보았다는 소식을 제일 먼저 들은 사람은 내 여동생이었다. 그때 내 나이는 12세 5개월이었고 여자아이들의 평균 생리 시작 나이에 생리를 시작한 셈이었다. 나와 여동생은 그때 방학이라 이모네 집에 가 있었고, 그때 갓난아기와 아장아장 걷는 아기의 엄마였던 이모는 지금도 내가 생리를 했을 때는 조카의 생리를 맞을 준비가 전혀 되어 있지 않았다고 말하면서 크게 웃는다. 이모는 사촌 동생의 천 기저귀를 길게 잘라 주디 블룸의 책에 나오는 것처럼 내 팬티에 끼우고는 나를 데리고 이모 집 근처에 있는 작은 구멍가게로 갔고, 나는 말은 하지 않았지만 혼자서 완전히 신나 있었다.

첫 생리를 했다는 기쁨이 가신 뒤로는 생리는 내 인생에서 그다지 큰 배역을 차지하지 못했다. 다행히 나는 심각한 생리통으로 고생하지도 않았고 엄청난 출혈 때문에 힘들지도 않았고 불규칙한 생리 주기 때문에 곤란을 겪지도 않았다. 사실 임신을 해야겠다는 결심을 하기 전까지는 생리가 시작하는지 끝나는지도 거의 신경 쓰지 않고 살았다. 여러 사람들에게 물어보니 나처럼 평온한 경우는 오히려 드물었다. 피가 묻은 교복을 점퍼로 가리고 학교 화장실로 허겁지겁 뛰어가거나 생리통 때문에 학교나 직장에 나가지 못하고 불임이나 자궁내막증으로 고생하는 여자들이 너무 많았다.

달마다 실시하는 신경과학 실험

월경(생리)은 모든 여성이 경험하는 드문 생물 현상이다. 지구 인구의 절반이 40여 년 동안 매달 호르몬 수치가 요동치고 피를 흘려야 한다는 뜻이다. 생리를 신경과학이라는 관점으로 보면 난소 호르몬이 우리 뇌에 미치는 영향을 자연에서 관찰할 수 있는 편리한 실험 기회라고 할 수 있겠다.

정상적인 생리 주기에는 에스트로겐과 프로게스테론의 수치가 변한다. 생리혈이 몸 밖으로 배출되는 첫 며칠 동안은 두 호르몬 모두 체내 수치가 가장 낮다. 생리 주기 중반으로 갈수록 에스트로겐의 수치는 점점 더 늘어나지만 배란 이후에는 급격하게 낮아진다. 배란이 되면 프로게스테론이 체내 주요 생식샘 호르몬이 되지만 생리를 시작하면 프로게스테론 수치는 급격하게 떨어진다.

처음에는 에스트로겐이 먼저 수치가 높아지지만 얼마 뒤에는 프로게스테론 수치도 함께 높아지기 때문에 두 호르몬이 각각 뇌에 어떤 영향을 미치는지는 분명하게 단정하기는 어렵다. 하지만 상당히 근사하게 추론할 수는 있다. 에스트로겐이 기분 변화에 어떤 영향을 미치는지 알고 싶다고? 그렇다면 생리 주기 중반에 느끼는 감정을 살펴보면 된다. 프로게스테론의 수치 감소가 기억력에 영향을 주는지 알고 싶다고? 그렇다면 생리 시작 전 며칠 동안의 기억력을 살펴보면 된다.

4장에서는 한 달을 주기로 변하는 호르몬들이 우리의 생각과 감정에 어떤 영향을 미치는지 알아볼 것이다. 월경 전 증후군PMS에 관해서도 살펴보고, 월경 전 증후군 때문에 고생하는 사람도 있는 반면 아무 문제 없는 사람이 있는 이유도 알아보고자 한다. 호르몬제로 만드는 경구피임약에 관해서도 살펴보고 경구피임약이 우울증을 유발할 가능성이 높은지도 함께 탐구해볼 것이다.

솔직히 말해서 아직도 생리에 관해서 거리낌 없이 말하는 사람은 많지 않다. 전통적으로 여자들은 생리에 관해 말할 때는 주변에 다른 사람이 없을 때 넌지시 알 수 있을 정도로만 표현하고, 남자들이 있을 때는 절대로 말하면 안 된다는 '생리 예절'을 배운다. 멜버른대학교 과학자 로렌 로즈완Lauren Rosewarne은 여자들에게 강요하는 예의와 태도가 여자들의 생식 건강에 어떤 식으로 영향을 미쳤는지를 다룬 책《대중문화가 생리를 다루는 방법 – 영화와 텔레비전에 나오는 생리 Periods in Pop Culture: Menstruation in Film and Television》를 출간했다.[78]

나와 대화를 나누면서 로즈완은 전 세계 인구의 절반이 생리를 일상생활의 한 부분으로 경험하면서 사는데도 영화 같은 대중문화에서 생리를 다루는 경우는 거의 없다고 했다. 그 이유는 위대한 텔레비전은 세속적인 생리 문제는 다루지 않기 때문일 수도 있지만, 로즈완은 대중매체가 생리를 '신파적인 생리 드라마'로 다루는 방식에도 문제가 있다고 믿는다. "대중매체는 생리를 기분이 언짢거나 출혈을 하는 이유, 사회적 자살 행위에 연관을 짓습니다. 그 때문에 일곱 살 정도 되는 여자아이들은 생리를 해야 한다는 사실을 걱정하고 생리를 하면 귀찮아진다거나 우울증에 걸릴 수도 있다고 믿게 됩니다." 로즈완의 말이다. 생리는 '저주'라거나 부끄러워해야 하는 일이라는 낡은 관념은 평생 여자의 정신 건강에 영향을 미칠 수 있으므로 우리는 여자아이들이 그런 문화적 관념에 사로잡히지 않도록 경고해주어야 한다.

생리를 조절하는 신경계

이 책에서 신경내분비학 개론 수업을 할 생각은 없지만 몇 가지는 언급하려고 한다. 3장에서 살펴본 것처럼 FSH(난포자극호르몬)와 LH(황체형성호르몬), 에스트로겐, 프로게스테론은 생리 주기 동안 계속해서 수치가 변한다. 이 네 호르몬이 밀접하게 관련을 맺으면서 주기적으로 추는 춤 때문에 배란이 일어나고 생리 주기는 여포기와 황체기라는 두 단계로 나누어진다.

생리혈이 나오기 시작하는 날이 여포기가 시작되는 날인데, 이때는 난소가 분비하는 모든 호르몬의 수치가 낮다. 난소 호르몬의 수치가 낮아지면 FSH 분비가 늘어나고 난자를 품고 있는 난포(난소 여포)가 자라기 시작한다. 그다음 한 주 동안은 FSH와 LH 분비량이 늘어나면서 난포를 자극해 콜레스테롤을 가지고 에스트로겐을 생성하게 한다. 에스트로겐 수치가 높아지면 양성 피드백 고리가 작동해 첫 생리일에서 12일 정도 지나면 뇌에서 분비하는 LH 수치가 최대가 된다. LH 수치가 최대가 되면 12시간에서 36시간 안에 배란이 일어난다. 처방전 없이 구입할 수 있는 배란 측정기는 바로 이 최대가 된 LH 수치를 감지한다. 배란이 일어나면 에스트로겐은 더는 생산되지 않기 때문에 황체기가 끝날 무렵이 되면 에스트로겐의 수치는 급격하게 감소한다.

여포기 내내 프로게스테론의 수치는 아주 낮지만 난자를 밖으로 내보낸 난포가 변해서 된 황체가 프로게스테론을 분비하기 때문에 배란 이후에는 수치가 올라간다. 첫 생리일에서 18일 정도 지났을 때 혈액 검사를 하면 프로게스테론의 양이 에스트로겐의 양보다 100배 정도 많다는 사실을 알 수 있다. 여포기에 에스트로겐은 자궁 내막에 주름을 만들고 배란이 일어난 뒤에는 프로게스테론이 자궁 내막을 담당해 영양분이 두툼하게 쌓이게 만든다.

난자가 수정되면 사람 태반 생식샘자극호르몬, 즉 hCG가 분비되기 시작하고, 황체가 생산하는 프로게스테론의 양이 증가한다. 프로게스테론을 생산하는 역할은 임신 10주쯤 됐을 때 태반이 건네받는다. 프로게스테론의 수치가 높아지면 시상하부가 그 사실을 알게 되고 뇌하수체에서 FSH와 LH가 더는 분비되지 않도록 막기 때문에 난소에 들어 있는 다른 난자들은 성장을 멈춘다.

임신을 하지 않거나 hCG가 분비되지 않으면 황체는 퇴화되고 프로게스테론과 에스트로겐 수치는 떨어지며 자궁 내막은 더는 두툼해지지 않은 채 생리가 시작된다.

임신을 하거나 호르몬성 피임약을 복용했을 때만 멈추는 이런 호르몬 변화 과정은 갱년기가 되어 완전히 멈추기 전까지 여자의 일생에서 450번 정도 반복된다.

호르몬은 어떻게 뇌 안으로 들어갈까?

《뉴욕 타임스The New York Times》과학 담당 기자 내털리 앤지어 Natalie Angier는 《여자, 내밀한 몸의 정체Woman: An Intimate Geography》에서 다음과 같이 썼다. "호르몬은 완두콩이고 우리 모두는 공주이다. 우리와 완두콩 사이에 아무리 많은 매트리스를 깔아도 호르몬은 여전히 우리를 당혹스럽게 만든다."[79] 많은 여자들이 이런 말을 듣고 자랐고, 아무 의심 없이 호르몬이 우리 감정을 조절한다고 믿었다. 우리는 우리 자신이 빠져나갈 수 없는 감정의 롤러코스터에 올라타 있다고 믿었다. 그렇다면 호르몬은 정확히 어떤 식으로 우리의 감정에 영향을 미치는 걸까?

에스트로겐과 프로게스테론은 뉴런들이 시냅스에서 통신하는 방식을 바꾸고 노르아드레날린, 도파민, 세로토닌, 글루탐산, 감마 아미노부티르산을 사용하는 신경전달물질계를 비롯해 모든 주요 신경전달물질계에 영향을 미친다.

호르몬은 수용체라고 부르는 특별한 호르몬 인지 부위와 결합하는 방식으로 뉴런과 여러 세포에 영향을 미친다. 호르몬은 해당 호르몬을 부착하는 수용체가 있는 세포에서만 활동할 수 있다. 호르몬과 수용체의 관계는 열쇠와 자물쇠의 관계와 같은데, 호르몬이 열쇠이고 수용체가 자물쇠이다. 열쇠인 호르몬이 자물쇠를 여는 순간 세포 내부에서는 연속적으로 일어날 수많은 생체 반응이 시작된다.

에스트로겐 수용체는 뇌 전역에 퍼져 있는데, 대부분 생식(시상하부와 뇌하수체), 인지(대뇌 피질), 감정(해마와 편도체)과 관계가 있는 부분에 존재한다. 상황을 더욱 복잡하게 만드는 것은 에스트로겐이 뇌의 일부 지역에서도 만들어져 신경 활동을 조절할 수도 있다는 데 있다. 왜인지는 모르지만 사람의 뇌에서 프로게스테론 수용체가 존재하는 곳을 찾는 연구는 거의 진행되지 않았기 때문에 동물 실험 결과로 유추해본다면, 프로게스테론 수용체도 에스트로겐 수용체가 있는 곳과 상당히 일치하리라고 생각된다. 뇌에 난소 호르몬 수용체가 광범위하게 퍼져 있으며 뉴런에 많은 영향을 미친다는 사실은 난소 호르몬이 우리가 생각하고 느끼고 행동하는 방식에 상당한 영향을 미치고 있음이 분명하다는 뜻이다.

뉴런의 미세구조, 그중에서도 특히 뉴런의 수상돌기에 작용하는 에스트로겐의 역할은 에스트로겐이 뇌에 미치는 아주 중요한 역할로 잘 알려져 있다. 설치류는 (사람의 생리 주기와 비슷한) 발정 주기에 맞춰 수상돌기와 수상돌기가시(수상돌기에서 돌출해 있는 작은 마디로 시냅스를 형성하는 곳)가 가지를 뻗었다가 수축하기를 반복한다. 에스트로겐 수치가 높아지면 수상돌기가시가 많아지고 에스트로겐 수치가 낮아지면 수상돌기가시가 줄어든다. 사람의 뇌에는 가소성이 있는데, 수상돌기가시가 바로 가소성을 만드는 핵심 중추이다. 인지 능력(생각하는 능력을 뜻하는 고급스러운 신경과학 용어)과 감정을 조절하는 해마와 피질부에 있는 수상돌기가시는 에스트로겐의 수치 변화에 아주 민감하다.

사람의 경우 에스트로겐이 뉴런의 미세구조나 유전자에 미치는 영향을 눈으로 직접 들여다볼 수 있는 도구는 없다. 따라서 동물 연구를 기반으로 우리 뇌에서 일어나는 일을 추론해볼 수밖에 없다. 그러나 MRI나 fMRI 같은 현대 뉴런 영상 촬영 기술은 여성의 뇌를 들여다보고 호르몬이 뇌 활동을 바꾸는 방법을 훨씬 자세하게 알 수 있게 해주었다. 나는 MRI는 뇌의 모습을 보여주는 사진이고 fMRI는 뇌가 활동하는 모습을 보여주는 영사기라는 생각이 든다. 뇌를 스캔하는 두 도구는 나름의 결점이 있지만 아직까지는 우리가 가지고 있는 최고의 도구임은 분명하다.

생리 주기는
감정을 어떻게 바꿀까?

스웨덴 웁살라대학교 연구팀은 최근에 24건의 fMRI 연구 결과를 체계적으로 분석해 생리 주기 때 뇌 활동 패턴이 여포기와 황체기에 다르며 호르몬제 피임약을 복용하는 여성의 뇌 활동 패턴도 다르다는 결론을 내렸다. 감정과 인지 능력을 담당하는 뇌 지역은 에스트로겐과 프로게스테론의 수치 변화에 맞춰 활동력이 늘기도 하고 줄기도 한다.[80] 웁살라대학교 연구팀의 작업은 이제 '성장하고 있는' 연구 분야를 훌륭하게 요약해주었지만, 연구팀은 뇌 활동이 호르몬 수치가 변할 때 실제로 여성이 생각하고 느끼고 행동하는 방식과 어떤 관계가 있는지는 말하지 못했다. 다행스럽게도 저자들 가운데 두 사람이 정확히 그 문제를 다룬 문헌들을 자세하게 검토했다.

두 사람의 논문 〈생식적 관점에서 본 생리 주기가 인지 기능과 감정 처리 과정에 미치는 영향Menstrual Cycle Influence on Cognitive Function and Emotion Processing - from a Reproductive Perspective〉에서 잉에르 순스트룀 포로마Inger Sundstrom-Poromaa와 말린 잉엘Malin Gingnell은 난소 호르몬이 감정을 누그러뜨리거나 흥분시키는 방법을 연구한 18건의

연구 결과를 요약했다.[81]

18건의 연구 중에는 생리 주기에 따른 공감 능력 변화를 다룬 연구도 있었다. 다른 사람의 입장이 되어 그 사람의 감정과 생각을 상상해보는 능력인 공감 능력은 감정이 처리되는 과정을 측정해볼 수 있는 유용한 도구이다. 한 연구에서는 여자들에게 (분노, 두려움, 행복, 역겨움 같은) 다양한 감정이 드러나는 얼굴 사진을 보여주고 사진을 보고 떠오르는 감정을 말해보라고 했고, 다른 연구에서는 '아주 비싼 보석을 잃어버렸다.' 혹은 '당신 아이가 수영 대회에서 1등을 했다.' 같은, 실제 생활에서 일어날 수 있는 일을 묘사한 짧은 문장을 읽어주고 그런 상황에서는 어떤 기분이 드는지 말해보라고 했다.

결과는 명확하지 않았다. 프로게스테론 수치가 높은 황체기 때는 사진 속 인물의 감정을 제대로 인지하지 못하고 다른 감정을 말하는 등 공감 능력이 떨어진다는 결과가 나온 연구도 있었고 생리 주기와 공감 능력은 관계가 없다는 결과가 나온 연구도 있었다.

감정 처리 과정은 정서 기억을 점검하는 방법으로 평가할 수도 있다. 감정을 크게 자극하는 사건은 감정 동요가 많지 않은 사건보다 더 잘 기억할 수 있는데, 그 같은 사실은 누구나 입증할 수 있다. 아이를 낳아본 부모라면 아들과 딸이 이 세상에 태어났던 순간을 절대로 잊을 수 없을 것이다. 2001년을 지나온 사람들 중 다수는 911이라는 끔찍한 사건을 오랫동안 잊을 수가 없을 테고 말이다.

이번에도 연구 결과는 반반이었다. 프로게스테론 수치가 높고 에스트로겐 수치가 낮은 황체기에 감정적인 사건을 더욱 잘 기억한다는 연구 결과도 있었고 전혀 관계가 없다는 연구 결과도 나왔다.

황체기와 외상 기억traumatic memory은 아주 강하게 연결되어 있다는 연구 결과도 있다. 여자들에게 아주 잔인하고 불편한 영화 속 장면을 보여주고 며칠 뒤에 '영화 내용이 얼마나 자주 생각났는지'를 물었다. 그러자 여포기보다는 황체기에 불쾌한 생각을 더 자주 떠올린다는 대답이 일관되게 나왔다.[82]

그렇다면 우리는 황체기와 황체기 때 수치가 높아지는 프로게스테론이 정서 기억을 강화하고 감정을 인식하는 능력(공감 능력)을 약화시킬 가능성이 높다는 결론을 잠정적으로 내릴 수도 있을 것이다. 하지만 에스트로겐과 프로게스테론은 함께 작용하며 세로토닌이나 도파민 같은 전통적인 신경전달물질을 조절하기 때문에 호르몬과 뇌 활동, 감정과 행동의 관계를 단정적으로 말할 수는 없다. 더구나 이 연구 분야는 아직 시작 단계여서 사춘기에도 도달하지 못했다는 것도 말해두어야겠다. 아직 우리는 여자의 뇌를 정확하게 상상하고 생리 날짜를 정확히 파악하고, 그 정보들을 이용해 생각과 기분과 행동을 예측할 수 있는 단계에는 이르지 못했다.

호르몬은 인지 능력을 좌지우지하지 못한다

남녀 차이를 아주 편파적인 시각으로 보는 사람도 있지만, 그보다는 인지 능력과 생각하고 사유하는 여성의 능력에 주목하는 사람이 더 많다. "한 성의 기회를 제한하거나 차별을 정당화하는 데 이용할 수 있는 과학 결론을 아무 생각 없이 받아들이면 안 됩니다. 아무리 우리가 차이가 있다는 것이 반드시 한 성이 다른 성보다 더 낮다는

130   여자, 뇌, 호르몬

의미는 아님을 반복해서 주장한다고 해도 사람들은 특정 능력이 있다는 사실을 한 성이 다른 성보다 우월한 의미라고 생각해버리는 경향이 있습니다."[83] 마거릿 매카시의 말이다.

이미 낡은 개념이 되어버렸는데도 생리 주기가 여성의 인지 능력에 영향을 미친다는 믿음은 널리 퍼져 있다. 지금도 '직장에서 출혈하기-생리 조사. 직장 여성의 생리는 여성의 작업 능률을 떨어뜨릴 수 있다(출처: fastcompany.com)' 혹은 '여성의 전문성을 무능하게 만드는 생리' 같은 제목을 단 기사가 나오고 있으며 2016년에는 미국 대통령 트럼프가 언론인 메긴 켈리의 일하는 능력은 '어느 한 곳에서 나오는 피' 때문에 손상됐다는 무례한 발언을 하기도 했다. 과학계는 성호르몬이 우리가 생각하고 사고하고 기억하는 능력에 어떤 식으로 직접적인 영향을 미치는지를 알아보는 방법으로 이런 주장들을 면밀하게 검토하고 있다.

'호르몬의 영향을 가장 적게 받을 때' 우리의 인지 능력은 '남성적인' 일을 잘 해내고 '호르몬의 영향을 가장 많이 받을 때' 우리의 인지 능력은 '여성적인' 일을 잘 해낸다는 통설은 널리 퍼져 있다. 이 통설이 사실인지 아닌지 알아보기 전에 앞서 '들어가는 글'에서 남자와 여자의 능력이 겹치는 정도를 판단하는 지표로는 d값이 있다고 했던 말을 기억해냈으면 좋겠다.

남녀의 인지 능력 차이를 보여주는 가장 유명한 예로는 마음속으로 3차원 물체를 회전시키는 능력인 심적 회전mental rotation이 있다. 심적 회전 능력을 조사한 종형 곡선에서는 남자와 여자의 곡선이 겹치는 면적은 넓었지만 남자 평균 점수가 여자 평균 점수보다 더 높았다(상당히 신중하게 진행한 연구에서도 d값은 2 정도였다). 태아기 때 남자들에게 영향을 미치는 테스토스테론부터 레고 놀이를 더 좋아하는 어린 남자아이들의 성향까지, 모든 것이 그 이유가 될 것이다.[84] 여자는 생리 기간처럼 호르몬 수치가 모두 낮을 때에만 3차원 회전을 잘할 수 있다는 주장도 있다.

순스트룀 포로마와 잉엘은 그 같은 주장을 뒷받침해줄 근거 자료는 찾지 못했다. 두 사람이 실험 방법에 결함이 있는 절반의 연구들에서 얻은 자료들을 배제하자 연구 여섯 건 가운데 네 건에서는 생리를 한다고 해서 심적 회전 능력이 변한다는 증거는 발견하지 못했다.

스웨덴 연구팀은 언어 유창성과 언어 기억이라는 두 가지 정신 능력에 관한 고전적인 검사들도 살펴보았다. 언어 유창성 검사에서는 한 가지 글자를 제시하고 그 글자로 시작하는 단어를 얼마나 많이 말할 수 있는지 알아본다. 언어 기억 검사에서는 쇼핑 목록 같은 무작위적인 사물 목록을 보여주고 얼마나 많이 기억하는지 알아본다. 언어 유창성과 언어 기억 능력도 남녀 차이가 있었다. 여자 평균이 남자 평균보다 높았다(d값은 1.0 정도였다). 그리고 에스트로겐 수치가 높을 때 언어 유창성과 언어 기억이 높을 것이라는 가설도 나왔다. 하지만 스웨덴 연구팀은 그 가설을 뒷받침해주는 분명한 자료는 찾지 못했다. 생리 주기 내내 기억 능력에 뚜렷하게 나타나는 변화는 없었다.

여러분에게만 하는 말인데 나는 IQ(가장 유명한 지능 검사 방법)와 생리 주기의 연관성을 제대로 조사한 연구를 한 건도 찾아내지 못했다. 세상에는 자신들에게는 여성의 지능이 낮다는 사실을 입증할 권리가 있는 것처럼 행동하는 사람들도 있다(이상하게도 그런 사람 가운데 여자는

여자, 뇌, 호르몬

한 명도 없다). 그런 사람들은 남성이 여성의 IQ 점수보다 평균 4점에서 5점 정도 높다는 2004년 메타 분석 결과[85]를 자주 언급한다. 그 뒤로 나온 많은 분석 결과들은 2004년 메타 분석 결과를 뒷받침해주지 않으며, 2004년 연구를 비판하는 사람들은 그 연구의 조사 방법에 문제가 있었다고 믿는다.[86] 실제로도 2004년 메타 분석을 진행한 사람들은 IQ와 성별 차이를 조사한 대규모 연구 한 건을 배제했다. 이 연구를 함께 분석했다면 이 연구가 제시하는 자료는 메타 분석한 전체 자료의 45퍼센트를 차지했을 것이다. 그랬다면 IQ에서 성별 차이는 전혀 나타나지 않았을 것이다.

이것은 좋은 소식이다. 호르몬은 우리의 인지 능력과 지능을 좌지우지하지 못한다. 사실 우리는 경험을 통해 가임기에도 가임기가 끝난 뒤에도 여자는 배울 수 있고 기억할 수 있으며 논리적으로 생각하고 있음을 분명히 알고 있다. 여자인 우리보다 그 사실을 더 잘 알 수 있는 사람이 있을까?

신경과학과 심리학에서 가장 중요하게 여기는 신조 가운데 하나는 우리 여성에게는 사려 깊게 감정을 조절할 수 있는 능력이 있다는 것이다. 사람의 전전두엽 피질은 편도체나 해마 같은 감정 처리 중추에 하향식으로 영향력을 발휘한다. 감정을 인지하고 이해하고 관리하는 법을 배우는 것은 유아기와 청소년기에 발달시켜야 할, 살아가는 데 필요한 핵심 기술일 뿐만 아니라 신경생물학적으로 존재하는 실재이기도 하다.

월경 전 증후군에 대한 생각

난포의 상태로 측정하는 공감 능력, 언어 기억, 입체 심적 회전 능력, 뇌 스캔까지, 생각과 감정에 관해 우리가 할 수 있는 추론은 분명히 아주 많다. 그러니 이제부터는 일상에서 경험하는 기분과 생리 주기의 관계를 좀 더 자세히 들여다보도록 하자.

월경 전 증후군은 생리가 시작되기 일주일 전에 나타나는 다양한 증상을 아울러 지칭하는 말이다. 월경 전 증후군의 이유로 지목되는 범인은 현격히 수치가 떨어지는 에스트로겐과 황체기가 끝나가면서 (임신을 하지 않는다면) 급격하게 분비량이 줄어드는 프로게스테론이다.

월경 전 증후군의 증상은 양호한 것부터 몸과 마음을 쇠약하게 만드는 것까지 다양하다. 심리적으로는 급격한 기분 변화, 몽롱한 생각, 분노, 긴장, 우울함, 불안, 짜증, 피로, 감정 조절 실패 같은 증상이 있고, 육체적으로는 유방 쓰림, 두통, 편두통, 피부 이상, 복부 팽만 같은 증상이 있다. 월경 전 증후군 증상은 그 목록이 어마어마해서 월경 전 증후군으로 진단을 내릴 수 있는 증상은 150가지가 넘는다.

이 책을 쓰는 동안 월경 전 증후군 때문에 고생하는 사람이 실제로 얼마나 되는지를 정확하게 밝힌 연구 결과를 찾는 일은 너무나도 어려웠다. 그전에 나는 월경 전 증후군을 다룬 연구가 아주 많을 것이고 통계 자료도 명확하게 존재하리라고 생각했다. 하지만 전혀 그렇지 않았다.

구글로 검색해보니 월경 전 증후군인 여성은 '가임기 여성의 경우 그 비율이 아주 높다'고 했다. 오스트레일리아 여성 건강연구소는 '배란 주기가 일정한 여자들은 대부분' 월경 전 기간에 어느 정도는 몸과 마음에 월경 전 증후군 증상이 나타난다고 했다. 한 메타 분석 결과는 전 세계 여성의 절반에 못 미치는 많은 여자들이 월경 전 증후군을 앓는데 월경 전 증후군을 앓는 여성의 비율은 나라마다 다양하다고 했다. 예를 들어 이란은 월경 전 증후군으로 고생하는 여자 비율이 95퍼센트이지만 프랑스는 12퍼센트밖에 되지 않는다고 한다.[87] 월경 전 증후군의 한층 심각한 형태인 월경 전 불쾌 장애PMDD는 상황을 한층 더 복잡하게 만든다. 연구 결과는 월경 전 불쾌 장애 유병률은 1퍼센트에서 8퍼센트 사이라고 한다.

나로서는 월경 전 증후군으로 고생하는 사람의 비율은 단 한 명도 없음과 거의 모든 사람이 앓고 있음 사이의 어디쯤이라고 생각할 수밖에 없다.

생리 전에 기분이 달라지는 이유에 대해서

뉴질랜드 오타고대학교 정신의학과 교수인 사라 로만스Sarah Romans는 정신과 진료를 보면서 수년 동안 어째서 여자들이 성마른 기분을 느끼는 이유를 월경 전 증후군 탓으로 돌리는지 궁금해졌다. 로만스는 여자들 기분이 마음대로 바뀌는 것은 생리 주기 때문이며 여자들은 생식 생물학의 '감정적 희생자'라는 이야기를 완전하게 믿을 수는 없었다. 2012년에 로만스는 〈젠더 의학Gender Medicine〉이라는 논문을 발표하면서 생리 주기와 기분의 관계를 조사한 47건의 연구에서 자료를 모았다. 분산되어 있던 자료를 한데 모아도 생리 주기가 기분 변화를 유발한다는 명백한 증거는 어디에서도 찾을 수가 없었다. 특히 생리 주기 때문에 기분이 요동친다거나 '월경 전 불쾌 장애'라고 부르는 특별한 증상이 있다는 증거도 거의 나오지 않았다.[88]

2013년에 발표한 후속 연구에서 로만스 연구팀은 일상생활에서 경험하는 기분 변화를 연구했다. 18세부터 49세까지의 건강한 캐나다 여성을 모아 매일 기분을 점검할 때 사용할 휴대전화를 나누어주었다. 실험에 참가한 여자들에게 과학자들은 매일 전화를 걸어 전화를 받는 순간에 짜증을 내고 있었는지 평온한지 확신에 차 있는지 슬픈지 활기찬지 울고 싶은지 물었다. 몸 상태는 어떤지, 행복한지, 힘든 일이 있을 때 도와줄 사람은 있는지, 스트레스를 받고 있는지, 마지막 생리를 하고 며칠 정도 지났는지도 물어보았다. 하지만 참가하고 있는 실험이 월경 전 증후군에 관한 실험이라는 사실은 알리지 않았다. 그렇게 로만스 연구팀은 6개월이 넘는 기간 동안 거의 80명에 달하는 여성들에게서 395회의 생리 주기를 점검해 분석할 수 있었다.[89]

로만스 연구팀은 생리 전 시기가 여자들의 기분 변화에 영향을 미친다는 사실을 뒷받침하는 증거는 거의 찾지 못했다. 오히려 여자들의 기분에 영향을 미치는 범인은 따로 있었다. 사회적으로 도움을 받을 방법이 없을 때, 스트레스를 받을 때, 몸이 아플 때, 여자들은 감정 기복이 심해졌다.

자신이 발견한 내용을 환자를 진료할 때 적용한다는 로만스는 이렇게 말했다. "지식은 여자들이 자신들의 건강에 거는 기대를 형성합니다." 로만스는 여자들이 모두 생리를 하기 전에 극심한 감정 기복으로 고통을 받는 것은 아니라고 믿었다. 그보다는 자신들의 감정 변화를 호르몬 변화 때문이라고 오해하는 사람이 많다고 했다. 로만스가 자기 환자들에게 몇 달 동안 매일 감정이 변하는 과정을 점검해보라고 하자, 스무 명 가운데 한 명 비율로만 생리 전 기간에 우울한 기분이 든다고 말했다. 흥미로운 점은 월경 전 증후군의 훨씬 심각한 형태인 월경 전 불쾌 장애를 경험한다는 비율도 거의 스무 명 가운데 한 명 정도였다는 것이다.

'월경 전 증후군은 실제 존재하는 사실이 아니라 신화일 뿐'이라는 주장에 많은 페미니스트 평론가들이 동의하고 있다. "생리하기 직전에는 이성을 잃고 신뢰할 수 없으며 짜증을 많이 낸다는 주장은 일관되게 격렬한 호르몬 탓을 하며 생리는 저주라는 인식을 강화합니다." 웨스턴시드니대학교 건강연구센터 여성 건강 심리학 교수 제인 어셔Jane Ussher가 했던 말이다.[90]

어셔는 1000년 동안 여자들은 자신들의 감정이 '방랑하는 자궁' 때문에 생긴다고 믿었다고 했다(병적 흥분 상태를 뜻하는 히스테리hysteria는 자궁을 뜻하는 그리스어 히스테라hystera에서 왔다). 자궁은 온몸을 돌아다니면서 온갖 질병을 야기하는데, 자궁 때문에 생긴 병은 섹스를 하고 임신을 해야 치료가 된다고 생각했다. "빅토리아 시대에는 히스테리라는 진단을 받은 사람이 아주 많았습니다. 여자들이 불만을 표현하거나 아내의 미덕이라 여긴 일들을 하지 않아도 자궁에 문제가 있기 때문이라고 비난했고요." 어셔는 지금도 생리 직전에는 미친다는 통념이 널리 퍼져 있어서 '생리를 할 때면 마녀가 되는' 여자들을 묘사한 유튜브나 만화도 많고 월경 전 증후군을 다루는 법을 알려주려고 경쟁하는 자기계발서도 많다고 했다.[90]

로만스와 어셔 같은 과학자들은 월경 전 증후군에 관한 부정적 생각들은 여자들 스스로 했으니 결국에는 성취되어야만 하는 '자기충족적 예언'과 같다고 믿는다. 어셔는 다음과 같이 말하기도 했다. "자기 자신을 월경 전 불쾌 장애나 월경 전 증후군이 있다고 믿기 때문에 자신이 힘든 이유를 다른 곳에서는 찾지 않는 여자들이 많습니다."[90]

로만스 연구팀의 연구 방법에는 어떤 장점이 있는지도 알고 있는 것이 좋겠다. 많은 연구가 그저 여자들에게 생리를 하기 전에는 우울함이나 슬픔, 짜증 같은 부정적인 감정을 느끼는지만 묻는다. 그런 연구들을 신뢰할 수 없는 이유는 행복이나 활기, 확신 같은 긍정적인 감정을 느끼는지는 애초에 배제하기 때문이다. 긍정적인 감정을 처음부터 배제하면 자연스럽게 자료는 부정적인 감정으로 치우치게 되고, 불완전하고 편견에 사로잡힌 실험 결과가 나올 수밖에 없다. 로만스는 이렇게 말했다. "부정적인 감정만을 연구하면 기분은 늘 나빠지는 방향으로만 달라진다는 잘못된 결론을 내릴 수 있습니다."

학계를 벗어나면 생리를 하기 전에 여자들이 활기차고 창의적으로 변하며 행복해진다고 말하는 신문 기사나 이야기를 접할 수 있는 경우는 거의 없을 것이다. 이제는 '달거리'를 '성스러운 여신'의 경험으로 맞이하고 축하해야 한다는 '긍정 생리' 운동도 벌어지고 있다. 그런 운동이 여자들에게 힘을 주고 있는 것은 분명하지만 여전히 생리 전 시기는 많은 여자들이 행복을 느끼는 시간이 아니라 '자기 자신을 관리해야 하는' 시간이라는 기존 개념을 견고하게 만든다.

어셔는 생리 전 감정이 스트레스와 피곤한 삶에 당연히 나올 수 있는 이해할 수 있는 반응이라고 믿으며, 생리 전 한 주 동안 느끼는 감

여자, 뇌, 호르몬

정 때문에 나머지 3주 동안은 짜증과 불행을 잠재우며 사회가 기대하는 '좋은 여자'라는 역할에 충실할 수 있다는 페미니스트적인 관점을 취한다. 생리 전 기간이 아니라면 여자들은 자신들이 짜증이 나는 이유를 남편이나 직장에서 받은 스트레스에서, 부족한 잠에서 찾는다. 어셔는 말했다. "생리 직전에는 이런 자기 침묵은 깨지지만 부정적인 생각이나 감정이 생기는 이유를 전적으로 월경 전 증후군 탓으로 돌립니다."

하지만 모든 사람이 어셔와 로만스의 의견에 찬성하지는 않는다. 자야시리 쿨카르니도 다른 의견을 나타낸 사람 가운데 한 명이다. 쿨카르니는 월경 전 증후군이 '여성의 내분비와는 대조되는 여성들 마음속에만 있는 것'이라는 개념은 호르몬이 정신 작용에 통합된다는 방대한 신경과학 연구를 무시하는 생각이라고 했다.

쿨카르니는 이렇게 말했다. "이제는 여성호르몬을 비롯해 여성의 생명 활동이 중요하지 않다는 관점을 채택할 필요는 없습니다. 다시 여성의 생명 작용을 되돌려 받아 심리적이고 사회적인 측면을 결합해 월경 전 증후군이 존재하는지, 월경 전 증후군이 정말로 많은 여성들을 괴롭히는 원인인지를 살펴볼 수 있습니다."[91]

전화통화에서 쿨카르니는 사람마다 수용체의 구조나 수가 다르니 여자마다 느끼는 호르몬 감수성이 다를 수 있다고 했다. 아이들이 스트레스에 '민들레'처럼 반응할 수도, '난초'처럼 반응할 수도 있는 것처럼 여자들도 호르몬에 서로 다르게 반응할 수 있는 것이다.

그런 연구들은 월경 전 증후군을 '그저 머릿속에만 존재하는 것'으로 치부하고 있는 것일까? 로만스는 이런 새로운 주장에 반대하는 여자들은 좀 더 세심한 방법으로 자신의 감정이 생긴 이유를 들여다보아야 한다고 했다. "우리의 생식 기능을 비난하기 전에 좀 더 폭넓은 시각으로 우리가 어떤 삶을 살아가고 있는지 숙고해봐야 하며 우리가 맺고 있는 인간관계의 질은 어떤지 건강 상태는 어떤지 자세히 살펴봐야 합니다." 내가 호르몬을 탓하거나 자신이 앓고 있는 월경 전 증후군을 로만스가 무시하고 있다고 느끼는 사람들에게는 어떤 말을 해주는지 물었을 때 로만스는 대답했다. "음, 물론 호르몬 때문일 수도 있으니, 먼저 믿을 만한 자료를 살펴보자고 합니다." 로만스는 여자들이 자기 삶을 좀 더 폭넓게 볼 수 있도록 돕는다. "도대체 왜 이렇게까지 널리 퍼져 있는지 모를 이런 믿음은 여성의 생식 기능은 부정적인 감정과 연결되어 있다는 부정적인 생각을 퍼뜨리기 때문에 물리치려고 노력해야 합니다."

월경 전 불쾌 장애는 평범한 우울증일까?

적어도 건강 전문가들 사이에서는 월경 전 불쾌 장애는 그다지 논쟁적인 주제는 아닌 것 같다. 심지어 정신과 의사들의 성서인 《정신 장애 진단 및 통계 편람Diagnostic and Statistical Manual of Mental Disorders, DSM-5》에도 표제어로 기재되어 있는 월경 전 불쾌 장애는 현재 우울증과 조울증과 더불어 일종의 기분 장애라는 평가를 받고 있다. 월경 전 불쾌 장애로 진단을 받으려면 급격한 기분 변화, 짜증, 불안, 우울 등을 포함하는 열한 가지 증상 가운데 적어도 다섯 가지 증상이 나타나야 한다. 이 증상들은 반드시 생리 개시일 일주일 전에

여자, 뇌, 호르몬

나타나야 하며 생리가 시작되면 멈추고 생리가 끝나고 일주일이 지나면 사라져야 한다. 월경 전 불쾌 장애로 진단을 받으려면 병적 고통이 수반되거나 일상생활이나 인간관계에 지장을 줄 정도로 심각한 증상이 나타나야 한다. 한 연구 결과에 따르면 미국 여성들의 월경 전 불쾌 장애 비율은 전체 가임 여성의 1.3퍼센트 정도이다.[92]

월경 전 불쾌 장애가 생리 시작 한 주 전에 심해지는 '평범한 우울증'인지, 그 자체로 독특한 질병인지에 관해서는 수많은 논쟁이 벌어지고 있다. 《정신 장애 진단 및 통계 편람》은 이미 존재하는 질병의 경계를 낮추어 '수많은 진단'을 하고 새로운 질병을 만들어 많은 환자들이 새로 만들어진 '틀린 병명'을 얻게 만들 때가 많다는 비난을 자주 듣는다. 어쨌거나 월경 전 불쾌 장애는 산부인과가 아니라 정신과 의사의 진료 항목으로 옮겨가고 있다.

현재 월경 전 불쾌 장애를 치료하는 가장 좋은 방법은 선택적 세로토닌 재흡수 억제제selective serotonin reuptake inhabitor(이하 SSRI) 계통의 항우울제를 복용하는 것이라는 사실은 월경 전 불쾌 장애의 원인이 신경계에 있다는 단서를 제공한다. 세로토닌은 좋은 기분과 관계가 있는 신경전달물질로 SSRI는 시냅스에서 작용하는 세로토닌의 양을 늘려 기분을 좋게 해준다.

2015년, 스웨덴 과학자 코마스코와 순스트룀 포로마는 월경 전 불쾌 장애를 겪는 여성들의 뇌 사진을 연구한 논문들을 검토했다(솔직히 말해서 논문 수는 정말 적었다). 그리고 월경 전 불쾌 장애를 겪는 여성들은 뇌 변연계와 전전두엽 피질이 조화롭게 협력하고 있지 못하다는 사실을 발견했다. 어른의 건강한 뇌는 변연계에서 생성하는 감정을 세심하게 조절하는 역할을 한다는 사실을 기억해야 한다. 월경 전 불쾌 장애 증상들은 변연계의 '상향식' 활동을 지나치게 극대화하고 전전두엽 피질의 '하향식' 활동을 둔화시킨다. 인지와 감정이 제대로 소통하지 못하는 이런 기능 장애는 우울증에서 흔히 볼 수 있는데, 월경 전 불쾌 장애가 있는 여성은 황체기 때 더욱 악화되는 것 같았다.[93]

피임약이
우울증의 원인인가?

내가 4장을 쓰는 동안 로만스는 '생리 주기와 기분의 관계'를 연구한 내용을 토대로 〈울음, 경구피임약 복용과 생리 주기Crying, oral contraceptive use and the menstrual cycle〉라는 도발적인 논문을 한 편 더 발표했다. 논문 제목이 말해주는 것처럼 울음과 경구피임약, 생리 주기의 관계를 다룬 논문이다.[94]

"울음은 인간 사회에 보편적으로 나타나는 신비한 생물·사회·문화 현상으로 남자보다는 여자가 더 자주 드러내며 압도적인 성 차이를 보이는 감정 표현이다." 로만스는 논문에서 여자들은 생리 전이나 생리를 할 때 울고 싶은 기분을 더 많이 느낀다고 했지만 실제로 생리 주기와 울음은 큰 관계는 없었다. 피임약을 먹는 여자들도 피임약을 먹지 않는 여자들에 비해 울고 싶다는 기분을 더 느끼지도 않았고 실제로 더 많이 울지도 않았다.

직접 울음을 연구한 자료는 많지 않지만 경구피임약이 사람을 우울하게 만들고 울게 만들며 살찌게 하고 정신병을 유발한다는 일화와 신문 기사는 수없이 많다. 2016년 9월에는 전 세계 신문의 머리기

사를 장식하게 한 엄청난 연구 결과가 《미국의사협회 정신의학회 저널JAMA Psychiatry》에 실렸다.[95] 전 세계 신문들은 '머릿속이 문제가 아니었다. 피임약과 우울증의 관계를 밝힌 놀라운 연구가 발표되다'라는 제목을 실었고, 전 세계 여자들은 이렇게 반응했다. '알고 있었다니까! 드디어 우리 말을 진지하게 들을 마음이 생긴 거구나.'

덴마크 연구팀이 진행한 그 연구는 14년 동안 15세부터 34세까지의 100만 명이 넘는 덴마크 여성들이 축적한 자료를 분석했다. 덴마크 연구팀이 던진 질문은 단순했다. '호르몬성 경구피임약 복용과 우울증 치료는 관계가 있는가?'

덴마크 연구팀은 다양한 피임 방법(경구피임법, 자궁 내 장치 시술 같은 방법)을 포함해 호르몬제(연구에서 살펴본 여성의 절반 이상이 택했던 피임법)를 복용하는 여성들과 우울증 진단을 받은 여성들을 상대로 추적 조사를 했다. 우울증 진단을 받은 여성들은 항우울제를 처방받았는지(연구에서 살펴본 여성 가운데 13퍼센트가 이에 해당했다), 정신과 병동에서 우울증 진단을 받았는지도(연구에서 살펴본 여성의 2퍼센트가 이에 해당했다) 조사했다.

덴마크 연구는 경구피임약을 복용한 사람(특히 청소년)들은 그 뒤에 항우울제를 복용하거나 우울증 진단을 처음으로 받는 것이 실제로 관계가 있다는 결론을 내렸다. 하지만 피임약을 버리기 전에 먼저 이 연구 결과를 자세하게 살펴보도록 하자.

덴마크 연구에서 조사한 여성 가운데 처음 경구피임약을 복용한 뒤에 항우울제를 처방받을 상대위험도relative risk는 23퍼센트였고, 십대 여자아이들만을 비교했을 때는 경구피임약을 복용한 뒤에 우울증

　　　　　　　　　　　　　　　　　　　　　　　여자, 뇌, 호르몬

진단을 받을 상대위험도가 80퍼센트로 더 높아졌다. 전 세계 신문은 이 같은 연구 결과를 실었는데, 문제는 사실 확인을 제대로 하지 않고 피임약을 복용한 여성 가운데 80퍼센트가 우울증에 걸렸다고 보도한 것이다.

'위험도'라는 통계 자료를 다룰 때는 그 용어가 어떤 의미를 지니고 있는지 아는 일이 정말로 중요하다. 신문 보도 자료로 나온 '상대위험도'라는 용어는 통계 자료를 묘사하는 두 가지 방법 가운데 하나이다. 상대위험도는 상당히 강렬하고 무시무시한 인상을 심어주는 용어이지만 실제로 알려주는 정보는 극히 적다. 그와 달리 '절대위험도 absolute risk'는 어떤 일이 실제로 일어날 가능성이 얼마나 되는지를 알려주는 좀 더 정확한 방법이다.

이제 덴마크 연구 결과를 절대위험도로 평가해보자. 절대위험도로 해석하면 피임약을 복용한 여성이 항우울제를 처방받을 가능성은 2.1퍼센트이고 피임약을 복용하지 않은 여성이 항우울제를 처방받을 가능성은 1.7퍼센트이다. 이 같은 사실을 일반적인 표현으로 바꾸어보면 1년 동안 꾸준히 피임약을 복용한 여성 100명과 복용하지 않은 여성 100명을 비교했을 때 피임약을 먹은 여성이 항우울제 처방을 받는 수는 그렇지 않은 여성보다 **한 명도 되지 않는 정도의** 차이로 많을 뿐이라는 뜻이다.

피임약을 복용하는 여자들 가운데 정신과 병원에서 우울증이라는 진단을 내려준 사람은 0.3퍼센트였고 피임약을 복용하지 않은 여자들 가운데 정신과 병원에서 우울증 진단을 내려준 사람은 0.28퍼센트였다(정신과 병원에서 약을 처방해줄 정도라면 심각한 우울증을 앓고 있다고 생각해도 좋을 것이다). 따라서 피임약을 복용한 사람이 정신과 치료를 받을 절대위험도는 아주 작은 셈이다.

영국 왕립 산부인과대학교는 덴마크 연구 자료가 뜻하는 것에 대해 설명했다. 정직한 의사라면 환자들에게 1년 동안 호르몬 피임약을 복용한 사람이 221명일 경우 그 가운데 한 명만이 항우울제를 처방받는다고 말해야 한다는 의미라고. 그리고 2441명 가운데 단 한 명만이 정신과 병원에서 우울증 진단을 받는다는 사실을 말해야 한다는 의미라고 말이다.[96]

통계 자료는 전 세계 신문에서 떠들썩하게 다루었던 피임약 복용 여성 가운데 80퍼센트는 우울증을 앓게 된다는 기사를 뒷받침해주지 않는다. 한편 1년 동안 호르몬 피임약을 복용한 뒤에는 십 대 여자아이들에게서 (조금) 증가했던 우울증 발병 가능성이 사라진다는 연구 결과는 언론에 거의 실리지 않았다. 어린 여성들이 피임약을 복용한 뒤에 우울증이 발병할 위험이 더 큰 이유는 어떤 식으로든 어린 여성들은 우울증에 걸릴 가능성이 더 크기 때문일 수 있다.

그런데 영국 왕립 산부인과대학교에서 발표한 안심이 되는 주장에는 엄청난 '그러나'가 포함되어 있다. 우울증을 앓고 있는 사람들이 모두 항우울제를 복용하는 것은 아니며 우울하다고 해서 모두 병원에 가지는 않는다는 사실 말이다.

피임약을 복용하면 뇌에서는 어떤 일이 생길까?

몸과 마음에 행복이 조금이라도 감소하는 일이 생긴다면 피임약의 장점을 취할 생각이 없다는 여자들이 많다. 또한 피임약을 먹으면 항우울제를 처방받아야 한다거나 우울증 치료를 받아야 할 정도로 심각하지는 않아도 급격한 기분 변화, 짜증 같은 나쁜 기분을 경험하는 사람도 많이 있을 것이다. 피임약을 복용하더라도 띄엄띄엄 먹거나 복용을 중단하는 사람이 아주 많은 것은 그 때문이라고 생각한다.

2017년에 학술지 《가임과 불임Fertility and Sterility》에는 석 달 동안 피임약을 복용한 건강한 여성들은 삶의 질이 낮아지고 심신의 건강이 나빠졌다는 연구 결과가 실렸다.

이 연구를 진행한 카롤린스카의과대학교 연구팀은 이중맹검, 무작위, 위약 대조군 실험을 했기 때문에 실험에 참가한 여성들은 자신이 먹은 약이 설탕을 뭉친 위약인지 실제 피임약인지 알지 못했다. 실험에 참가한 18세부터 35세까지의 여성 340명은 연구를 하기 전과 후에 전반적인 행복과 정신 건강 상태를 알아보는 설문지를 작성했다. 피임약을 먹은 여성들의 삶의 질은 위약을 먹은 여성들보다 심각하게 낮아졌고, 피임약은 전반적인 삶의 질뿐 아니라 기분, 행복, 자기 조절 능력, 활력, 기력 같은 삶의 특별한 측면에도 좋지 않은 영향을 미쳤다. 덴마크에서 100만 명이 넘는 여성들을 대상으로 진행한 연구와 달리 카롤린스카의과대학교에서 진행한 연구에서는 우울증이 크게 증가하지는 않았다.[97]

피임법을 바꾸면 나쁜 증상들이 사라지기도 한다. 나도 그런 경험이 있다. 피임약을 먹을 때마다 나는 감정을 조절할 수 없다는 기분을 느꼈다(분명히 카롤린스카의과대학교 연구 결과에 일치하는 결과였다). 그런데 복용하는 피임약을 다른 회사 제품으로 바꾸고 지난 일을 되돌아보지 말라는 조언을 해준 현명한 간호사의 말을 따르고 나서는 증상이 개선되었다.

우울증이 오거나 행복의 질이 떨어질 수 있다는 사실을 각오하고 피임약을 복용할 것인지 말 것인지를 고민할 때는 어째서 애초에 호르몬제를 복용할 생각을 했는지를 진지하게 고민해봐야 한다. 피임약은 임신을 막아줄 뿐만 아니라 암 발생률을 낮추는 등 건강상의 장점도 있다. 호르몬제 피임약은 가장 믿을 만한 피임 도구이며 계획하지 않은 임신을 하게 될지도 모른다는 불안을 해소해주는 엄청난 피임 수단이다.[98] 앞으로 살펴보겠지만 임신과 출산도 사람을 심각하게 우울하게 만들 수 있다.

피임약이 전반적인 행복에 영향을 미치는 한 가지 방법은 피임약에 들어 있는 프로게스틴(합성 프로게스테론)이 뇌에 직접 나쁜 영향을 미치는 것이다. 프로게스테론은 뇌를 안정시켜 뇌 활동을 둔화시킬 수 있다. 카롤린스카의과대학교 연구팀은 이렇게 밝혔다. "프로게스틴이 우울증 증상에 중요한 영향을 미친다는 통계 자료는 찾지 못했지만 경구피임약을 먹는 여성에게서 보이는 행복 저하, 자기 조절 능력 감소, 활력 감소 같은 증상은 중추 신경계에 직접 작용하는 프로게스틴 때문일 수도 있다."[97]

들어 있는 호르몬의 종류가 다르면 피임약의 효능도 다르다. 예를 들어 에스트로겐과 프로게스틴을 혼합한 피임약은 GnRH의 분비를 막아 결국 LH와 FSH가 분비되지 않게 하고 배란을 막는다(앞에서 살펴본 내분비 관련 지식이 이렇게나 유용하다!). 프로게스테론만 들어 있는 경구피임약도 거의 같은 작용을 한다. 하지만 프로게스테론만을 주입

여자, 뇌, 호르몬

하는 자궁 삽입 피임 기구는 배란을 막지 않는다. 그보다는 정자와 난자가 자궁 속에서 제대로 버틸 수 없는 거친 환경을 조성한다.

경구피임약은 천연 난소 호르몬 분비를 억제하는 동시에 아주 짧은 시간 동안 합성 호르몬이 아주 많은 양 체내에 존재하게 하기 때문에 경구피임약의 효과는 복잡하다(합성 호르몬의 반감기는 몇 시간밖에 되지 않는다. 피임약을 매일 먹어야 하는 것은 그 때문이다).

아주 짧은 시간이라고 해도 합성 호르몬은 천연 호르몬처럼 뇌의 구조와 신경생화학을 변화시킨다. 바로 이런 변화 때문에 피임약을 먹으면 우울증이 생기고 좋은 쪽으로든 나쁜 쪽으로든 기분이 변한다는 이야기가 나오는 것일 수도 있다. 그런데 믿을 수 있을지는 모르겠지만 아직까지는 피임약이 장기적으로 뇌에 미치는 영향을 연구한 사람은 아무도 없다.

생리 주기처럼 피임약 연구도 대부분 성적 이형성 행동이 있는지(즉, 남녀 간에 차이가 나는지)를 살펴보고 있다. 물론 남자들은 피임약을 먹지 않지만 성적 이형성 행동은 난소 호르몬 때문에 생긴다고 추정하고 있다.

인지 능력(3차 입체물 심적 회전 능력, 언어 유창성, 언어 기억)을 검사한 결과도 뚜렷한 결론이 나오지 않았다. 피임약을 복용하면 심적 회전 능력이 높아진다는 연구 결과도 있고(그러니까 피임약을 먹은 여자는 조금 더 남자처럼 된다는 뜻이다), 피임약을 먹으면 언어 기억 능력이 강화된다는 연구 결과도 있다(그러니까 피임약을 먹은 여자는 조금 더, 음……, 여자처럼 된다는 뜻이다).

기분에 관한 연구 결과도 마찬가지로 일관성이 없었다. 피임약을 먹자 기분이 나아졌다는 여자들도 있었다(피임약이 자신에게 맞고 효과가 좋았을 때 특히 그랬다). 그런가 하면 우울함, 불안, 피로, 노이로제 증상, 충동, 분노를 느꼈다는 여자들도 있었다. 여자들이 성호르몬에 감정적으로 반응하는 방식에는 두 가지가 있는 것 같았다. 그러니까 자야시리 쿨카르니의 '난초-민들레 가설'은 아직 정확하게는 입증되지 않은 것이다.

2014년, 무료로 열람할 수 있는 신경과학 학술지 《프론티어스 인 뉴로사이언스Frontiers in Neuroscience》에 이 분야의 연구를 개관한 자료가 〈호르몬 피임약 50년, 이제는 피임약이 우리 뇌에 하는 일을 알아야 할 때가 되었다50 years of hormonal contraception - time to find out what it does to our brain〉라는 매혹적인 제목으로 올라왔다. 하지만 안타깝게도 저자들의 주장과는 달리 우리가 알 수 있는 것은 많지 않았다. 이들이 다룬 내용은 '아주 적은 논문들'을 요약한 것뿐이었다.[99]

피임약과 뇌에 관한 연구는 아직 사춘기에도 도달하지 않은 신생 연구 분야이다. 50년 이상 전 세계 수백만 명이 넘는 여자들이 경구 피임약을 복용했지만 아직도 과학자들은 '추가 연구가 절실히 필요하다'라는 의견에 전적으로 동의한다.

배란 억제에 관해 이야기할 때는 한 가지를 잊지 말아야 한다. 우리 뇌가 호르몬과 감정을 이용할 때는 (그저 일방적으로 짜증과 우울, 불안만을 야기하는 것이 아니라) 욕망과 사랑, 섹스와 즐거움, 출산 같은 긍정적인 결과도 불러온다는 사실을 말이다.

십 대 여자아이들의
뇌에 대하여

누가 청소년기를
잊을 수 있을까?

———

몇 년 전에 남편과 나는 합동 생일 파티를 열었는데, 파티 주제는 1990년대였다. 나는 모니카 르윈스키처럼 파란색 드레스를 입었다. 영화 〈펄프 픽션Pulp Fiction〉에 나오는 미아 월리스처럼 입고 온 친구도 있었고, 위아래 모두 데님으로 입거나 닥터 마틴, 프릴 달린 셔츠 등도 많이 보였다. 우리가 선택한 음악은 오아시스, 블러, 콜드플레이, U2였다. 남편과 나는 뉴질랜드와 아일랜드라는 지구 반대편 지역에서 각자 알아서 자랐지만 남편과 내가 선택한 파티 음악은 우리 두 사람 모두 십 대와 이십 대 초반에 즐겨 듣던 노래들로, 우리 아이들이 웃으면서 '아빠 음악'이라고 하는 노래들이었다.

십 대 때 듣던 노래에 향수를 느끼는 것은 전 세계 어디에서나 볼 수 있는 모습으로 청소년의 사회·감정·인지 관련 뇌 회로망이 얼마나 가소성이 높은지를 알게 해주는 단서이기도 하다.

'평온한 시절'에 들었던 음악을 '자기 음악'이라고 느끼는 이유는 어렸을 때는 무슨 음악을 듣는지가 사회적으로 아주 중요하기 때문이다. 십 대 때는 자신이 속할 새로운 무리를 찾으려고 엄청나게 애를 쓴다. 그렇게 애를 쓰는 이유는 혼자 남을지도 모른다는 걱정이 아주 크기 때문이다. 십 대 아이들은 또래 집단에 소속되고 또래 아이들에게 인정받는 일이 중요하기 때문에 최선을 다해 친구들과 같은 옷을 입고 같은 일에 흥미를 느끼며 같은 음악을 듣는다.

청소년기는 강렬한 열정이 흐르는 시기이다. 감정은 우리 삶에 색과 공명을 더하고 '이봐, 중요한 건 이거야'라는 신호를 보낸다. 뇌는 감정이 실린 기억에 중요하다는 '꼬리표'를 달기 때문에 우리는 감정을 느낀 사건을 (좋건 싫건 간에) 주로 기억한다.

'회고 절정'은 많은 어른들에게서 나타난다. 회고 절정이란 노인이 되었을 때 가장 신났던 열 살부터 서른 살까지의 기억을 가장 선명하게 기억하는 현상이다. 유년기나 장년기에 비해 우리는 이 시기에 읽은 책과 본 영화, 참석했던 파티와 파티에서 들었던 음악을 훨씬 더 잘 기억한다.

청소년기는 무언가를 배우는 능력은 최고가 되고 특히 잊히지 않는 기억을 구축하는 뇌 가소성이 아주 높은 시기임이 입증되고 있다. 하지만 가소성이 높기에 더욱 취약하기도 하다. 내털리 앤지어는 이렇게 말했다. "누가 청소년기를 잊을 수 있을까? 누가 청소년기에서 회복될 수 있을까?"[79]

청소년기의 시작을 결정하는 것은 생물학이다. 똑딱똑딱 가고 있는 시상하부의 생체 시계는 소녀 시기에서 성인 여성 시기로 넘어갈 변화를 시작하라는 신호를 보낸다. 생물적으로 언제 청소년기가 끝나는지에 관해서는 뚜렷하게 정해진 한계가 없다. 여자아이는 언제 어른이 되는 것일까? 육체가 아기를 낳을 수 있을 정도로 성숙하면 어른이 되는 걸까? 아니면 실제로 아기를 낳았을 때 어른이 되는 걸까? 그것도 아니며 열여덟 살이 되면, 학교를 졸업하면, 집에서 독립하면, 전일제 일자리를 얻으면, 집을 사면, 결혼을 하면, 어른이 되는 것일까? 예전보다 사춘기가 일찍 시작되며 성인이 됐음을 정확하게 알 수 있는 전통적인 문화 지표는 이제 효력을 발휘하지 못하니, 청소년기는 수십 년 동안 지속될 수도 있다! 청소년기는 대부분 십 대 시절과 겹치기 때문에 5장에서는 두 용어를 구분 없이 사용하려고 한다.

현재 청소년기의 문화적, 사회적 종료점은 분명하지 않지만 생물적으로 사춘기는 뇌가 성장하는 기간임은 분명하다. 청소년기는 특히 성호르몬의 영향을 받아 뇌가 재조직되기 쉬운 시기로 인지·감정·사회 뇌 회로망이 다듬어지고 성숙해지는 기간이다. 뇌 변화를 따라가다 보면 그 뇌의 주인인 십 대들의 생각과 감정과 행동이 어떤 식으로 정형적으로 바뀌는지를 알 수 있다.

십 대들의 뇌에 관한 고정관념은 틀렸다

솔직히 말해서 우리는 십 대 여자아이들에게 나쁜 영향을 끼칠 수 있는 모든 일에 전전긍긍하는 경향이 있다. 우리는 딸들이 임신, 식이 장애, 학대, 성폭력, 마약, SNS 중독, 온라인 학대 같은 모든 위험한 일들을 제대로 피하고 건강하고 다재다능한 여성으로 성장할 수 있기를 간절히 바란다.

이런 모든 위험을 피하는 법을 배우는 것뿐 아니라 십 대 여자아이들은 신경과학을, 아직 '완전히 성장하지 않은' 자신들의 뇌가 그런 사

여자, 뇌, 호르몬

악한 일들에 취약하게 반응하는 이유를 알고 있어야 할 필요도 있다. 여자아이들의 뇌는 사악한 경험에 취약하다는 가정은 왠지 여자아이들의 청소년기는 지뢰밭이며 수많은 여자아이들이 전혀 다치지 않은 채 십 대를 벗어나는 일은 있을 수 없다고 단정하는 것만 같다.

몇 년 전에 영국 연구원들은 십 대 아이들 85명에게 '십 대의 뇌'에 관한 신경과학 지식을 어떻게 생각하는지 묻는 독특하고도 흥미로운 조사를 진행했다. 그때 십 대 아이들은 대부분 자신들에 관해 알려주는 신경과학에 흥미를 느끼지 않았다. 신경과학은 '지루하다'는 아이들도 있었고, 자신들을 '이상한 사람'으로 만들고 소외감을 느끼게 하고 상당히 무력한 존재로 묘사하고 자유권을 위협하는 것 같아서 불쾌하고 마음에 들지 않는다는 아이들도 있었다(이 책을 읽는 당신이 신경과학자라면 유감이라고 말해주고 싶은데, 실제로 아이들은 당신이 하는 일에 그다지 관심이 없다). "어른들 뇌는 들여다보고 싶어요? 그것도 아니면서 왜 십 대들 뇌는 그렇게 보고 싶어 하는 거예요?"라고 물은 아이도 있었다.

설문지를 작성한 십 대 아이들은 충분히 똑똑한 아이들이어서 신경과학 연구가 중요하다는 사실을 알고 있었지만 신경과학 연구를 이용해 굳이 윤리적 판단을 내리고 자신들을 정형화하려고 하지 말고 십 대들의 행동을 제대로 파악하는 데 힘을 쓰는 것이 더 좋다고 생각했다. "십 대들은 자주 오해를 받는 것 같아요. 사람들이 십 대들 관점에서 십 대들이 어떻게 생각하는지를 살펴보는 게 더 도움이 될 것 같은데요."라고 대답한 아이도 있었고 "그럼 전형적인 십 대들이라는 고정관념을 깨뜨리는 데 도움이 될 거예요."라고 말한 아이도 있

었다.[100]

청소년의 뇌를 생각해야 할 때면 어른들은 유머와 공포를 동시에 느끼는 것 같다. 어른이 되면 적응력이 뛰어난 청소년의 뇌 회로를 소유하고 가동할 때 얼마나 많은 긍정적인 결과들이 나올 수 있는지를 잊어버린다. 가소성이 뛰어난 뇌 덕분에 어린 여자아이들은 엄청난 동정심과 공감 능력, 친구에 대해 헌신하는 마음, 자신들이 믿는 대의를 열렬하게 옹호하는 감정, 하고자 하는 적극성과 목표를 향한 열정을 갖게 되며, 학습 능력과 창의성을 최대로 발휘할 수 있다. 그러니 이 세상 모든 여자아이들을 위해 그 아이들의 뇌를 객관적이고도 신중하게 살펴보도록 하자.

십 대 아이들의 뇌에 관해 학자들은 대부분 세 가지 사실에 동의한다.[101]

첫째, 유아기와 성인기 사이에 뇌 구조는 계속 바뀐다. 회백질의 양은 사춘기에 가장 많아진 뒤에 청소년기와 이십 대를 지나면서 점차 줄어든다. 백질은 유아기, 청소년기, 성인기 내내 계속 늘어난다.

둘째, 여자아이들의 뇌는 남자아이들의 뇌보다 조금 더 빨리 성장한다. 뇌 발달에서 나타나는 남녀 차이는 신체 발달 차이와 일치해서 평균적으로 여자아이들의 사춘기는 남자아이들의 사춘기보다 1년에서 2년 정도 빨리 시작하지만 그 격차는 곧 줄어든다.

셋째, 뇌 영역은 저마다 성장하는 속도가 다르다. 감정을 주관하는 변연계는 사춘기가 되면 성장 속도가 빨라지지만 생각과 판단 능력을 담당하는 전전두엽 피질은 이십 대가 되기 전까지는 완전히 성숙하지 않는다. 감정과 보상 처리 과정, 사고 능력과 판단력이 '조화롭게 발달'하지 않는 것은 그 때문이다. 십 대 아이들이 사회 상황에 지나치게 감정적으로 반응하거나 충동적이고 민감하게 행동하는 이유는 감성과 이성이 다른 속도로 발달하기 때문이다.

연결이 정교해질수록 회백질은 얇아진다

전전두엽 피질은 그 이름이 의미하는 것처럼 뇌의 앞부분에 자리 잡고 있으며 현명한 리더로서 다른 뇌 영역을 하향식으로 조절하기 때문에 뇌의 CEO라고 불리기도 한다. 전전두엽 피질은 감정 조절, 판단, 전략, 충동 조절, 주의력, 작업기억, 사회인지 능력을 관리하고 친구와 친구를 가장한 적과 진짜 적을 구별하는 일 같은 복잡한 사회적 유대관계를 처리하는 일을 맡고 있다.

유아기 때는 나무가 더 많은 가지와 뿌리를 만드는 것처럼 뇌 신경세포(뉴런)는 더 많은 시냅스를 만들기 때문에 전전두엽 피질의 회백질은 계속해서 두꺼워진다. 십 대 때는 피질의 많은 부분이 얇아지는데, 특히 전전두엽 피질이 얇아진다.

회백질이 줄어들거나 얇아진다는 것은 언제나 건강이 나빠진다는 소리처럼 들리지만 뇌의 경우에는 자주 그렇듯이 회백질 양도 적으면 적을수록 좋은 것의 범주에 들어간다. 회백질 상실은 원치 않는 '잔가지와 큰 가지'를 잘라낸다는 의미가 있는 아주 중요한 작용인데, 어떤 의미에서는 '사용하거나 버리거나'의 경험이 작용한 결과라고 할 수 있다. 사용하는 시냅스 연결 부위는 더욱 강화하고 사용하지 않는 연결 부위는 가지를 쳐서 없애버리는 것이다.

MRI 촬영을 통해 청소년기에는 전전두엽 피질로 들어가거나 나가는 신경 섬유 다발의 백질 부피가 계속 늘어난다는 것을 알게 되었다. 축삭돌기는 수초라는 절연 물질에 쌓여 있고, 그 때문에 뇌 지역 간 신호 전달 속도가 빨라진다는 사실을 기억하자. 수초에 둘러싸인 축삭돌기의 신호 전달 속도는 수초가 없는 축삭돌기보다 100배까지 빨라질 수 있다. 신호 전달 속도가 빨라진다는 것은 정신 처리 과정이 그만큼 더 빨라진다는 뜻이다.

샌디에이고 캘리포니아대학교 신경과학자 제이 기드Jay Giedd는 백질이 증가한다는 것은 뇌 지역 간 연결이 더 강해지고 더 많아졌음을 의미한다는 사실을 알아냈다. 뇌는 서로 더 많이 연결되고 분화되면서 성숙해진다.

기드의 표현처럼 뇌가 성숙한다는 것은 기존 글자에 추가로 새 글자를 넣는 과정이 아니라 있는 글자로 단어를, 단어로 문장을, 문장으로 절을 만드는 과정이다. 기드는 말했다. "이 같은 변화는 결국 복잡한 생각과 추론부터 능숙한 사교 생활에 이르기까지 뇌가 모든 작업을 전문적으로 능숙하게 해낼 수 있도록 돕습니다."[102]

백질과 회백질의 구조가 바뀌는 곳은 전전두엽 피질만이 아니다. 피질 하부 구조도 사춘기 무렵부터 성숙하기 시작해 십 대 중반쯤 되면 거의 완전하게 발달한다.

피질 하부층은 뇌 안쪽 깊은 곳(하부)에 있는 전두엽과 측두엽 피질 아랫부분을 가리킨다. 해마와 편도체로 이루어져 있는 변연계와 중격의지핵nucleus accumbens · 미상핵caudate · 조가비핵putamen · 창백핵 globus pallidus으로 이루어진 선조체corpus striatum는 피질 하부에 존재하는 구조물로 축삭돌기를 이용해 전전두엽 피질과 연결되어 있을 뿐 아니라 하부 구조물끼리도 연결되어 있다.

여자아이들의 편도체와 해마는 사춘기에 더 커지고, 그와 동시에 선조체를 이루는 네 구조물은 모두 줄어든다. 피질 하부는 유아기가 끝날 무렵부터 청소년기가 시작될 무렵에는 아주 빠른 속도로 성숙하지만 열여섯 살 정도가 지나면 성장 속도나 수축 속도는 완전히 줄어든다.[103, 104]

청소년기에
발달하는 사회적 뇌

―――

'사회적 뇌'는 복잡한 인간관계를 해결하고 연인의 마음을 사로잡고 적과 친구를 구별하고 다른 사람의 생각과 감정을 알아채는 사회 인지 능력을 조절하는 뇌 영역을 의미한다. 사회적 뇌 영역의 신경 회로망에는 표정을 조절하는 피질 부위인 전전두엽 피질과 측두 두정 접합temporoparietal junction, TPJ이라는 특별한 부위가 포함되어 있는데, 측두 두정 접합은 측두엽과 두정엽이 만나는 곳에 있다. 귀에서 살짝 뒤쪽으로 윗부분에 있는 머리를 긁어보면 알 수 있을 것이다. 바로 그곳이 측두 두정 접합이 있는 곳이다.

청소년기에 사회적 뇌는 구조가 정밀해지고 어른과 같은 신경 활동이 시작된다. 뇌 구조와 활동이 바뀌면 사회에서 하는 행동도 성숙해진다.

《여자의 사춘기는 다르다Untangled: Guiding Teenage Girls through the Seven Transitions into Adulthood》에서 심리학자 리사 다무르Lisa Damour는 유아기에 여자아이들은 부모와 형제들과 친밀한 관계를 형성한다고 했지만, 이렇게도 말했다. "하지만 십 대가 되면 부모와의 유대관계는 깨진다."[105] 성장하면서 여자아이는 그저 새로운 친구를 찾는 것에 그치지 않는다. 가족 대신 자신이 그 무리의 일원임을 자랑스럽게 느낄 수 있는 새로운 무리와 유대감을 쌓는 일이 여자아이들의 성장 과정에서는 중요하다.

새로운 무리의 일원이 되는 일은 여자아이들에게는 정말로 중요하다. 그래서 여자아이들은 친구들과 싸우거나 자신이 친구들과 다를 경우에는 극심한 스트레스를 받는다. 다무르는 여자아이들의 무리 소속감은 어떻게 표현해도 지나치지 않다며 이렇게 밝혔다. "무리에 속하지 못하고 남겨진다는 것은 가족에게서 멀어진 상태로 어떠한 또래 집단에도 들어가지 못한다는 의미이기 때문에 여자아이들에게는 깊은 상처를 남기는 동시에 인기와 인기를 만드는 사회관계를 이상화하는 부작용을 낳는다."[105]

가족이라는 둥지를 떠나 세상을 탐험하려는 욕구를 갖는 데는 진화적인 이유가 있다. 개부터 돌고래에 이르기까지 사회생활을 하는 동물들의 어린 개체들은 부모보다는 또래와 있는 것을 더욱 좋아한다. 관심이 자신과 가족에서 또래 친구들에게로 향하는 '사회적 방향 전환'은 근친상간의 위험을 낮추고 건강한 유전자군群을 형성할 수 있게 된다는 생물적 의미가 있다.

소속되지 못했을 때 느끼는 고통

당신에게 충분히 용기가 있다면 어디 한번 십 대 시절로 돌아가 극심한 소외감을 느꼈던 순간을 떠올려보도록 하자. 친구들이 하는 파티에, 친한 아이들만 가는 여행에, 친구 집에서 밤새 하는 파자마 파티에 초대받지 못했던 기억은 전혀 없어서 (실제건 상상이건 간에) 소외감을 느꼈던 때를 떠올리려면 엄청나게 노력해야 하는 사람은 아마도 거의 없을 것이다.

교실을 돌아다니던 끔찍했던 인기투표 결과는 또 어떤가? 인기투표 순위는 바닥이고, 파티에 초대받지 못하고 (누구나 돌아가면서 한 번쯤은 받았던) 짓궂은 놀림을 한 번도 받지 못했던 사람은 학창 시절 내내 끔찍한 고통에 시달려야 했을 것이다. 특히 여자아이들은 쌀쌀맞게 굴거나 나쁜 소문을 퍼트리거나 교묘하게 배척하는 수동적인 공격과 학대에 능숙한데, 그런 비열한 공격과 학대는 여자아이들을 우울하고 슬프게 하며 자해를 하게 만들 수도 있다.[106]

홀로 남겨지고 소외될 수 있다는 두려움은 인간의 가장 기본적인 욕구를 훼손한다. 한 집단의 쓸모 있는 일원이며 의미 있는 존재라는 자부심 같은 감정을 위협하는 것이다. 아주 잔혹하게 들리겠지만 연구자들은 소외된 사람에게 나타날 수 있는 심리적 고통을 연구하려고 그런 감정을 일부러 유도하기도 한다.

퍼듀대학교 심리학과 교수 키플링 윌리엄스Kipling Williams가 진행한 사이버볼 연구도 그런 연구 가운데 하나이다. 윌리엄스는 실험 참가자들에게 온라인상에서 다른 두 사람과 함께 공을 차례로 주고받는 놀이를 하게 했다. 이 참가자와 함께 공놀이를 진행한 두 사람은 처음 몇 번은 세 명이 돌아가면서 공평하게 공을 주고받았지만 시간이 조금 지난 뒤에는 두 사람끼리만 공을 주고받았다. 참가자는 자신이 진짜 사람들과 공놀이를 하고 있다고 믿었지만 사실은 참가자와 공놀이를 하는 사람들은 미리 프로그램을 입력해놓은 컴퓨터였다. 참가자들은 또한 정신을 시각화하는 능력도 함께 평가할 거라는 말을 들었다(공놀이를 제대로 하지 못할 때는 소외됐다는 감정을 느끼는 것처럼 상상을 해보라는 요구를 한 것이다). 청소년과 어른들 수천 명이 사이버볼 연구에 참가했고, 컴퓨터가 따돌린 참가자들은 공놀이 시간이 몇 분밖에 되지 않았는데도 상당히 분명하게 거절당했다는 느낌과 분노와 슬픔을 느꼈다.

윌리엄스는 말했다. "배척하고 따돌리는 것은 멍을 남기지 않는, 보이지 않는 폭력이라서 소외가 미치는 영향력을 과소평가할 때가 많습니다." 하지만 친구에게건 낯선 사람에게건 따돌림을 받는 것은 극심한 고통을 유발할 수도 있으며, 그런 고통스러운 감정은 오랫동안 지속된다고 했다.[107]

유니버시티 칼리지 런던 신경과학과 교수 사라 제인 블레이크모어 Sarah-Jayne Blakemore는 청소년기의 뇌 발달 과정을 밝히고 청소년기가 사회 경험과 교육에 아주 민감하게 반응하고 쉽게 변할 수 있는 시기임을 보여준 공로를 인정받고 있다.

fMRI 촬영으로 블레이크모어는 거부당했을 때 성인 여자와 십 대 여자아이들의 사회적 뇌가 어떻게 반응하는지 비교했다. 14세부터 16세까지의 십 대 여자아이들 19명과 성인 여성 16명을 대상으로 진행한 사이버볼 연구에서 십 대 아이들은 성인 여성들보다 따돌림에 훨씬 격렬하게 반응했다. 십 대 아이들의 뇌는 걱정을 조절하는 능력이 없었다. 부정적인 감정을 조절한다고 알려진 사회적 뇌 영역(복외측 전전두엽 피질)의 신경 활동이 십 대 아이들이 성인 여성들보다 적었다. 블레이크모어는 말했다. "청소년이 거절에 더 민감하게 반응하는 이유는 사회적 걱정을 조절하는 능력이 부족하기 때문일 수도 있습니다."[108]

십 대 아이들의 뇌는 음악 취향을 비롯해 모든 면에서 친구들처럼 될 준비가 되어 있다. 〈청소년의 노래 순위에 영향을 미치는 신경 메커니즘Neural Mechanisms of the Influence of Popularity on Adolescent Ratings of Music〉이라는 논문에서 에모리대학교 연구팀은 12세부터 17세까지의 십 대 여자아이들 32명이 음악을 들으면서 마음에 드는 노래를 순서대로 번호를 매기는 동안 fMRI로 아이들의 뇌를 촬영했다. 처음 음악을 들었을 때 아이들은 노래의 인기도를 알지 못했지만 두 번째 들을 때는 실험 참가자들이 선택한 인기 음악 순위를 들을 수 있었고 원한다면 자신이 정한 순위를 바꿀 수 있었다.

여러분은 이미 아이들의 행동을 예상했을지도 모르겠다. 실제로 십 대 아이들은 노래의 인기에 크게 영향을 받았다. 십 대 아이들은 어떤 노래가 아주 인기가 많다는 말을 들으면 다른 아이들과 같은 선택을 하려고 순위를 바꾸는 경우가 많았다.

fMRI 촬영 결과, 십 대 아이들은 자신이 좋아하는 음악이 인기가 없다는 사실을 알면 불안과 부정적인 감정과 관계가 있는 뇌 지역이 활성화된다는 사실을 알 수 있었는데, 논문 저자들은 이런 현상을 '불일치 불안mismatch anxiety'이라고 불렀다. 혼자 남을 수도 있다는 사회적 불안도 십 대 아이들이 절실하게 무리에 속하고자 하는 애쓰는 이유 가운데 하나이다. 실험에 참여한 십 대 아이들이 자신의 음악 선호도 순위를 바꿔 다른 아이들과 비슷하게 순위를 맞추자 불안은

사라졌다.[109]

거부되는 것이 엄청나게 고통스러운 이유

———

무시당하거나 따돌림당하면 사람들은 '감정이 상했다', '심장이 무너졌다', '위장을 발로 차인 것 같다'라는 말을 한다. 사랑하는 사람을 잃는 경험은 살면서 경험할 수 있는 가장 극심한 고통임이 거의 분명하다. 그런데 사회에서 겪는 부정적인 경험들 역시 그렇게까지 고통스러운 이유는 무엇일까?

그 이유를 신체 고통과 사회 경험이 주는 고통을 담당하는 신경망이 같기 때문이라고 설명하는 학설도 있다. 사회관계가 무너질 위협을 느끼고 배척당하고 있다는 감정을 가질 경우, 신체에 위협이 가해졌을 때 보내는 고통 신호를 이용하는 것은 일리가 있어 보인다. 무리에 속하면 생존 가능성이 높아진다. 이 학설은 신체 고통은 사회적지원을 받으면 줄어들 수 있다는 fMRI 연구와 관찰 결과를 뒷받침해준다.[110]

사회관계에서 느끼는 고통과 신체 고통이 신경학적으로 같은 경로를 통과한다는 주장은 흔히 사용하는 진통제로 사회적 고통을 없앨 수도 있을 거라는 독특한 추론을 끌어냈다. 진통 효과가 있다고 알려져 있는 아편은 실험실 새끼 쥐의 분리불안을 낮추는 역할을 했고 파라세타몰은 사이버볼을 하면서 느끼는 사회 불안과 거부당했다는 느낌을 경감시켜주었다.[111]

그러자 진통제로 마음의 고통을 치료한다는 생각이 널리 퍼졌다.

당연히 많은 건강 전문가들은 그런 유행을 조심하라고 경고한다. 영국 국립의료보험NHS은 '파라세타몰을 감정 고통을 완화하는 데 사용하지 말 것'이라는 지침까지 발표했다. 내가 여기서 언급하는 연구들은 외로움과 고민, 감정 고통을 파라세타몰이나 아편으로 '치료'하려는 시도가 그다지 바람직하지 않다고 경고한다는 사실은 말할 필요도 없을 것이다.

'청소년이 감정적인 것'은 정상적인 발달 과정이다

십 대 여자아이들은 아주 감정적인 생명체이다. 하지만 모든 여자아이들이 '격렬한 풍랑'을 경험하지는 않는다. 나는 고등학교 마지막 학년에 불안이 너무 심해서 결국 병원에서 공황발작 치료를 받아야 했지만, 그때를 제외하면 십 대 시절 대부분은 즐거웠고 기뻤고 활기찼다.

멜버른대학교 정신의학과 부교수 사라 위틀Sarah Whittle은 청소년기의 뇌 발달과 회복력을 연구한다. 위틀은 십 대 아이들이 어른과 달리 감정적으로 격해지는 이유는 '이성을 담당하는 전전두엽 피질'과 '감정을 담당하는 변연계'가 같은 속도로 발달하지 못하기 때문이라고 하며 다음과 같이 말했다.

"이런 생각은 아직 가설일 뿐이지만 변연계의 과도한 활동이 청소년들이 엄청나게 감정적으로 반응하는 이유라는 증거가 차츰 쌓여가고 있습니다. 전전두엽 피질이 성숙하면 피질 하부에 있는 뇌 영역을 조절하는 능력이 향상됩니다."

여자, 뇌, 호르몬

차분하게 자신의 감정을 평가하고 억제하는 능력은 살아가는 데 아주 중요한 기술이다. 감정을 조절할 수 있어야만 주변 상황을 제대로 살필 수 있고 정신 건강을 지킬 수 있다. 감정을 조절하는 아주 효과적인 방법 가운데 하나가 인지 재평가cognitive reappraisal이다. 인지 재평가는 자신이 처한 상황을 다른 방식으로 해석해 성급하게 반응하는 것을 막아준다.

파티를 하는 친구네 집으로 걸어가고 있는 열네 살의 당신을 떠올려보자. 친구네 집 현관에 거의 도착했을 때 안에서 친구들이 미친 듯이 웃는 소리가 들린다. 그 순간 당신은 생각한다. '뭐야, 지금 내 욕을 하면서 웃고 있는 거잖아.' 그런 생각은 (실제로 그 생각이 맞았건 틀렸건 간에) 우울해지고 거부당했다는 강렬한 기분을 불러일으켜 '쟤들은 나를 싫어해. 그냥 집에 가야겠어.'라고 결정해버리게 만들 수도 있다.

그럴 때 상황을 다르게 생각해보는 능력이 바로 인지 재평가 능력이다. 다음과 같이 생각할 수 있게 해주는 것이다. '애들이 웃고 있네. 누가 재미있는 농담을 하나 봐. 들어가서 왜 웃었는지 물어봐야지.' 이런 재평가 능력은 (실제로 그 생각이 맞았건 틀렸건 간에) 상황을 다른 시각으로 볼 수 있게 해주고 비통한 감정이 일어나지 않게 해준다. 인지 재평가 능력은 어린아이나 십 대 아이들보다 어른이 더 뛰어나다. 어른은 다양한 사회 경험을 아이들보다 더 많이 했기 때문에 자신이 처한 상황을 제대로 파악할 수 있는 능력이 더 낫다.

인지 재평가 능력과 신경계의 관계를 밝히려고 위틀은 가구나 풍경처럼 감정을 불러일으키지 않는 사진부터 훼손된 신체나 선정적인 알

몸 등이 나타난, 끔찍하거나 흥분을 불러일으키는 사진까지 보여주고 부정적인 감정을 끌어내는 실험을 했다. 실험에서 십 대 여자아이들은 어른들보다 끔찍하거나 자극적인 사진에 훨씬 더 민감하게 반응해 힘들어하거나 흥분했다. fMRI 촬영 결과, 인지 재평가 능력은 변연계의 활동을 막는 전전두엽 피질을 비롯해 피질의 여러 신경 회로망이 활성화될 때 발휘된다는 사실을 알 수 있었다.

성인이 된다고 해서 누구나 마술처럼 감정 조절 능력을 갖게 되는 것은 아니지만 감정 조절 능력은 충분히 배워서 익힐 수 있는 기술이다. 위틀은 십 대 여자아이들에게 "이건 사실이 아니야. 그냥 영화에 나오는 장면이야."라거나 "이 상황은 저 상황보다 더 끔찍해 보여." 혹은 "더 나빠질 수 있었어." "적어도 내가 처한 상황은 아니잖아."와 같이 말해줌으로써 상황을 다른 식으로 생각하게 해 인지 재평가 능력을 길러주었다.[112]

정신 질환은 잘못 발달한 감정인가?

청소년 뇌 연구에 관한 한 가지 주제는 '움직이는 부품이 부서진다'라는 한마디로 요약할 수 있을 것이다. 십 대 아이들의 뇌는 아주 격렬하게 재건축되고 있기 때문에 뇌 회로망이 잘못 연결되어 여자아이들을 우울하고 불안하게 만들고 식이장애를 일으키기 쉽다고 여겨지고 있다. 십 대 여자아이들의 감정적인 삶은 안팎으로 아주 복잡하다. 내부에서는 호르몬이 요동치고 있으며 신경 회로망이 세부적으로 조정되고 있다. 그런데 십 대 여자아이들의 '외부'에서 벌어지고 있는

여자, 뇌, 호르몬

격렬한 변화는 흔히 간과된다.

십 대 여자아이들은 새로운 감정을 많이 경험하는데, 특히 새로운 사회 환경에 처했을 때 그렇다. 첫 번째 사랑(특히 짝사랑일 가능성이 크다), 처음으로 느껴보는 질투, 파티에 초대받지 못해 소외된 기분, 처음으로 인스타그램에서 '좋아요'를 받은 경험처럼 어떤 경험이든지 경험에는 처음이 있다. 처음으로 겪어본다는 이런 경험들의 새로움은 감정에 강렬한 영향을 미친다. 그 때문에 긍정 감정(사랑에 빠지다니, 정말 근사해!)이 생길 수도 있고 부정 감정(첫사랑이 이루어지지 않다니, 정말 괴로워!)이 생길 수도 있다.[113]

가족과의 유대감이 '깨지는' 십 대 초반부터 여자아이들은 친구들에게 친밀한 감정을 갖게 되고 '단짝' 친구를 갖게 된다. 따라서 단짝 친구와의 우정이 깨지거나 생각만큼 이상적인 관계를 맺지 못할 때는 엄청난 고통을 느낄 수 있다. 우정을 상실한다는 것은 여자아이들에게는 아주 중요한 일이지만 그것이 스트레스의 원인이 될 수 있다는 사실은 제대로 인정받지 못하고 있다.

'그릇된' 우정은 십 대 아이들을 잘못된 길로 빠지게 하지만 '올바른' 우정은 아이들을 보호하는 힘이 되어준다. 나에게도 고등학교 내내 나를 옳은 길로 가게 해준 사랑스러운 친구가 있다(우리는 여전히 좋은 친구로 지내고 있으며 이 책에 소개하려고 정신과 치료 요법에 관해 물어보기도 했다). 5장을 쓰는 동안 우리는 함께 한 우정 덕분에 정신과 의사인 동료들이 경험해야 했던 격정을 겪지 않을 수 있었다는 이야기를 나누었다.

우리는 가장 행복한 십 대 아이는 인스타그램에서 친구가 가장 많은 아이가 아니라 서로를 든든하게 지원해주는 친구가 몇 명 있는 아이임을, 그것은 정말로 좋은 친구가 한 명 있음을 의미할 때도 있다는 사실을 알고 있다.

여자, 뇌, 호르몬

"그때는 정말
좋은 생각 같았단 말이야."

십 대 아이들의 뇌는 '수선되는 중이기' 때문에 충동적인 십 대 아이들은 위험한 행동을 더 많이 한다는 생각은 널리 퍼져 있다. (남자아이들은) 자동차 사고를 내고 (여자아이들은) 임신을 한다. 당연히 그런 생각에 회의적인 사람들은 그런 생각은 지나친 일반화의 오류를 범하고 있으며 십 대 아이들을 '비정상적인 위험 감수자'들로 몰아가고 있다고 주장한다.

십 대 아이들은 어른들이나 어린아이들에 비해 위험한 행동을 더 많이 하지만 대담한 모험을 하고 감각적인 것을 찾고 머리카락을 파랗게 물들이고 반쯤 벗은 채로 셀프 카메라를 찍는다고 해서 모두 비행 청소년이라고 할 수는 없다. 그런 일탈은 새로 속하게 된 무리를 시험하고 새로 갖게 된 정체성의 크기를 가늠해보려는 지극히 정상적인 행동이다.

또한 청소년이라고 해서 모두 '나쁜' 결정을 하는 것은 아니며 위험한 행동이 모두 부정적인 결과를 불러오지는 않는다는 사실도 말해야겠다. 한 사람에게는 아주 유순한 행동이 다른 사람에게는 아주 무모해 보이기도 한다. (지금보다는 나 자신을 더 끔찍하게 여겼던) 고등학교 시절에 내가 했던 가장 큰 일탈은 주말에 친구가 교실로 몰래 들어가는 걸 도운 것이다. 친구는 지렛대로 창문을 열었고 나는 친구를 들어 올려 교실 안으로 들여보낸 다음에 망을 봤다. 그때 친구는 교실에 과제물을 놔두고 왔고 그 애로서는 숙제도 하지 않고 월요일에 등교하는 건 상상도 하지 못할 일이었다. 그때 우리에게는 창틀을 망가뜨리고 학교에 들어가는 것보다 숙제를 끝내지 못한다는 사실이 훨씬 더 두려웠다.

남자와 여자가 위험한 행동을 할 가능성에 관해서는 통계가 분명히 답해주고 있다. 더니든 연구는 남자아이들과 어른 남자들이 마약을 하거나 기물 파손, 절도 같은 위험한 행동을 할 가능성이 여자아이들이나 어른 여자들에 비해 월등히 높다는 사실을 밝혔다.[114] 젊은 남자는 젊은 여자보다 훨씬 더 위험하게 차를 몰기 때문에 자동차 사고로 죽을 가능성이 더 높았다. 위험한 스포츠에 참가하거나 다윈 상(해마다 바보 같은 이유로 죽은 사람에게 주는 상)을 받는 사람도 남자아이들이나 어른 남자들이 더 많았다.

1999년에 진행한 성별과 위험한 행동에 관한 메타 분석 결과는 남자들은 위험한 행동을 하는 것이 명백히 나쁜 선택임을 알고 있을 때도 모험을 하는 경향이 있다고 한다.[115] 그와 달리 여자들은 전혀 해가 없는 상황에서도, 시험을 친다거나 사업을 하는 등의 지적 모험을 비롯해 오히려 하는 것이 더 좋은 모험도 많이 하지 않았다. 페이스북 최고운영책임자 셰릴 샌드버그Sheryl Sandberg는 남자들은 필요한 역량의 60퍼센트만 되어도 입사 지원을 하지만 여자들은 100퍼센트

여자, 뇌, 호르몬

가 되어야만 이력서를 넣을 생각을 한다고 했다. 이런 차이 때문에(물론 평균이 차이 날 뿐 이런 성향도 남녀 간에 겹치는 부분이 넓다) 남자들은 더 많이 실패하고, 슬프게도 여자들은 더 적게 성공한다. 샌드버그는 진실을 파악한 것이다.

위험을 감수하는 성향이 다른 데는 사회·문화적 이유가 아주 많지만, 그 가운데 가장 인기 있는 가설은 남자는 테스토스테론이 있기 때문에 모험을 감수하고 여자는 테스토스테론이 없기 때문에 모험을 피한다는 것이다. 이 책을 여기까지 읽은 독자라면 당연히 그런 '상향식 생물학이 모든 것을 능가한다'라는 단순한 주장에 의문을 제기할 수 있어야 한다. 그런 주장을 뒷받침하는 자료는 없다. 테스토스테론 수치는 위험한 행동을 하는 경향에 관해 깔끔한 사실 관계를 거의 제시해주지 못한다. 기이한 것은 테스토스테론의 높고 낮은 수치가 남자와 여자 모두에서 위험을 기피 하는 정도와 상관관계를 보인다는 점이다(난소와 여성의 부신에서도 테스토스테론이 흘러나온다는 사실을 기억하자). 코넬리아 파인의 말처럼 테스토스테론은 "명령을 내리는 왕이라기보다는" 군중에서 흘러나오는 여러 목소리 가운데 하나일 뿐이다.[116]

누군가 나를 지켜보고 있다?

성공한 무리의 일원이 되고 좋은 친구가 되는 법을 배운다는 것은 다른 사람의 감정을 읽는 능력이 발달했다는 뜻이다. 죄의식, 당혹감, 부끄러움, 자부심 같은 사회적 감정을 느끼려면 다른 사람의 마음 상태를 파악하는 특별한 능력이 있어야 한다. 다시 말해서 다른 사람이 자신과는 다른 식으로 생각하고 느낀다는 사실을 인정해야 한다.

사람들은 아주 어렸을 때부터 소위 '마음 이론theory of mind'이라는 능력이 발달하기 시작한다. '정신화mentalization'는 마음 이론보다 훨씬 정교하다. 정신화는 다른 사람의 욕구와 욕망, 감정, 믿음, 논리 등을 이해하는 능력으로, 사람이 익혀야 할 가장 복잡한 정신 과제 가운데 하나이다. 십 대 여자아이들이 다른 사람이 자신을 어떻게 생각하는지를 지나치게 의식하고 걱정하는 행동을 한다면 정신화 능력을 습득했다고 볼 수 있다.

이런 정신화는 긍정적으로 작용할 수 있다. 정신화 때문에 많은 십 대 여자아이들이 사회 활동과 봉사 활동에 적극적으로 참여한다. 하지만 다른 사람의 마음을 훨씬 잘 알게 되는 동시에 안전했던 어린 시절과 멀어지는 상황은 '상상 속 청중'에게 퍼펙트 스톰(두 가지 이상의 악재가 동시에 발생해 파장이 훨씬 커지는 상황 – 옮긴이)을 쥐여주는 것과 마찬가지다. 청소년들의 자기중심적인 사고방식은 자연스러운 성장 과정인데, 이제는 소셜미디어의 보급으로 여자아이들은 옛 세대에 속하는 우리보다 훨씬 더 다른 사람의 생각에 민감해졌다. '상상 속 청중'은 심지어 10년 전보다도 훨씬 더 커졌고 실제 상상과는 조금 더 멀어졌다.[117]

"그때는 정말 좋은 생각 같았단 말이야."라는 십 대 아이들의 흔한 변명에서 알 수 있는 한 가지 명료한 사실은 앞으로 있을지도 모를 기분 좋은 보상을 나쁜 결정보다 더 중요하게 생각하기 때문에 십 대 아이들은 나쁜 결정을 내릴 때가 많다는 것이다. 연구 결과로 알 수

여자, 뇌, 호르몬

있듯이 고통보다는 쾌락이 위험한 행동을 이끄는 더욱 강력한 동기이다. 의사결정과 위험 평가 과정은 별개로 존재하지 않는다. 보상과 쾌락을 느끼는 감정적 뇌와 또래 집단의 영향을 받는 사회적 뇌는 서로 영향을 주고받고 있다. 위험한 행동을 했을 때 받을 보상은 분명하다. 무리의 인정을 받는 것이다.

2005년에 출간된 《발달 심리학Developmental Psychology》에는 십 대 아이들이 실제로 보는 사람들이 있을 때 위험한 행동을 더 많이 하는지를 알아보기 위해 고안된 실험 결과가 실렸다. 이 실험을 진행한 연구원들은 306명의 자원자를 모아 13세부터 16세까지의 십 대 집단, 18세부터 22세까지의 청년 집단, 24세 이상인 어른 집단으로 나누었다. 실험 참가자들은 아주 친한 친구 두 명이 지켜보는 가운데 치킨 게임이라고 부른 가상 운전 실험을 진행했다. 치킨 게임은 참가자들이 위험한 결정을 내리는 순간을 측정했고, 참가자들은 가상의 마을을 빠르게 통과해야만 보상을 받았다. 따라서 치킨 게임에 참가한 사람들은 교차로 같은 곳에서는 노란불이 들어오면 브레이크를 밟을 것인지 아니면 교통사고가 날 각오를 하고라도 게임을 빨리 끝내려고 속도를 높일 것인지 등의 어려운 결정을 해야 했다.

여러분의 예상처럼 친구들이 보았을 때 훨씬 위험한 결정을 하는 빈도는 어른보다 십 대 아이들이 훨씬 많았다. 그런데 한 가지 놀라운 사실이 있다. 십 대 아이들이 '혼자서' 운전을 할 때 위험을 감수하는 횟수는 청년 집단이나 어른 집단과 **전혀 다르지 않았다는 것이다.**

분명한 사실은 십 대 아이들도 위험을 평가하고 현명한 결정을 내릴 수 있는 완벽한 능력을 갖추고 있으며, 혼자 있을 때는 이 능력을 발휘할 수 있다는 것이다. 십 대 아이들은 그저 '뜨거운' 상황에서는 이성을 잃는 것처럼 보인다. 한 사람의 생각이 그 사람의 감정 상태에 영향을 받는다는 가설을 '고온 인지hot cognition' 가설이라고 한다. 또래 압력이나 상상 속 청중이라는(아이들의 어머니가 과시욕이라고 부를 수 있는) 존재는 십 대 아이들을 '고온 인지' 상태로 전환한다.[118]

혼자서 운전을 하는 것보다는 친구들과 장난을 치면서 가는 것이 훨씬 재미있다는 사실은 누구나 안다. 치킨 게임을 하는 참가자들의 fMRI 사진을 촬영해보면 혼자서 운전하고 갈 때보다 친구들과 함께 있을 때 동기, 쾌락, 보상에 대한 기대를 담당하는 복측 선조체가 훨씬 활발하게 활동한다는 사실을 알 수 있다. 십 대들의 피질 하부에 있는 도파민 경로는 '다시 생각해보는 게 어때?'라는 제안을 하는 이성적인 전전두엽 피질보다 더 빨리 성숙한다.

십 대들에게 차를 빨리 모는 일은 무리의 인정을 받을 수 있는 업적이 될 수 있다. 하지만 차를 빨리 모는 일이 친구를 인정하는 과업이 될 수 없는 십 대 여자아이들도 있다(내가 그 예다). 나와 내 친구들은 정해진 시간까지 숙제를 해내는 것이 서로를 인정하는 과업이었다. 또래 무리가 인정하는 업적은 각 무리가 결정한다. 이게 바로 친구를 현명하게 선택해야 하는 이유다.

교육을 위한 독특한 기회의 창

지금까지 살펴본 것처럼 위험을 감수하는 것은 바람직하지 않은 행동이라고 간주되어 왔다. 하지만 학교에서는 위험을 감수하는 행동

여자, 뇌, 호르몬

이 도움이 될 때가 있다. 블레이크모어는 말했다. "청소년의 뇌는 유연하고 적응력이 뛰어나다. 따라서 청소년기는 배우고 창의성을 발휘할 수 있는 절호의 기회이다."[119] 수업 시간에 질문을 하거나 교과서에 나온 정보 이상을 대답하는 등의 위험 감수는 발전하려면 반드시 익혀야 하는 기술이다.

기드는 청소년을 대상으로 진행하는 신경과학 연구가 밝히는 새로운 지식은 청소년이 살아가는 동안 계속 능숙하게 해내고 싶은 기술을 청소년의 뇌가 익힐 수 있도록 자극하리라는 사실에 동의한다. "청소년기는 자신의 정체성을 형성하고 뇌를 최적화할 수 있는 경이로운 기회의 창이다."[102] 청소년이 학업이나 운동, 예술 분야에서 오랫동안 노력해야만 이룰 수 있는 성공을 하려면 해당 분야에 필요한 기술을 습득하려는 동기와 어려움을 참고 이겨내려는 욕망이 필요하다. 청소년의 뇌는 성공을 위한 준비가 되어 있다.

현재, 가장 학습 능력이 뛰어날 때 여자아이들이 고등학교에 들어가게 된 것은 상당히 멋진 우연의 결과이다. 청소년기에 유연하게 작동하며 정교해지는 뇌 지역은 선택적 주의, 추리, 논리, 기억과 관계가 있는 기술을 담당하는 지역과 정확하게 일치한다. 수학을 배운다고 생각해보자. 기본적인 산수 계산을 넘어 복잡한 기호를 다루는 대수를 배우려면 일반화와 개념화, 방정식 분석 같은 추상적 추리, 논리, 심상, 창의적 사고 같은 능력이 필요하다. 십 대들의 뇌가 익히고 다듬는 기술들이 바로 그런 능력들이다.

블레이크모어는 청소년기는 주변 환경에서 경험하는 일들이 아주 중요한 시기에 뇌가 발달하고 있음을 보여주고 있다고 했다. "유아기 초기가 학습을 위한 중요한 기회이자 민감한 시기라면 청소년기도 마찬가지이다."[119]

십 대 시절은 뇌 가소성과 적응력이 강화되는 독특한 시기이다. "증가한 기회만큼 취약성도 증가합니다. 취약성은 기회와 밀접한 관련이 있습니다." 조지 패튼 교수의 말이다. 신경과학 분야에서 연구하는 많은 사람들처럼 나도 십 대 시기는 격변의 시기가 아니라 배우고 창의성을 발휘할 수 있는 독특한 기회의 시기라는 사실을 강조해야 한다고 생각한다.

여자, 뇌, 호르몬

06

우울과 불안은
호르몬 탓인가

나는 언제 처음
우울해졌을까

내가 불안이라는 감정을 처음으로 느낀 것은 열 살 무렵으로, 그때 나에게는 시작되고 있던 사춘기, 전염성 단핵세포증, 암에 걸린 조부모 등으로 인해 힘든 일이 줄줄이 일어나고 있었다. 내 불안은 스스로 유아기 분리불안이라고 진단한 뒤부터 절정에 달했다. 1985년에 관한 내 기억을 상당 부분 차지하고 있는 것은 인후염, 피로, 몇 주나 계속된 결석이 아니라 내 가족 가운데 한 사람이 죽을 수도 있다는 확고한 확신 때문에 생기는 극단적인 불안이다.

나는 엄마가 집을 나서기 몇 시간 전부터, 심지어 며칠 전부터도 서늘하고 따끔한 공포를 느꼈다. 엄마가 집을 나서면 극심한 불안에 떨었던 나는 급기야 혼자서 수색 작업에 나서기도 했다. 엄마의 목숨을 구하겠다며 잠옷 차림으로 창문 밖으로 뛰어나갔던 적도 있었고 학교에서 밖으로 몰래 빠져나온 적도 있다.

1980년대 중반에 내가 느꼈던 이런 '조바심'은 절대로 무시되지는 않았지만 그렇다고 치료해야 할 장애라고 생각하지도 않았다. 지금이라면 아마도 아동 전문 정신과 의사를 찾아가 인지 행동 치료나 상담

여자. 뇌. 호르몬

을 받아야 했을 것이다. 어쨌거나 아동기의 많은 어려움이 그렇듯이 나도 결국에는 그런 불안에서 벗어날 수 있었다.

두 번째로 기억하고 있는 불안은 열일곱 살 때 느꼈다. 아주 심각했다거나 아주 오래 지속된 불안은 아니었지만 시기가 너무 나빴다. 쉽게 불안을 느끼는 내 감수성이(분리 장애는 성년기 초반에 공황장애를 일으킬 가능성을 높인다) 한 사람의 인생은 고등학교 마지막 학년에 치러야 하는 시험과 함께 시작한 뒤에 끝나버린다는 터무니없는 신념과 결합해버린 것이다.[120]

시험 준비는 대부분 아무 문제 없이 해나갈 수 있었다. 하지만 생물 시험 전날 오후에 내 방 책상에 앉아 공부를 하던 나는 갑자기 이제 세상이 끝나버렸다는 생각에 사로잡혔고, 극심한 공포가 척추를 타고 흘러내렸다. 이상하게도 나는 홀로 버려졌다는 기분을 느꼈다. 나는 안전하다는 사실도 알았고 더는 엄마가 죽을지도 모른다는 걱정도 하지 않았지만 너무나도 극심한 불안에 시달려야 했다. 결국 나는 울기 시작했는데, 어떻게 해도 울음을 멈출 수가 없어서 결국은 엄마가 나서서 모든 것을 정리해주어야 했다. 나는 생물책을 덮고 오래 산책을 한 뒤에 맛있는 밥을 먹고 푹 잤다. 하지만 다음 날 시험장으로 들어갈 때는 다시 모든 것이 끝났다는 불안이 나를 덮쳤고 나는 시험장 밖으로 도망쳐 나오고 말았다. 엄마가 나를 데리고 멋진 주치의 선생님에게 갔을 때 그분은 정말로 놀란 표정을 지었다. 그때까지 시험 때문에 공포에 질린 십 대 여자아이는 본 적이 없었으니까 당연한 반응이었다.

그로부터 25년 뒤에 오스트레일리아 시드니에 있는 여러 학교 12학년 722명을 대상으로 진행한 설문 조사에서 수험생들은 열 명당 네 명 비율로 치료를 받아야 할 정도로 심각한 불안 증상을 경험한 적이 있다고 대답했다. 2014년 《랜싯》에 실린 연구에서는 여자아이들은 절반 정도, 남자아이들은 거의 3분의 1 정도가 십 대 시절에 우울증과 불안을 경험한 적이 있다고 했다.[121]

이 세상 어디를 보나 우울증과 불안 장애 발병률은 높아지고 있는데, 자신이 우울증이나 불안 장애임을 인식하는 사람들이 많아졌으며(유명인사들과 왕족들도 자신이 정신 질환을 앓고 있음을 거리낌 없이 털어놓는 시대이니까) 자료를 좀 더 수월하게 모을 수 있기 때문이기도 하지만, 21세기가 엄청난 스트레스를 받을 수밖에 없는 시대라는 사실도 그 이유가 될 수 있다. 이제는 여자아이가 불안 장애를 겪는 모습을 한 번도 보지 못했다는 주치의는 단 한 명도 없을 거라고 확신한다.

우울과 불안에 성 차이가 나타나는 이유는?

우울증이 발병한 사람이 세 명 있다면 그 가운데 두 명은 여자이다. 불안 장애도 비슷한 비율로 발병한다.

유아기와 사춘기 초기까지는 남자아이나 여자아이 모두 비슷한 비율로 우울증을 경험한다. 사춘기 초기가 지나면 남녀 차이가 나타나며, 그 차이는 계속 유지된다. 남자와 여자가 겪는 우울증은 그 양상이 다르며 증상이 나타나는 강도도 다르다. 우울증으로 힘들어하는 남자보다는 우울증으로 힘들어하는 여자에게서 식욕 상실, 불면증, 무기력, 피곤, 통증 같은 증상이 더 많이 나타나는 것 같다.

호모사피엔스 어른 남자도 우울증으로 고생하지만 남자들의 우울증 증상은 마약 복용, 알코올 중독, 폭력, 공격성 같은 '외현화 장애 externalising disorder'의 형태로 더 많이 나타난다.[122] 그와 달리 여자들은 '내현화 장애'라는 진단을 더 많이 받는데, 이런 증상은 청소년기에 처음 나타나는 경우가 많다. 내현화 장애에는 공황장애, 공포증, 사회 불안 장애, 강박 장애, 식이 장애, 외상 후 스트레스 장애 등이 있다. 또다시 말하지만 이런 차이도 **남녀의 평균 차이를** 의미하는 것으로 남녀가 겹치는 부분이 더 많다는 사실을 기억해야 한다.

여자가 남자에 비해 우울증과 불안 장애에 더 취약하다면 당연히 한 가지 의문이 생긴다. 왜 그런 걸까? 정신을 바짝 차리자. 하향식으로, 상향식으로, 밖에서 안으로 작용하는 다양한 요소들이 복잡하게 상호작용하고 있기 때문에 이 질문의 대답은 아주 복잡하니까.

2016년, 《랜싯 정신의학Lancet Psychiatry》에 실은 여성 정신 건강에 관한 일련의 글에서 독일 만하임 하이델베르크대학교 임상심리학 및 심리치료학과 교수 크리스티네 쿠에너Christine Kuehner는 우울증에 남녀 차이가 나타나는 이유를 다음과 같이 들었다.[122]

- ♀ 유전자와 성호르몬
- ♀ 스트레스에 대한 여성의 소극적 반응
- ♀ 여성의 낮은 자부심, 자기 몸을 부끄러워하고 진지하게 생각하며 되새기는 성향
- ♀ 폭력과 어린 시절 성적 학대를 당한 경험
- ♀ 성평등 결여와 차별

우울증과 불안의 기본 증상

때때로 슬퍼지고 기운이 빠지는 것은 사람이라면 누구나 겪는 일이다. 증상이 가볍고 잘못된 생활습관이 원인이라면 활기차게 걷고 좋은 음식을 먹고 밤에 푹 자는 것만으로도 그런 기분을 물리칠 수 있다. 하지만 우울증이 너무 심각하고 뚜렷한 원인이 없으며 고통스러울 정도로 강렬한 증상을 도무지 어떻게 해볼 방법이 없다면 전문가를 찾아가 치료를 받아야 한다. 나는 우울증이란 파란색을 아주 많이 칠하는 것이라는 설명을 할 때가 많다.

우울증으로 고생해본 적은 없지만 우울증으로 고생하는 사람들의 마음을 들여다보고 싶다면 앤드류 솔로몬Andrew Solomon의 2013년 TED 강의 〈우울증, 우리가 공유한 비밀Depression, the Secret We Share〉을 참고해보는 게 좋겠다.

컬럼비아대학교 임상심리학과 교수인 솔로몬은 우울증으로 고생하는 사람에 대해 이렇게 설명한다. "단순한 일상도 아주 힘든 일이 되어버립니다. 점심을 먹어야 한다는 결정을 내릴 때도 음식을 꺼내 접시에 담아 고기를 썰고 입에 넣고 씹어 삼키는 과정이 예수가 걸은 고난의 십자가 길처럼 생각되는 겁니다." 솔로몬은 우울증을 앓는 사람이 자신의 상태를 묘사할 때면 흔히 자신의 바람직하지 못한 정신 상태를 의식하는 자의식은 사라져버린다고 했다. "우울증은 그 사람을 휘어잡아버리기 때문에 도저히 빠져나올 방법을 알지 못합니다."[123]

비영리단체 비욘드블루는 우울증의 주요 증상이 다음과 같이 나타난다고 했다.

여자, 뇌, 호르몬

♀ **행동**: 외출을 하지 않고 가족과 친구들을 멀리하며 술이나 진정제에 의존하고 재미있는 활동을 전혀 하지 않는다.

♀ **감정**: 압도당하고 있다는 느낌이 들고 짜증 나고 자신감이 떨어지고 결정을 내리기 힘들며 끔찍하고 슬프다는 기분이 든다.

♀ **생각**: 다음과 같이 생각한다. '나는 실패자야.' '나한테는 좋은 일이 하나도 일어나지 않아.' '인생은 살 가치가 없어.' '모두 내가 없는 편이 더 나을 거야.'

♀ **신체 증상**: 하루 종일 피곤하고 잠을 제대로 자지 못하고 식욕이 없고 체중이 늘거나 준다.[124]

불안과 우울증은 같이 올 때가 많다. 동시에 시작해 서로가 서로를 강화할 수도 있고 한 가지가 시작되면 다른 문제가 따라올 수도 있다. 우울증 진단을 받은 사람 가운데 거의 절반 정도는 불안 장애 진단을 받을 수 있다.

불안은 전 세계적으로 가장 많이 볼 수 있는 정신 건강 장애이다.[125] 여성은 세 명 가운데 한 명 비율로, 남성은 다섯 명 가운데 한 명 비율로 살면서 불안 장애를 겪을 수 있다.

불안은 두려움을 정상적으로 조절하지 못하기 때문에 생긴다. 두려움은 위협을 인지했을 때 몸과 마음이 보이는 복잡한 반응이다. 사람은 안전해지기 위해 두려움을 진화시켰고, 두려움은 우리가 싸우거나 도망치게 만들어 위험한 상황에서 살아남게 만든다. 하지만 두려움이 계속해서 사라지지 않고 실제 위협에 비해 지나치게 두려워한다면 일상을 제대로 영위하지 못하고 불안 장애가 올 수도 있다.

비욘드블루는 불안 장애 증상은 수년에 걸쳐 서서히 발달할 때가 많으며 살아가는 동안 우리는 다양한 순간에 염려하고 걱정하기 때문에 어느 정도의 걱정이 지나친 걱정인지를 판단하기가 쉽지 않다고 했다. 지금 나에게 공황장애를 일으켰던 생물학 시험을 되돌아보면 그 말은 사실인 것 같다. 내 불안은 은밀하게 진행되었고, 공황발작이 일어났을 때는 이미 손을 쓰기에는 너무 늦어 있었다.[126]

범불안장애, 공포증, 분리불안, 공황장애를 비롯해 불안 장애에는 몇 가지 유형이 있다. 강박 장애, 외상 후 스트레스 장애 등의 질환도 불안이 주요 원인이다. 불안 장애는 저마다 독특한 특징이 있지만 비욘드블루는 다음과 같은 공통 증상이 있다고 했다.

- ♀ **행동**: 공부나 일, 사회 활동 같은 불안을 느낄 수 있는 상황을 피한다.
- ♀ **감정과 생각**: 과도하게 불안해하고 걱정하며 늘 최악의 상황을 상상하고 강박적인 생각에 사로잡혀 있다.
- ♀ **신체 증상**: 공황장애나 홍조가 나타나고 심장이 거칠게 뛰고 가슴이 답답하고 숨이 가빠진다. 안절부절못하고 긴장하고 초조해하고 불안해한다.

우울증을 앓고 있는 뇌는
어떤 모습일까?

정신 건강에 관한 통계는 다양한 방법으로 잘리고 썰리고 해석되기 때문에 좋은 소식을 전하는 경우가 거의 없다. 그렇다면 정신 건강과 관련해 누가 가장 위험할까? 십 대 아이들? 성 소수자들? 중년 남자들? 이제 막 어머니가 된 여자들? 오스트레일리아 원주민들? 노인들?

내가 감히 의견을 제시해도 될까? 인생의 전반기 어느 시점에 정신 건강과 관련해 문제를 겪는 것은 정상이지 지극히 예외적인 상황이 아니다. 실제로 평생을 정신 질환과는 전혀 상관없이 살아갈 수 있는 사람은 극히 드물다.

리치 폴턴 연구팀이 진행한 더니든 연구에서는 마흔 살이 될 때까지 어떤 형태로든 정신 질환을 앓는 사람은 전체 인구의 83퍼센트나 된다는 놀라운 결과가 나왔다. 지속적인 평온 상태를 누리는 사람이 다섯 명 가운데 한 명도 안 된다는 뜻이다.[127]

폴턴 연구팀은 말했다. "거의 모든 사람이 치료를 받아야 할 정도로 심각한 정신 질환을 경험한다는 주장에 독자들은 당연히 의문을 품을 것이다." 너무나도 놀라운 주장이기 때문에 여러분도 마찬가지

일 거라고 생각한다. 따라서 조금 시간을 내어 이런 주장을 하는 근거를 들여다보는 것이 좋을 것 같다.

정신 건강 관련 통계는 '2000년부터 2012년까지 정신 의학 관련 치료를 받은 덴마크 사람'이라든가 '2015년 한 해 불안 장애를 앓은 4세부터 17세까지의 오스트레일리아 아이들 14명'처럼 일정 기간 특정한 사람들을 조사해 결과를 낸다.[128]

더구나 통계 자료를 낼 때는 보고된 자료만을 대상으로 하는데, 아주 많은 사람이 증상이 있어도 병원에 가지 않는다는 사실을 생각해 보면 의료 자료만으로는 완벽하고 정확한 통계를 낼 수가 없다. 우울증으로 고생한 적이 있지만 그 사실을 잊고 있던 기억이 있는지를 묻는 방식으로 진행한 연구들도 있다. 수십 년 전에 있었던 일을 다시 떠올리라고 요구하는 방식은 건강 이력을 묻는 방식으로는 끔찍하고도 신뢰할 수 없는 방법이다. 편향된 보고에 의존하는 통계 연구에서는 보통 정신 질환을 앓는 비율이 실제보다 낮게 나온다.

더니든 연구팀은 수십 년 동안 계속해서 같은 사람들을 만나 조사를 하기 때문에 자료에 부실함이 많이 줄어든다. 더니든 연구에 참가하는 사람들은 태어난 뒤부터 몇 년에 한 번씩 연구소를 방문한다. 11세, 13세, 15세, 18세, 21세, 26세, 32세, 38세에 참가자들이 연구소로 오면 정신 건강 전문가들은 불안, 우울, 조현병, 약물 남용, 주의력 결핍 장애, 외상 후 스트레스 장애 등을 포함한 열한 가지 증상이 나타나는지 평가한다.

연구에 참가한 988명 가운데 83퍼센트는 마흔 살이 되기 전에 정신 건강 질환으로 분류할 수 있는 질병을 한두 개 정도 앓았다. 오직

여자, 뇌, 호르몬

17퍼센트만이 늘 '심리적으로 완벽하게 건강한' 상태로 연구소를 찾아왔다.

솔직히 말하면 나는 더니든 연구 결과에 신나기도 했지만 울적하기도 했다. 마침내 어째서 'R U OK?' 같은 정신 건강 캠페인이 사람들 심금을 울리며, 어째서 많은 사람들이 마음 챙김 수련을 하거나 명상을 하는지, 그 이유를 분명히 알 수 있게 되었다. 하지만 그와 동시에 정신 질환을 '정상'으로 생각해야 한다는 주장을 이해할 수가 없다. 도대체 왜 우리가 경험하는 우울한 기분을 거의 모두 질병이라는 관점에서 보아야 한다는 걸까?

이 문제에 관해 나는 정신 장애도 독감이나 신장결석, 골절처럼 아주 심각하지만 적절하게 치료를 받거나 시간이 흐르면 저절로 치유되는 흔한 질병처럼 여기고 치료해야 한다고 주장한 폴턴과 이야기를 나누었다. 폴턴은 과잉 진단과 치료의 부작용이 있을 수 있다는 우려보다는 자신의 연구 결과가 환자들이 받는 오명과 비난을 줄여주기를 희망하고 있었다. "정신이 아픈 사람들은 사회적으로 부당한 취급을 받고 있습니다. 우리는 대중매체에 나가 얼마든지 정신 건강과 정신 질환에 관해 말할 수 있지만, 그래도 많은 사람이 받는 오명은 바뀌지 않고 있고 그들이 도움을 요청하기는 더더욱 어렵습니다." 폴턴은 조금도 거리낌 없이 말했다.

당연히 건강한 17퍼센트는 어렸을 때도 아동 학대나 가난, 질병 등 정신 건강 장애를 일으킬 수 있음이 잘 알려진 예측 변인에는 거의 노출되지 않았다. 그와 달리 조현병이나 조광증, 외상 후 스트레스 장애 같은 심각한 질병을 앓는 사람들은 어린 시절에 흔히 앞으로 정

신 질환을 일으킬 수 있다고 알려진 예측 변인에 대부분 노출된 적이
있었다.

그런데 폴턴의 연구에서는 중요하게 비교해보아야 할 부분이 있었
다. 정신이 건강한 17퍼센트와 가벼운 불안이나 우울 장애를 겪은 경
험이 있는 사람들은 어린 시절에 겪어야 했던 역경이나 충격적인 경험
이 거의 없었다. 두 집단은 유아기의 기질과 가족의 정신 질환 병력에
서 차이가 났다. 건강한 17퍼센트는 폴턴이 고안한 '부정적 정서 반응'
항목에서 낮은 점수를 받았다. 이 사람들은 어렸을 때 정서적으로 힘
든 일을 겪지 않았고 친구가 많았으며 의지력과 자기 조절 능력이 뛰
어났다. 폴턴은 이들에 대해 이렇게 설명했다. "한 번도 외톨이라거나
걱정이나 슬픔이 잦고 눈물이 많은 아이였다는 평가를 듣지 않은 사
람들입니다."

그렇다면 정신 건강을 지속적으로 유지하는 것이 중요한지 의문이
생길 수도 있을 것이다. 건강한 17퍼센트는 행복을 누릴 수 있는 복권
에 당첨된 것일까?

예상했겠지만 그 17퍼센트는 살면서 좀 더 '바람직한' 결과를 누릴
수 있었다. 교육도 더 많이 받았고 더 많은 보수를 받는 직장에 들어
갔으며 인간관계도 아주 좋았다(이 사람들은 인간관계에서는 존중, 공정, 정
서적 친밀성, 신뢰, 솔직한 의사 표현이 아주 중요하다고 생각했다). 이 사람들
은 심리학에서 '번영하는flourighing'이라고 표현하는 사람들이다. 더니
든 연구에서는 특이할 정도로 꾸준하게 **신체** 건강을 유지해 100년 이
상 살아가는 100세 노인들처럼 희귀한 신체 건강 사례를 다루는 연
구들과 아주 유사한 결론이 나왔다.

여자, 뇌, 호르몬

우울증과 불안 장애를 조금도 겪지 않는 사람들은 살면서 아주 큰 이득을 얻을 수 있다. 그런 이득은 아주 어렸을 때부터 시작되며, 나이가 들수록 눈덩이처럼 불어난다. 어린 시절 겪을 수 있는 역경을 막아주는 풍성한 사회적 지지 기반은 과소평가할 수 없는 아주 큰 역할을 한다. 폴턴은 살면서 형성되는 사람의 유대감은 바뀔 수 있으며 어린 시절에 입은 손상도 훗날 따뜻하고 자애로운 인간관계를 형성한다면 치유될 수 있다고 했다.

해마의 크기가 줄어든다

우울증이나 불안 장애를 앓고 있음을 알려주는 혈액 검사 방법이나 생물 지표는 없다. 정신과 의사인 내 친구는 사람들이 말해주는 감정, 하는 행동, 생각을 근거로 우울증을 진단한다고 했다.

그렇다면 뇌 영상 촬영으로 우울증을 진단하거나 앞으로 우울증에 걸릴 가능성을 예측할 수는 없는 것일까? 국제 컨소시엄 ENIGMA는 우울증을 앓는 사람들 수천 명을 대상으로 진행한 뇌 영상 촬영 자료에서 우울증을 앓고 있는 뇌의 구조와 기능에 생긴 주요 이상을 몇 가지 찾아냈다.[129] ENIGMA는 같은 문제를 고민하는 여러 연구 기관이 서로 협력할 수 있는 방안을 모색하고 있다. ENIGMA의 목표는 필요한 표본 수를 크게 늘려 아주 근소한 경우가 많은 건강한 뇌와 건강하지 않는 뇌의 차이를 찾아내는 것이다.

ENIGMA 우울증 연구를 이끈 리앤 시말Lianne Schmaal은 이 연구가 우울증 환자들의 뇌 구조에 대한 메타 분석 연구 가운데 가장 규모가 큰 국제 연합 연구라고 했다. 시말은 이렇게 말했다. "이제 우리는 우울증 환자와 정상인에게 존재하는 미묘한 차이를 확인할 수 있는 강력하고도 신뢰할 수 있는 증거를 갖게 되었습니다."

이제 시말 연구팀은 우울증이 피질 하부와 피질의 회백질에 미치는 영향과 관계가 있는 자료는 분석을 끝냈고 백질 자료는 아직 살펴보는 중이다. 우울증을 앓는 사람 1728명과 건강한 사람 7199명을 비교한 결과 연구팀은 재발성 우울증을 앓는 성인은 건강한 사람보다 해마의 크기가 조금 줄어들었음을 발견했다. 뇌에서 해마는 감정을 처리하고 새로운 기억을 형성하는 일을 맡고 있다. 해마 '수축'(시말은 이 용어를 쓰고 싶어 하지 않았다) 현상은 십 대부터 우울증을 앓은 사람에게서 특히 두드러지게 나타났다.

우울증을 앓는 사람의 편도체는 해마 수축처럼 두드러지게 줄어들지는 않아도 아주 조금은 줄어든다. 편도체가 감정(특히 공포)을 처리하는 작용과 밀접하게 관련이 있다는 점을 생각해보면 우울증이 편도체에 영향을 미친다는 사실은 조금도 놀랍지 않다.

시말은 전 세계 20개 지역에서 우울증을 앓고 있는 2148명과 건강한 대조군 7957명의 피질 회백질을 비교하는 연구도 진행했다. 우울증을 앓고 있는 성인은 건강한 사람들보다 피질이 조금 더 얇았다(특히 완와전두피질, 뇌섬엽, 측두엽이 줄어들었다). 피질 회백질의 가장 큰 특징은 편도체와 해마와 밀접하게 상호작용한다는 것이다.

우울증이 있는 사람은 애초에 뇌가 '줄어들거나' '얇아지는' 성향이 있는 것일까, 아니면 우울증이 뇌에 손상을 입히기 때문에 줄어드는 것일까? 우울증을 단 한 번만 경험했거나 약하게 경험한 사람이 아니라 아주 오래 심각한 우울증을 앓은 사람에게서만 수축이 나타나는 것으로 보아 우울증이 수축의 원인이라고 생각하는 ENIGMA 연구원들도 있다.

우울증인 뇌는 건강한 뇌와 기능에 차이가 있을까?

우울증을 앓는 사람들은 뇌의 특정 부위에서 전기 활동이 눈에 띌 정도로 차이가 날 때가 많다. 특히 전전두엽피질과 편도체의 신경 활동 정도가 건강한 사람과 우울증인 사람은 차이가 날 때가 있었다.

건강한 어른은 편도체가 전전두엽피질을 하향식으로 조절해 감정을 억제한다. 뇌 영상 촬영 연구에서는 건강한 사람에 비해 우울증을 앓는 사람의 전전두엽피질은 **활동력이 떨어졌고** 편도체는 지나치게 활동적이었다. 우울증을 앓는 사람의 편도체는 '호전적'이라고 생각할 수 있을 정도로 활발했다.[130]

부정적인 감정 자극에 지나치게 민감하게 반응하는 호전적인 편도체는 우울증을 앓는 사람들은 자신이 살아가는 세상을 지나치게 부정적인 감정으로만 바라본다는(수많은 가설 가운데 단지 하나일 뿐인) 가설과 일치한다. 낙관주의자들이 장밋빛 안경을 쓰고 세상을 본다면 우울한 사람들은 회색 안경을 쓰고 세상을 본다.

변연계와 전전두엽피질이 제대로 대화하지 못하는 상황은 우울증을 앓는 어른 여성과 십 대 여자아이들에게서 모두 나타난다. 전전두엽피질과 변연계를 잇는 통신선이 아직 발달하지 않았다는 것도 십 대 아이들이 우울증에 걸리는 이유 중 하나일 수 있다.

분명히 말하지만 한 사람의 뇌를 촬영해 우울증을 진단할 수 있는 방법은 없다(우울증을 오래 앓은 사람이 아니라면 더더욱 불가능하다). ENIGMA에서 발견한 차이는 너무나 미묘해서 수천 명의 사진을 비교해야지만 간신히 찾아낼 수 있을 정도이다. 뇌 MRI 사진으로 남자인지 여자인지를 밝힐 수 없는 것처럼 뇌 사진으로는 우울증을 진단할 수 없다.

리앤 시말은 자신의 연구 결과는 신경과학에서 우울증의 '신경 상관물neural correlates'이라고 부르는 것을 보여주는 것으로 진단 도구는 아니라고 했다. 시말은 자신의 연구 자료가 결국에는 우울증이나 불안 장애를 앓고 있는 사람이 특정 항우울제나 심리요법에 반응할 것인지를 예측하는 데 도움을 주기를 바란다.

우울증이 뇌의 화학 불균형을 유발하는가?

이제 우울증이거나 불안 장애인 뇌를 좀 더 자세히 들여다보자.

TED 강연에서 앤드류 솔로몬은 자신이 항우울제를 복용했던 경험을 이야기해주었다. 청중은 솔로몬에게 '진정제happy pill'를 먹었을 때 행복해졌는지 물었다. 솔로몬은 그렇지 않았다고 대답했다. "하지만 점심을 먹는다는 생각에 우울해지지는 않았습니다. 자동응답기 때문에 우울해지지도 않았고 샤워를 해야 한다는 생각에 우울해지지도 않았습니다."[123]

항우울제는 우울증 치료를 할 때 가장 많이 사용하는 치료법 가운데 하나이다. 심각한 우울증을 앓는 어른의 경우 치료 효과가 뛰어나

여자. 뇌. 호르몬

다는 증거도 많이 있다. 그러나 다른 어른의 경우, 특히 우울증 정도가 심하지 않은 어른의 경우에는 위약보다 나은 효과는 없었다. 약한 우울증을 앓는 사람들은 심리 치료를 하고 정기적으로 운동을 하는 등 생활습관을 바꾸는 것이 훨씬 도움이 된다.[131]

의료계에서 사용하는 항우울제는 모노아민계 세 화학물질(세로토닌, 노르아드레날린, 도파민)에 작용한다고 여겨진다. 세로토닌은 감정과 기분을 조절하고 노르아드레날린은 스트레스와 주의력을 담당하며 도파민은 우리가 원하는 것을 말해줘 동기와 보상을 준다.

모노아민계 화학물질이 우울증과 관계가 있다는 생각은 1950년대에 나왔다. 의사들은 인도에서 고혈압을 치료하는 데 쓰는 레세르핀 reserpine(협죽도과 인도사목에서 추출한 화학물질)이 우울증을 유발한다는 사실에 주목했다. 레세르핀은 모노아민계 화학물질이 시냅스로 방출될 수 있도록 작은 주머니 안으로 들어가는 과정을 방해한다. 따라서 우울증은 시냅스 밖으로 모노아민계 화학물질이 충분히 방출되지 않기 때문에 생긴다고 추론해볼 수 있었다. 그 뒤, 시냅스로 분비된 모노아민계 화학물질의 분해 속도를 늦추면 우울증이 치료되는 사람도 있다는 사실이 이 발견을 뒷받침해주었다. 그 때문에 '우울증이 생기는 이유는 모노아민계 화학물질이 한두 개 결여되었기 때문'이라는, 겉으로 보기에는 충분히 논리적인 가설이 등장했다. (약을 복용해) 모노아민계 화학물질의 양을 늘리면 우울증을 치료할 수 있다고 말이다.

SSRI(선택적 세로토닌 재흡수 억제제)는 시냅스에서 세로토닌 수송 단백질serotonin transport protein(이하 SERT)이 활동하지 못하게 하는 항우울제이다. 신경세포는 상당히 효율적인 전기화학 체계를 갖추고 있다.

일단 시냅스로 세로토닌을 담은 주머니가 분비되면 작은 진공청소기처럼 작동하는 SERT가 즉시 세로토닌을 빨아들여 세로토닌을 분비하는 신경세포 안으로 다시 돌려보낸다. 그 때문에 세로토닌이 신체에 미치는 효과는 사라지고 신경세포는 다시 세로토닌을 포장해 사용할 수 있게 된다. SSRI는 SERT라는 진공청소기의 노즐을 막는 종이 덩어리처럼 행동해 세로토닌이 다시 신경세포 안으로 들어가지 못하게 막는다. 그 때문에 세로토닌은 시냅스 안에 더 많이 머물면서 더 강력한 효과를 낸다.

중요한 것은 SSRI가 전 세계 많은 사람의 삶을 개선해주었지만 모든 사람에게 적합한 약은 아니라는 점이다. 이것은 '우울증은 생화학적 불균형 때문에 발생한다'는 가설로는 풀지 못하는 수많은 의문과 약점 가운데 하나이다.

또 다른 의문은 약을 먹고 증상이 개선될 때까지의 시간 차이다. 항우울제는 복용한 날 뇌에서 모노아민계 화학물질이 상당히 많이 분비되게 한다. 하지만 기분은 2주나 3주 후에나 변한다(실제로 변한다면 말이다).

한 가지 명심해야 할 점은 아직 우리는 살아 있는 사람의 뇌에서 신경전달물질의 수치를 측정한 적이 없다는 것이다(지금 가지고 있는 자료는 모두 실험실 동물의 수치이다). 따라서 우리는 얼마나 많은 모노아민계 화학물질이 있어야 기분이 변하는지 알지 못한다. 흥미롭게도 티아넵틴tianeptine이라는 약은 SERT의 활동을 강화해 세로토닌을 낮추는데, 우울증 치료약으로 사용해왔다.

화학 불균형 가설은 생물·심리·사회·정신적 이유도 있음을 인정

여자, 뇌, 호르몬

하지 않고 우울증을 전적으로 뇌 화학물질의 문제로 치부한다는 비난도 있다. 하지만 나는 이런 비난이 타당하다는 생각을 단 한 번도 하지 않았다. 유전자와 염증, 사회적 고립, 스트레스 같은 요소들이 우울증을 일으키는지에 관한 연구들은 지금까지 건실하게 진행되고 있다. 신경과학은 비평가들이 생각하는 것보다 훨씬 범위가 넓다!

독자들은 세로토닌이 남자와 여자에게서 다르게 작용하는지 궁금할 것이다. 여자가 남자보다 세로토닌을 더 적게 만들며 세로토닌 수용체도 적다. 모든 연구가 그런 결론을 내리지는 않았지만 SSRI는 남자보다 여자에게서 더 효과적이었다는 연구 결과도 있다.[132] 세로토닌의 남녀 차이는 사춘기에 나타났다가 나이가 들면 사라지는데, 아마도 그 이유는 성호르몬의 작용 때문이라고 여겨진다.

설치류 수컷과 암컷을 대상으로 한 실험에서는 난소 호르몬이 세로토닌을 분비하는 뉴런의 전기 활동도 바꾸었다. 에스트로겐과 프로게스테론은 세로토닌의 합성과 분해, 시냅스에서의 제거 과정을 변화시켰다.

분명한 것은 우울증 치료는 단순히 신경전달물질의 재흡수를 막아 세로토닌 수치를 올리는 것만으로는 할 수 없는 어려운 과정이라는 점이다. 모노아민의 수치가 변했다는 사실은 해마의 크기가 정상보다 작다는 것만큼이나 우울증하고는 **상관이 없을 수도** 있다. 그보다는 생화학 특징에서 우울증과 뉴런이 맺고 있는 또 다른 상관관계를 발견할 수도 있다.

우울증의 남녀 차이는
성호르몬 때문인가?

쌍둥이는 부모도 같고 태아기를 보낸 자궁도 동일하며 같은 집에서 어린 시절을 보내고 일란성 쌍생아의 경우 DNA도 100퍼센트 같다. 일란성 쌍생아와 이란성 쌍생아는 유전자와 환경의 영향력을 비교해볼 때 자주 평가하는 대상으로, 쌍생아 연구에서는 치료를 받아야 할 정도로 심각한 우울증에 유전자가 미치는 영향력은 40퍼센트 정도라고 했다. 나머지 60퍼센트는 밖에서 안으로 작용하거나 하향식으로 작용하는 위험 발생 요인이 영향을 미쳤다. 유전이냐 환경이냐를 조사하는 연구들은 우리가 스트레스를 많이 받는 사건을 경험했을 때 유전자가 그 사건에 반응하는 민감성을 조절하는지를 알아본다.

폴턴은 대마초 때문에 조현병이 발병할 확률이 높아지는 사람도 있다는 연구 결과를 들어 유전과 환경의 상호관계를 설명했다. COMT 유전자가 있는 사람들이 청소년기에 대마초를 흡입하면 COMT 유전자가 없는 사람보다 조현병이 발병할 확률이 11배나 높아졌다. 전체 인구의 25퍼센트에서만 발견되는 이 COMT 유전자는 청소년기에 대마초를 흡연했을 때에만 정신 질환에 취약해졌다. COMT 유전자가 없거나 있다고 해도 어른이 되어 대마초를 흡입한 사람에게서는 정신 질환 발병률이 높아지지 않았다(풀턴은 "대마초를 피우고 싶다면 어른이 될 때까지 기다리는 게 좋습니다."라는 현명한 충고를 했다).[133]

유전과 경험의 상호작용은 민들레 어린아이와 난초 어린아이의 유전자 차이를 설명할 때도 소환된다. 2장에서 나는 회복력이 강한 아이도 있고 스트레스에 아주 취약한 아이도 있다고 했다. 강인하고 회복력이 높은 민들레 친구들과 달리 난초 아이들과 아주 민감한 어른들은 충분한 회복력이 없다. 난초들은 양육 환경에 따라 약해지거나 번영한다.[134]

COMT 유전자가 특별한 환경에서 정신 질환 발병률을 높이는 것처럼 '난초 유전자'도 극심한 스트레스에 민감하게 반응해 우울증 발병률을 높이고 있다고 여겨진다. 놀랍게도 난초 유전자는 SSRI(선택적 세로토닌 재흡수 억제제)가 차단하는 SERT(세로토닌 수송 단백질)를 지정하는 유전자다.

사람들은 모두 부모에게서 저마다 다른 길이의 SERT 유전자를 물려받는다. 긴 유전자를 두 개 받은 사람도 있고 짧은 유전자를 두 개 받는 사람도 있고 긴 유전자를 한 개 짧은 유전자를 한 개 받는 사람도 있다. SERT는 유전자 농도가 그 성질을 결정하는 단백질로 짧은 유전자가 한두 개 있다고 해서 우울증이 발병하는 것은 아니지만 스트레스를 받거나 힘든 경험을 했다면 긴 유전자를 두 개 가져 회복력이 높은 사람보다는 우울증에 걸릴 가능성이 크다.

정신 건강과 관련해 SERT는 상당히 많은 연구가 진행되어 있다. 짧은 SERT 유전자는 우울증부터 신경증, '호전적인' 편도체, 얼굴 붉힘,

사회적 불안에 이르기까지 모든 것과 관계가 있다.

더니든 연구는 짧은 SERT 유전자를 가진 사람은 스트레스를 받는 일이 생기거나 어린 시절에 학대를 받았을 경우(사실은 **오직 그런 경우에만**) 우울증에 걸리기 쉽고 자살까지 할 수 있다고 했다. SERT 유전자가 짧은 사람도 심각한 스트레스를 받지 않는다면 탁월한 회복력을 보였다.[135]

물론 과학은 그렇게 깔끔하고 정갈하게 정리되지 않는다. SERT 유전자와 스트레스 민감성에 관한 연구는 많은 논쟁을 불러일으켰다. 6장을 쓰고 있는 동안 발표된 한 메타 분석 연구에서는 짧은 SERT 유전자가 스트레스와 우울증을 한데 잇는 매개체라는 초기 연구 결과를 재현하는 데 실패했다. 이 메타 분석 연구는 연구 결과의 신뢰성을 높이려고 ENIGMA 같은 여러 연구소가 보유한 자료를 공유해 4만 3165명이라는 많은 표본을 검사했다.[136]

그런데 이 대규모 메타 분석 연구에서는 의도치 않게 우울증을 유발하는 두 위험 요소가 있다는 확고한 증거를 찾아냈다. 두 위험 요소는 바로 여자일 것, 그리고 스트레스가 많은 삶을 살아가고 있을 것이었다. 왠지 다시 원점으로 돌아온 것만 같다.

확실히 남자보다는 여자가 우울증에 걸릴 가능성이 높다. 4만 3165명을 검토한 메타 분석 결과가 그렇다는데 누가 토를 달 수 있을까? 그러니 이제 우리는 다시 호르몬을 탓하면 되는 것이다. 그런데, 과연 그게 사실일까?

에스트로겐이 뇌 건강을 향상하고 기분을 좋게 한다는 사실을 알면 놀라는 사람이 많다. 임상 연구 결과에 따르면 한 달을 기준으로 볼 때나 전체 수명을 기준으로 볼 때, 에스트로겐의 수치가 가장 낮을 때 정신 건강은 가장 취약하다.

예를 들어 45세 전에는 여자가 남자보다 조현병 발병률이 더 낮다. 그러나 45세가 넘으면 여자의 조현병 발병률은 남자보다 두 배 높아진다. 그 이유에 대해서는 가임기 여성의 몸에서 많이 분비되는 에스트로겐이 조현병 발병 시기를 늦추고 있을지도 모른다고 추론하고 있다.[137]

아주 드문 경우이기는 하지만 출산한 산모처럼 에스트로겐이 갑자기 줄어들 경우에도 정신 질환이 발병할 수 있다(출산한 여성의 에스트로겐 수치는 1000배 정도 낮아진다). 에스트로겐의 활동을 막아 유방암을 치료하는 타목시펜을 복용한 여자들에게서도 정신 질환 발병 사례가 보고되고 있다.[137]

아주 큰 변화는 아니지만 피임약으로 천연 에스트로겐의 수치를 떨어뜨리면 활기와 행복, 좋은 기분이 둔화되며, 에스트로겐의 수치가 낮을 때는 월경 전 불쾌 장애 증상이 나타날 수도 있다.

설치류 연구에서는 에스트로겐이 신경을 발화하고 시냅스 가소성을 강화하며 축삭돌기에 수초를 더 많이 만든다는 연구 결과가 나왔다. 에스트로겐은 항염증제, 항산화제 역할을 해 신경세포의 죽음을 늦추며 뇌 혈류의 흐름을 개선하고 포도당 대사를 향상한다. 또한 뇌 스스로 분비하는 화학 비료라고 할 수 있는 뇌유래신경영양인자brain-derived neurotrophic factor의 활동도 조절한다.

우리의 정신 건강이 에스트로겐의 수치 **감소에** 그토록 취약하다는 것이 분명하다면 에스트로겐의 수치를 되돌리는 방법으로 정신 질환을 치료할 수도 있지 않을까?

자야시리 쿨카르니는 그렇다고 믿는다. 쿨카르니는 항정신성 약물 치료를 받는 사람에게 피부에 흡수되는 에스트로겐 패치를 붙이자 항정신성 약물치료만 받는 사람보다 치료 효과가 더 좋다는 사실을 발견했다. 기분을 바꾸는 '호르몬'이라고 비난하기보다는 에스트로겐의 긍정적인 효과를 믿는 쿨카르니는 이런 말을 즐겨 한다. "여자가 잘하는 이유는 호르몬 때문이 아닌가요? 우리는 남자들한테도 우리 호르몬을 줘야 할 것 같아요."[138]

프로게스테론과 외상 후 스트레스 장애의 관계

물론 건강한 상태로 생리 주기에 아무 문제가 없는 여성에게 에스트로겐은 단독으로 작용하지 않는다. 에스트로겐 수치가 먼저 올라가고 그 뒤에 높아진 프로게스테론의 수치가 서로 겹치는 부분이 있기 때문에 두 호르몬의 역할을 정확하게 구별하기는 쉽지 않다(생리 주기와 피임약의 관계를 정확하게 해독하기 어려운 이유도 그 때문이다).

우울증과 불안 장애에 난소 호르몬이 하는 역할을 조금 더 자세하게 알고 싶었던 나는 뉴사우스웨일스대학교 신경과학자이자 임상심리학자 브로닌 그레이엄Bronwyn Graham을 만났다. 그레이엄은 설치류를 대상으로 하는 전통적인 실험실 연구와 사람을 대상으로 하는 임상 실험을 접목한 연구를 진행하고 있다.

그레이엄은 자신이 암컷 쥐는 호르몬이 너무나도 요동쳐 자료에 '잡음'을 너무 많이 넣기 때문에 수컷 쥐만 연구하는 '전형적인 신경과학자'로서 연구 인생을 시작했다고 했다. 성 차이를 연구하는 것은 '게으른 과학'이라고 생각했다고도 했다. 하지만 호기심은 결국 그녀를 이겼고, 그레이엄은 호르몬 변화가 심한 암컷 쥐를 자료에서 배제하는 것보다는 그 '소음' 자체를 연구하는 것이 훨씬 더 흥미로우리라는 사실을 깨달았다.

다행히도 그레이엄의 연구는 호르몬 변동이 스트레스에 반응해 불안을 느끼는 여성의 감수성과 외상 후 스트레스 장애 발병 가능성에 영향을 미친다는 사실을 보여주었다.[139]

외상 후 스트레스 장애는 자신의 생명이나 주변 사람의 생명을 위협하는 끔찍한 사건(교통사고 같은 심각한 사고나 폭행, 산불, 홍수 등)을 겪은 사람에게서 나타날 수 있는 특별한 반응이다. 외상 후 스트레스 장애를 겪는 사람은 강렬한 두려움, 무기력, 공포를 느낀다.[126] 끔찍한 사건 뒤에 외상 후 스트레스 장애를 겪는 비율은 여자가 남자보다 두 배 정도 많은 것 같다.

2017년 5월 말에 그레이엄을 만나려고 자동차를 몰고 가는 길에 라디오에서 영국 맨체스터 팝 콘서트 테러 소식이 흘러나왔다. 커피를 마시면서 나와 그레이엄은 콘서트에 왔던 여자들이 겪게 될 스트레스 장애에 관해 이야기를 나누지 않을 수가 없었다.

그레이엄은 테러 같은 끔찍한 사건을 겪은 사람들은 상당히 많은 경우에 외상 후 스트레스 장애 증상이 나타난다고 했다. 맨체스터 테러 희생자인 여자아이들은 계속해서 끔찍했던 순간을 떠올리지 않으려고 애쓰겠지만 원하지 않아도 끔찍했던 순간은 계속해서 떠오를 것이며, 많은 경우 바로 앞에서 보는 것처럼 끔찍한 장면이 생생하게 눈

앞에 펼쳐지고 밤에 악몽의 형태로 찾아올 것이다. 그런 끔찍한 기억
은 땀을 내거나 심장을 요동치게 하거나 공포에 질리게 하는 등, 몸과
마음에 강렬한 반응을 일으킬 것이다. 아주 예민하고 민감해져서 잠
을 자지 못하거나 감정적으로 무감각해질 수도 있다. 시간이 지나면
끔찍한 사건을 겪은 사람들 가운데 80퍼센트에서 90퍼센트가량은 저
절로 회복된다. 가족사, 그보다 앞서 겪은 정신 건강 문제, 취약한 유
전자, 활용할 수 있는 사회적 지원 등이 앞으로 심각한 외상 후 스트
레스 장애로 발전할 것인가 말 것인가를 결정한다.

　충격을 받을 때 생리 주기의 어느 시점에 있느냐가 외상 후 스트레
스 장애로 이어질 가능성을 바꾸기도 한다는 점이 흥미롭다. 성호르
몬이 스트레스 호르몬과 상호작용해 충격을 대하는 우리의 반응에 영
향을 미친다는 주장을 뒷받침하는 증거들이 계속해서 나오고 있다.[140]

　그레이엄은 생리 직전과 같이 에스트로겐 수치가 낮고 프로게스테
론의 수치가 높을 때 충격을 받으면 그 사건이 훨씬 깊이 각인된다는
가설을 세웠다. 기억 과잉 압밀memory overconsolidation이라고 하는 이
런 상황이 원치 않는 고통스러운 기억을 계속해서 소환하는 이유라
고 여겨진다. 4장에서 살펴보았듯이 생리 주기 가운데 에스트로겐 수
치가 낮고 프로게스테론 수치가 높은 황체기는 감정과 관계가 있는
기억이 훨씬 오랫동안 지속되는 경향이 있다.

　널리 알려져 있듯이 에스트로겐은 우리를 보호해주는 호르몬으로
배란기 때 분비된 에스트로겐은 불안을 잠재워주는 역할을 한다. 충
격을 받았을 때 에스트로겐의 수치가 높았던 여자들은 (수치가 낮았던
여자들에 비해) 두려움 소거fear extinction 현상을 더 많이 경험한다고 알

려져 있다. 두려움 소거 현상이란 시간이 지나면서 끔찍한 기억이 점점 완화되고 떠오르는 빈도가 줄어드는 것을 말한다. 현재 두 연구가 그레이엄의 흥미로운 가설을 뒷받침해주고 있다.

한 연구는 큰 사고(대부분은 교통사고였고, 나머지는 높은 곳에서 떨어졌거나 성과 관계가 없는 폭행을 당한 경우)로 오스트레일리아 시드니 웨스트미드 병원에 입원한 여성 138명을 대상으로 플래시백(갑자기 역사적인 장면이나 과거 기억이 떠오르는 현상-옮긴이) 같은 외상 후 스트레스 장애 증상을 조사해보았다. 호르몬 수치는 마지막으로 끝난 생리 날짜를 근거로 추측했다. 그 결과 사고를 당할 때 프로게스테론의 수치가 높은 황체기였던 여자들이 플래시백을 더 많이 경험했음을 알 수 있었다. 사고를 당했을 때 황체기였던 여성은 플래시백을 다섯 명 가운데 한 명이 경험했고(22퍼센트), 그 외 시기였던 여성들은 열 명 가운데 한 명(9퍼센트)이 플래시백을 경험했다.[141]

《법의간호학 저널Journal of Forensic Nursing》에 실린 또 다른 연구는 6개월 전에 성폭행을 당한 여성 111명을 조사한 것이었다. 이 여성들 가운데 사후피임약을 복용했거나 그 전부터 피임약을 복용하고 있던 사람들은 외상 후 스트레스 장애 증상이 나타나는 정도가 피임약을 복용하지 않은 사람들보다 덜했다.[142] 다른 연구들에서도 피임약이 심리사회적 스트레스에 여성들이 반응하는 정도를 낮춘다는 결과가 나왔다.[143] 그레이엄은 피임약은 모두 천연 프로게스테론의 수치를 낮추기 때문에 기억 과잉 압밀이나 불쑥 튀어나오는 기억을 줄인다고 설명했다.

호르몬과 외상 후 스트레스 장애에 관한 이런 연구 결과들은 충분히 흥미롭지만 뇌와 피임약의 관계를 다룬 많은 연구가 그렇듯이 이 분야의 연구도 아직은 사춘기에도 이르지 못했다. 생리 주기, 경구피임약 복용, 외상 후 스트레스 장애나 불안 장애 발달에 관해 알아낸 내용을 현실 세계에서 적절한 조언으로 바꾸기는 어렵다. 피임약이 외상 후 스트레스 장애를 막아줄 '백신'이라는 등의 조언은 할 수 없는 것이다.

브로닌 그레이엄은 그런 상황을 잘 알고 있어서 임상심리학자로 환자를 대할 때면 어째서 자신이 환자를 돌보고 있는지와 관계가 있는 무수한 이유에 대해서는 크게 생각하지 않는다고 했다. 그보다는 그저 한 사람이 조금 더 나아질 수 있도록 돕는 데 집중한다고 했다. "나는 발이 부러져서 병원에 왔는데 의사가 도대체 왜 나무에서 떨어졌고, 어떻게 다리를 부러뜨릴 수가 있었는지를 파악하느라 몇 시간을 소비하지는 않는다는 말을 자주 합니다. 의사들은 그저 부러진 다리를 살펴보고 어떻게 고칠 수 있는지만 고민합니다. 정신 건강 치료도 그래야 한다고 생각합니다."

내면의 비열한 여자아이

자기 자신에게 말을 하는 식으로 친구나 아이들, 반려동물에게 말을 거는 사람은 없을 것이다. 자기 안의 부정적인 말투가 우울증의 남녀 차이를 만든다. 여자아이나 어른 여자들의 내면의 목소리는 남자들보다 훨씬 크고 심술궂다.

내가 찾은 연구 가운데 사춘기 초기 우울증을 다룬 연구는 특히

여자, 뇌, 호르몬

흥미롭다. 그 연구에서는 여자아이들이 자꾸 지난 일을 떠올리는 성향을 연구했다. 다시 말해서 문제가 생겼을 때 해결 방법을 찾기보다는 과거 일을 '지나칠 정도로 과하게' 생각하거나 그때 느낀 감정을 계속해서 강렬하게 떠올리는 성향을 연구한 것이다. 지난 일을 되돌아보는 반추rumination는 우울증을 불러일으킨다고 알려진 위험 인자로 결국 무기력과 비관, 자기비판으로 이어진다. 자기 자신을 부끄러워하고 죄의식을 느끼는 방식에서 나타나는 남녀 차이는 충분히 예상할 수 있듯이 자기 몸에 특히 불만을 갖게 되는 사춘기에 나타나기 시작한다.

흔들의자처럼 고민을 한다는 말이 있다. 흔들의자는 끊임없이 움직이지만 다른 곳으로 떠날 수는 없다. 십 대 여자아이들은 함께 반추해줄 친한 친구가 있을 때 덫에 걸리기 쉽다. 그런 친구와의 우정은 정서적 친밀감을 높여준다는 장점이 있지만, 계속해서 한 가지 문제를 함께 이야기하고 고쳐 말하고 추측하면서 오히려 더욱 스트레스가 쌓여 우울증이 악화될 수도 있다.

성격도 우울증에 영향을 미치는 하향식 요인이다. 심리학자들은 개방성, 성실성, 외향성, 원만성, 신경증을 성격의 다섯 가지 특성이라고 부른다. 각 특성은 연속체로서의 한 사람이 소유하고 있는 성향과 사고 습관, 다른 사람과 세상과 관계를 맺는 방식을 나타낸다. 부정적 정서가 강한 신경증인 사람은 정서가 안정되어 있고 스트레스에 민감하지 않은 사람들보다 걱정이 많고 아주 예민하며 신경이 날카롭고 초조해하며 마음을 졸이는 경우가 많다. 냉정하고 차분하고 무심한 '007' 시리즈의 제임스 본드와 불안하고 초조한 〈사인펠트〉의 조지

콘스탄차를 떠올려보면 무슨 말인지 알 수 있을 것이다.[122]

더니든 연구는 이제 막 성인이 된 더니든 아이들은 성실성과 원만성 지수가 낮고 신경증 지수가 높아 우울증에 걸릴 가능성이 높다고 했다.

여자, 뇌, 호르몬

우울증과 스트레스는
어떤 관계일까?

어쩌면 지금까지 매번 반복해서 나오는 주제가 (여자라는 것은 말할 것도 없고) 스트레스임을 눈치챘는지도 모르겠다. 어쩌면 자연이 (유전자나 호르몬, 성격, 사회적 지원, 생물적 성이라는 형태로) 총알을 장착하고 있다가 스트레스를 받으면 발포하는지도 모르겠다.

우리는 모두 스트레스에 다양한 방식으로 반응하며, 한 사건을 스트레스라고 느끼는 정도도 사람마다 다르다. 나로서는 견딜 만한 스트레스라고 느끼는 사건도 사람에 따라서는 몸이 반응할 정도로 아주 위협적인 스트레스라고 느낄 수도 있고 그 반대 경우도 있을 수 있다. 2010년 9월, 한밤중에 크라이스트처치에서 큰 지진이 발생했다. 그로부터 며칠 뒤에 나는 그곳에 있는 가족을 보러 갔는데, 저녁에 함께 소파에 앉아 있던 내 동생은 어두워질 때면 아주 불안해지고 겁이 난다고 했다. 지진은 낮에도 발생할 수 있고 밤에도 발생할 수 있는데도 아주 민감해진 내 동생에게는 어둠이 새로운 스트레스 유발 요인이 되었던 것이다.

실제로 존재하거나 상상 속에서 만들어진 압박이 우리가 처리할 수 있는 능력을 넘어설 때 사람들은 스트레스를 느낀다. 자신을 격려해줄 수 있는 실질적이고도 사회적이고 감정적인 자원을 얻을 수 있는가 없는가는 스트레스를 처리할 때 아주 중요한 요인으로 작용한다. 중요한 것은 실제로 겪은 사건이 아니라 우리가 그 사건을 어떤식으로 느끼며, 그 느낌이 얼마나 오래갈 것인가일 때도 있다. 문제는반복해서 스트레스를 받거나 오랜 기간 스트레스를 받을 때 생긴다.

그렇다면 스트레스 요인은 정확히 어떤 방법으로 우울증을 유발하는 신체 반응을 이끌어낼까? 이 질문에 대한 답을 찾으려면 먼저 우리 몸에서 스트레스 반응은 어떤 식으로 작용하며, 스트레스 반응이몸과 뇌를 어떤 식으로 통합하는지부터 자세히 들여다보아야 한다.

코르티솔 수치와 우울증의 관계

스트레스 반응은 교감신경계SNS와 HPA(시상하부-뇌하수체-부신) 축이라는 두 생체 경로가 함께 협력해 조절한다. 이 두 체계는 우리 몸의 생리 균형을 유지하는 역할을 한다. 과학자들이 사용하는 용어대로라면 '항상성homeostasis'을 유지하는 일을 하는 것이다.

교감신경계는 최전선에서 '싸우거나 도망가기' 반응을 담당하며, 콩팥 위에 살짝 올라가 있는 부신수질을 활성화시킨다. 부신수질은 아드레날린과 노르아드레날린을 혈관으로 분비해 '싸우거나 도망가는' 능력을 높여준다.

HPA 축은 반응 속도는 느리지만 훨씬 오래 지속된다. HPA 축의구성 요소인 부신피질은 우리 몸이 분비하는 호르몬 가운데 가장 크

여자, 뇌, 호르몬

게 오해를 받고 있으며 비방을 받는 호르몬 가운데 하나인 코르티솔을 분비한다.

코르티솔은 부당한 비난을 받고 있다. 사실 나는 코르티솔을 골디락스 호르몬이라고 생각하는 것이 좋지 않을까 생각한다. 체내 코르티솔은 아주 적절한 양만 있어야 한다. 코르티솔이 아주 많거나 적으면 건강에 문제가 생긴다. 다른 모든 호르몬처럼 코르티솔도 문에 걸린 자물쇠를 푸는 열쇠일 뿐이다. 코르티솔이 열어야 하는 자물쇠는 글루코코르티코이드 수용체GR이다. 코르티솔의 행동은 글루코코르티코이드 수용체가 결정하는데, 특히 수용체의 수와 위치가 중요하다. 글루코코르티코이드 수용체는 HPA 축에 음성 피드백을 조절한다. 즉 코르티솔의 분비를 막는 것은 바로 코르티솔 자신이라는 뜻이다.

우울증을 앓는 사람 중에는 글루코코르티코이드 수용체가 제 기능을 하지 못해 HPA 축이 과도하게 활동하게 되고 결국 몸과 뇌에 코르티솔이 많이 쌓이는 사람도 있다. 이런 상태를 '글루코코르티코이드 내성glucocorticoid resistance'이라고 한다.

HPA 축이 제대로 활동하지 않는 우울증도 있는데, 이런 우울증은 남자보다는 여자가 훨씬 많다. 여자는 남자보다 스트레스 반응 정도가 조금 약한데, 그 이유는 충분히 예상할 수 있듯이 HPA 축과 HPO(시상하부–뇌하수체–난소) 축이 상호작용하기 때문이다. 스트레스를 받은 HPA 축이 활동을 시작하면 에스트로겐의 분비량이 줄어드는데, 에스트로겐은 HPA 축의 반응을 강화할 수 있다.[140]

스트레스에 대한 성 차이도 사춘기 때 시작된다. 사춘기 여자아이들의 우울증 발병률이 높아지는 이유를 HPA 축과 HPO 축의 협력

관계가 이 무렵에 성숙하기 때문이라고 설명하는 가설도 있다.

네덜란드 과학자 알버틴 올데힌켈Albertine Oldehinkel은 흐로닝언 사회적 스트레스 검사라는 상당히 '고약한' 실험을 진행해 남자와 여자가 스트레스에 어느 정도나 다르게 반응하는지를 알아보았다.[144] 실험에 자원한 사람들이 연구소로 와서 혈압을 측정하고 타액 검사로 코르티솔의 수치를 검사하면 올데힌켈은 곧바로 자원자들에게 6분 동안 살아온 삶에 관해 즉석연설을 해보라는 요구를 했다. 그리고 그 연설은 녹음해 평가하고 친구들이 점수를 매기게 될 거라는 말도 했다. 즉석연설이 끝나면 이번에는 사람들 앞에서 1327부터 17씩 빼보라고 하고, 지원자들이 지시한 대로 하는 동안 큰 소리로 "손 좀 꼼지락거리지 말고 가만히 놔둬요."라거나 "너무 늦어요. 시간이 없으니까 빨리 하세요." 같은 명령을 내렸다. 당연히 모든 실험이 끝났을 때 자원자들의 혈압과 침 속 코르티솔의 농도는 아주 높아져 있었다.

올데힌켈의 연구는 사회적 스트레스를 받을 경우 십 대 여자아이들과 성인 여자들보다는 십 대 남자아이들과 성인 남자들이 더 큰 코르티솔 반응을 보인다는 사실을 보여주었다. 이런 성 차이는 사춘기에 시작되었다가 갱년기가 되면 사라지는데, 여성의 경우 생리 주기에 따라 달라지며 피임약을 복용했을 때도 코르티솔 반응은 달라진다. 올데힌켈은 논문에서 "우리는 특히 스트레스에 대해 무뎌진 코르티솔 반응이 스트레스를 받는 사건이 일어난 뒤에 우울증 발병 가능성을 크게 높이고 있는 것은 아닌가 생각한다."라고 했다. 스트레스를 받는 동안 코르티솔 수치가 높으면 우울증이 발병할 가능성이 낮아진다는 반직관적인 결과가 나온 연구도 많다.

여자, 뇌, 호르몬

올데힌켈은 코르티솔은 무엇보다도 포도당 수치를 높여 몸이 스트레스 상황에 대처할 수 있게 준비시킨다고 했는데, 몇 가지 이유로 남자들이 더 격렬하게 반응한다. 올데힌켈은 이렇게 말했다. "여자는 스트레스에 대항하는 코르티솔의 반응이 무디기 때문에 에너지 공급량이 줄어들고 피로를 느끼게 되며, 결국 우울증 증상이 나타날 수 있다. 무뎌진 스트레스 반응이 잘못된 대체 전략을 하도록 신호를 보내기 때문에 스트레스를 받는 경험을 하면 불편한 감정을 느끼고 제대로 조절할 수 없게 되는지도 모른다."

염증도 우울증의 주범일까?

'염증'은 현재 가장 중요한 건강 전문 용어가 되었다. 이미 심장 질환, 비만, 대사 장애를 일으키는 원인으로 지목된 염증은 알츠하이머병이나 다발성경화증은 물론이고 어쩌면 우울증에 이르기까지, 여러 뇌 질환의 원인이라는 증거가 점점 쌓이고 있다.

뇌에는 자체 면역계가 존재한다(태아가 자라는 동안 뇌 안으로 이동한 소신경교세포microglia도 그 일원이다). 언제나 뇌에 머무는 소신경교세포 외에도 뇌와 말초면역계 사이에는 친밀한 소통 통로가 존재한다.

바이러스나 상처 같은 육체적 위협뿐 아니라 스트레스나 역경 같은 사회적 문제들도 '전염증성 사이토카인pro-inflammatory cytokine(상처가 나거나 감염됐을 때 면역 반응을 유도하는 전령 분자)'의 분비를 촉진한다고 믿는 과학자들도 있다.

그런데 불안 장애나 우울증을 앓을 때는 사이토카인의 수치가 달라진다. 사람과 동물 연구에서 염증성 사이토카인을 주입하면 우울증 증상이 나타난다는 연구 결과를 얻었다.[145] 항우울제에 반응하지 않는 우울증 환자에게 항염증제를 투약하자 증상이 개선되었다는 임상 연구 결과도 있지만, 이 경우는 이미 염증성 사이토카인의 수치가 증가해 있는 상태였다.[146]

진화적 관점에서 병원체의 공격을 성공적으로 방어를 한다는 것은 면역계를 활성화하는 것 말고도 미래에 있을 공격을 극도로 경계한다거나 아프거나 상처를 입었을 때는 (베개를 뒤집어쓰고 침대에 누워 있는 것처럼) 숨는 등의 행동을 한다는 뜻이다. 우울증과 유사한 '아플 때 하는' 행동들은 여성의 생존에 유리했는데, 그 이유는 여자들은 주로 육아 같은 가정 활동을 많이 했으며 남자들은 사냥 같은 모험을 하고 식량을 구하고 가족 구성원을 보호하는 역할을 했기 때문이다.

그렇다면 우울증은 염증의 부작용일까? 어쩌면 그럴 수도 있다. 염증과 우울증은 서로 관계가 있을 수도 있지만 어떤 한 반응이 다른 반응을 직접 유도한다는 분명한 증거는 없다. 우울증으로 고생한다고 해서 반드시 염증이 있는 것은 아니다. 그와 마찬가지로 염증 수치가 아주 높다고 해서 모두 우울증으로 발전하지는 않는다. 지금까지 살펴본 것처럼 우울증은 사람마다 다른 강도와 다른 조합으로 한데 섞여 나타나는 다양한 위험 요소와 회복력이 복잡하게 상호작용한 결과이다.

스트레스와 염증, 우울증에 관심이 있는 카민 파리안테Carmine Pariante는 다음과 같이 말했다. "한 가지 확실한 것은 전반적으로 우울증과 정신 건강 문제는 더는 정신 장애로만 볼 수도, 뇌의 장애로만 볼 수도 없다는 점입니다. 면역계가 감정과 행동에 크게 영향을 미친다는 사실은 정신 건강이 사실은 전체 몸의 건강임을 보여줍니다."[147]

스트레스와 젠더 불평등

전 세계적으로 여자아이들과 어른 여성은 강간이나 강제 결혼, 친밀한 파트너의 폭력, 생식기 할례, 유아 성적 학대 같은 젠더 기반 폭력에 남자보다 훨씬 많이 노출되어 있다. 유아 성적 학대를 당하는 여자아이는 다섯 명 가운데 한 명 정도이지만 남자아이는 열 명 가운데 한 명 미만으로 추정하고 있다. 이 같은 추정치는 최소한의 추론이고 세계보건기구가 발표한 내용에 따르면 그 수치가 70퍼센트에 달하는 나라도 있다.[148]

《랜싯 정신의학》에 실은 논문에서 쿠에너는 "어린 시절에 성적으로 학대를 당했거나 폭력을 경험하는 등의, 특히 여자아이들과 여자에게 가해지는 심각한 불행을 겪었다는 것도 사회적 성 차이가 나타나는 이유일 수 있다."라고 했다.[122]

쿠에너는 정치 참여 기회, 경제 자립 능력, 생식권 같은 사회적 성에 가해지는 불평등이 남녀의 우울증 차이를 만들고 있다고 지적한다. 예를 들어 미국에 사는 여성의 경우 젠더 평등 지수가 낮은 주에 사는 여자들에게서 젠더 평등 지수가 높은 주에 사는 여자들보다 더 많은 우울증 증상이 나타난다는 연구 결과도 있다.[149] 유럽도 상황은 비슷했다.[150]

2017년 전 세계 여성 행진Women's March과 갑자기 우리의 집단의식

속에서 빠르게 싹트고 있는 구호들(나는 '그럼에도 불구하고 그녀는 지속한다'가 가장 마음에 든다)은 젠더 평등과 여성의 권리를 인정받으려면 우리가 얼마나 먼 길을 가야 하는지를 선명하게 드러내고 있다. 2017년 말, 전 세계 소셜미디어는 미투 운동으로 후끈 달아올랐는데, 많은 여자들이 자신의 상태 알림난에 'Me too'라는 글을 달아 자신도 성폭행과 성추행을 당한 적이 있음을 알렸다는 사실은 세계보건기구의 발표가 신빙성이 있음을 말해준다.

언제나 모두에게 효과적인 치료법은 없다

이쯤에서 우리는 신경과학이 정신 질환을 어느 정도까지 해명할 수 있는지 생각해보는 것이 좋을 것 같다. 심리학과 정신의학에서는 언제나 '환원주의를 택하려는 유혹'과 신경과학이 신경·유전적 기반을 살펴 정신 질환을 설명하고 치료할 수는 있는가에 늘 비판적이었다. 나로서는 정신 질환을 신경과학의 렌즈로 들여다보는 일은 해답을 제시하려는 시도가 아니라 그저 우리가 활용할 수 있는 다양한 렌즈 가운데 하나를 사용하는 일이라고 생각한다.

우울증과 불안 장애를 치료하는 방법은 아주 많다. 그 방법들은 대략 다음과 같이 분류할 수 있다.

내과적 치료 방법
- ♀ 항우울제, 항불안제 처방
- ♀ 전기 경련 요법, 경두개 자기 자극법 같은 전기 자극 치료

여자, 뇌, 호르몬

심리 치료 방법

- ♀ 인지 행동 코칭 같은 대화 치료
- ♀ 마음 챙김 기반 치료
- ♀ 관계요법

생활습관 개선 치료

- ♀ 운동, 식습관 개선, 마사지, 수면, 마음 챙김, 명상 등

믿을 만한 의사와 치료사는 모두 치료 방법이 과학적으로 효과가 있다고 해도 모든 사람에게 동일한 효과가 나오지는 않는다고 말할 것이다. 다시 말해서 언제나 모든 사람에게 효과가 있는 치료법은 어디에도 없다.

몸과 마음의 건강에 관해서는 엄청난 주장과 반대 주장, 비난과 상반되는 정보가 난무한다. 나는 모든 정신 건강을 단번에 치료할 수 있는 만능 해결법이 있다거나 당신은 '약하다'거나 '페미니스트가 아니다'라거나 '항우울제를 복용하면 치유 과정에서 벗어나는 것이다'라는 식으로 특정한 방법에 낙인을 찍는다거나 전혀 도움이 안 되는 말을 하는 사람이 있다면 어서 빨리 다른 사람을 찾아보라고 조언해주고 싶다. '진실'이라는 단어도 위험 신호라고 생각한다. 당신을 위해 적절한 해결책을 제시해주는 사람을 찾아야 한다.

비욘드블루는 그 점을 명확히 했다. "(한 치료 방법이) 일반적으로 많은 사람에게 효과가 있다고 해도 어떤 사람에게는 합병증이나 부작용을 불러올 수도 있고, 생활방식에 전혀 맞지 않을 수도 있다. 가장

좋은 전략은 대부분의 사람에게 맞는 방법으로 치료를 해보고 불편하지 않은지 살펴보는 것이다. 충분히 빠른 속도로 회복되지 않거나 오히려 문제가 생긴다면 다른 방법을 시도해보는 것이 좋다."

또 한 가지 고려해야 할 요소는 신념체계이다. 치료는 받는 사람이 치료사를 믿을 때는 훨씬 좋은 효과가 난다. 위약이 강력한 효력을 발휘하는 것은 바로 그 때문이다. 흥미롭게도 가장 강력한 위약 효과를 내는 것은 병을 치유하는 인간관계이다. 인간관계, 그러니까 한 사람이 받는 사랑과 애정은 스트레스를 막아주는 궁극의 완충제 역할을 해주며 수많은 질병의 치료약이 되어준다.

섹스와 사랑의
신경생물학

사랑을
생물학으로 들여다볼 때

자외선으로 불을 밝힌 방에서 진과 토닉을 섞으면 밝게 빛나는 파란
색 액체를 마시게 된다. 토닉에는 원래는 말라리아를 치료하는 데 사
용했던 화학물질 퀴닌quinine이 들어 있기 때문이다. 퀴닌은 적절한
파장의 빛을 쏘이면 형광을 발한다. 한 대학 강사에게 그 이야기를
들은 후부터 나와 내 가장 친한 친구는 1990년대 말의 상당 시간을
강렬하게 빛나는 파란색 진토닉을 손에 들고 클럽과 파티에서 어슬렁
거리며 보냈다. 파란색 진토닉은 우리가 대화를 시작할 수 있게 해주
는 매개체였고 유혹하기 위한 수단이었고 구애의 도구였다.

1999년 1월에 내 진토닉과 나는 옥스퍼드 벤버리 로드에 있는 집에
서 배회하고 다니다 내 진토닉만큼이나 밝게 웃는 젊은 아일랜드 경
제학자와 눈이 마주쳤다. "지금 마시는 게 뭐야?" 그 아일랜드 경제
학자는 물었고 나는 대답했다. "내가 자외선에 관해 말해줄게." 우리
는 그 즉시 서로에게 끌렸다. 우리 두 사람은 이자율과 시냅스에 관
해 이야기를 나누었다(나는 지금이자와 미수이자에 어떤 차이가 있는지 전혀
몰랐고, 그는 아주 끈기 있게 설명해주었다). 진토닉에 완전히 젖은 상태로

여자, 뇌, 호르몬

대화를 나누는 동안 그 경제학자는 '시냅스'가 라틴어로 '걸쇠, 함께하다, 묶다, 매다, 연결하다'라는 뜻임을 알게 되었다. 시냅스라니, 정말로 선견지명이 있는 단어였다. 그 뒤로 우리는 정말로 하나로 묶여버렸으니까. 맞다. 나는 과학 용어로 내 남편을 유혹했다. 처음에는 물리학으로, 그다음에는 신경생물학으로.

사랑은 수많은 위대한 예술과 문학 작품과 끝도 없이 많은 노래 가사에 영감을 주었고, 수많은 가족의 토대를 형성해주었으니 사랑을 신경과학의 렌즈로 들여다볼 생각을 한다는 사실 자체가 신성모독일 수도 있음을 잘 알고 있다. 하지만 사랑은 정말로 생물학적이며 우리의 몸과 마음에 깊은 영향을 준다. 사랑받는 관계를 맺지 못한다면 아기들은 제대로 자랄 수 없다. 가정 폭력에 노출된 아이들은 한평생 사라지지 않는 심리적 흉터를 갖게 된다. 괴롭힘을 당하거나 짝사랑으로 힘든 십 대 아이들은 자살을 택하기도 한다. 주변 사람들의 도움을 받지 못하는 산모는 산후 우울증에 시달릴 수도 있다. 결혼 생활도 건강과 관계가 있다. 평균적으로 결혼한 사람이 혼자인 사람보다 더 건강하다. 혼자서 생활하는 노인이 치매에 걸릴 확률은 하루에 담배를 한 갑씩 피우는 사람이 치매에 걸릴 확률과 같다. 섹스를 생물학이라는 렌즈로 들여다본다는 생각은 그보다는 덜 불편하다. 가장 성적인 기관은 생식기가 아니라 뇌라는 말은 흔히 들을 수 있다. 섹스는 어쩌면 상향식으로 영향을 미치는 요인, 밖에서 안으로 영향을 미치는 요인, 하향식으로 영향을 미치는 요인을 모두 갖는 가장 궁극적인 생명 활동일 수도 있다.

7장에서는 상대방에게 느끼는 매력과 욕망, 성반응주기, 오르가슴의 신경생물학에 관해 탐구할 것이다. 침실 문을 닫고 낭만적인 사랑과 애착이, 두 사람의 사회적 관계가 스트레스를 어떻게 완화해주는지를 집중적으로 탐구해보자.

매력의 연금술

십 대였을 때 나는 마음속으로 내 이상형을 그리면서 몇 시간이고 우리가 만나게 될 장소를(조금 당혹스럽지만 나는 도서관에서 주로 시간을 보내는 아이였으니까 나의 상상 속 장소는 도서관일 때가 많았다), 우리가 손을 잡고 걷게 될 해변을, 우리가 나눌 마음 깊은 대화를 상상해보고는 했다. 세계적으로 유명한 킨제이 성의학 연구소의 생물인류학자인 헬렌 피셔는 이상형을 그리는 이런 상상을 '사랑의 지도love map'라고 부른다. 피셔Helen Fisher는 말했다. "진짜 사랑이 교실이나 쇼핑몰, 사무실, 커피숍, 파티나 이벤트 장소에서 자신에게 다가오기 전에 사람들은 자신의 이상적인 연인이 갖추어야 할 기본 요소들을 미리 구성해둡니다."

우리는 성감sexual feeling이 발달하기 시작하는 청소년기에 사랑의 지도를 만들기 시작한다. 십 대의 뇌는 가소성이 아주 높고, 청소년기는 낭만적인 관계와 성적인 관계를 제대로 다루는 방법을 배울 수 있는 민감기이기도 하다. 청소년기의 성에 관한 연구는 거의 무시되어 오다가 아주 최근에야 젊은 여성은 청소년기에 성 정체성을 고민하기 시작하고 사랑의 지도를 그리며, 이 두 가지를 좀 더 자세히 분명하고 긍정적으로 알려주는 정보를 원한다는 사실이 밝혀지고 있다.[151]

한 사람에게는 성적으로 이끌리지만 다른 사람에게는 아닐 때 우리의 뇌에서는 어떤 일이 일어나고 있을까? 왜 그 남자이고, 왜 그 여자인 걸까? 어째서 나는 1999년 1월에 만난 아일랜드 경제학자에게 끌렸던 것일까? 운명이었을까? 호르몬 때문이었을까? 페로몬이 방출되었기 때문에? 내가 그려둔 사랑의 지도에 들어맞는 사람이라서? 아니면 내가 진토닉을 너무 많이 마셔서?

'짝 선택'을 연구하는 문헌에서 강하게 밀고 있는 가설 가운데 하나는 사람은 자신과 '비슷한' 사람을 택하는 경향이 있다는 것이다. 이런 경향을 '긍정적 동류교배positive assortative mating'라고 부른다. 항상 그렇지는 않지만 평균적으로 사람들은 비슷한 나이, 인종, 사회 배경, 비슷한 지능과 교육 수준, 같은 가치관과 목표, 자신과 비슷한 신체 조건을 지닌 사람을 더 선호한다. 수십 년 동안 함께 한다고 해서 달랐던 사람들이 비슷해지는 것은 아니다. 연구 결과에 따르면 그런 사람들은 처음부터 적극적으로 자신과 비슷한 사람을 찾은 것이다. 퀸즐랜드대학교 브렌든 지시Brendan Zietsch 박사는 "우연이라고 하기에는 사람들은 너무나도 비슷한 사람을 만납니다."라고 했다.

1999년 1월의 그날 밤에 내가 간 곳이 옥스퍼드대학교 졸업 파티였기 때문에 내가 그린 '사랑의 지도'에 맞는 사람을 만날 확률은 아주 높았다. 그러니 우리 부부도 '긍정적 동류교배'라는 범주에 들 수 있을 것이다. 함께 진토닉을 마구 마셔대던 공범에게 새로 만난 남자의 사진을 보여주자마자 내 친구는 **"그래, 완전 네 남자네!"**라고 했다.

아주 원시적이라고 느낄 수도 있지만 우리가 냄새를 맡는 방식도 성 화학 공식의 일부일 수 있다. 페로몬은 같은 종의 개체들이 서로

의사소통을 주고받을 수 있도록 진화한 화학 신호 물질로 땀에 들어 있는 페로몬은 그 소유주의 유전자 단서를 제공해줄 수 있는데, 특히 주조직적합복합체major histocompatibility complexes(이하 MHCs)라는 면역 분자들을 지정하는 유전 암호를 알 수 있다. 바로 여기서 진화는 우리를 기만한다. 생화학 연구 결과에 따르면 사람들은 자신과 다른 MHCs 냄새를 풍기는 사람에게 더 많이 끌린다. 긍정적 동류교배 가설로는 예상할 수 없는 정반대의 결과가 나온 것이다.

스위스 연구팀이 1995년에 발표한 '땀에 젖은 티셔츠 연구'는 남자의 MHCs 유전자와 여자의 MHCs 유전자가 다를수록 사람들은 서로 더 끌린다는 사실을 보여주는 것 같았다. 스위스 연구팀은 베른대학교 남녀 학생들의 MHCs 유전자를 먼저 조사한 뒤에 남학생들에게 티셔츠를 나누어주고 밤낮으로 며칠 동안 벗지 말고 생활하라고 요구했다. 며칠 뒤 남학생들이 돌려준 티셔츠를 여학생들에게 주고 여섯 벌에서 나는 냄새를 마음에 드는 순서로 번호를 적어보라고 했다. 여학생들은 자신의 MHCs 유전자와 가장 다른 유전자를 가진 남학생 순서로 번호를 적었다. '마음에 드는 냄새를 맡으면 어떤 사람이 떠오르는가?'라는 질문에 여학생들은 이전 남자친구나 지금 남자친구를 말했고 마음에 들지 않는 냄새를 맡으면 어떤 사람이 떠오르는가 하는 질문에는 아버지라고 대답했다.[152]

흥미로운 점은 피임약을 복용하는 여자들은 자신과 MHCs 유전자가 가장 비슷한 남자의 티셔츠 냄새를 선호하는 경향이 강해진다는 것이다. 여자들은 보통 배란기 때 냄새에 아주 민감해지는데, 그 이유는 유전자 다양성을 확보하기 위한 진화 장치일 수도 있다고 생각

여자, 뇌, 호르몬

한다. MHCs 유전자가 다른 사람들은 임신할 가능성이 더 높고 서로 혈연관계일 가능성이 더 낮다. 피임약은 그런 유전 메커니즘을 방해하는 것 같았다.[153]

호르몬이 파트너 선택과 성욕에 영향을 미치는 방법

여성의 성욕은 생리 주기에 맞춰 높아졌다가 낮아지는데, 배란기 때 가장 높다. 난소 호르몬의 변화는 우리가 끌리는 사람, 우리에게 끌리는 사람, 쾌활한 기분을 느끼는 정도에 영향을 미친다는 증거가 있다.

지금부터 늘 큰 파장을 불러일으키는 연구들을 살펴보자.

2012년에 〈배란은 섹시한 나쁜 놈을 좋은 아빠라고 생각하게 만든다Ovulation Leads Women to Perceive Sexy Cads as Good Dads〉라는 재미있는 제목의 논문이 출간됐다. 이 논문은 우리가 임신할 가능성이 가장 높을 때는 '좋은 남편이자 아버지'가 될 수 있는 모범적인 남자보다는 '우월한 유전 형질'을 가지고 있는 테스토스테론 수치가 높은 근육질 남자에게 더 끌릴 수 있다고 했다(논문에서 말한 건 **매혹을 느낀다는** 뜻이지 반드시 같이 잔다는 뜻은 아님을 기억하자). 그와는 반대로 피임약을 복용했거나 황체기이거나 생리를 하고 있을 때는 상당히 만족스러운 상태로 좋은 남자에게 만족했다.[154]

'배란이 나쁜 남자와 좋은 아버지를 바꿀 수 있다'는 가설에는 이 주장을 뒷받침하는 자료와 반박하는 자료가 모두 존재한다. 뉴사우스웨일스대학교 진화생물학과 교수 로브 브룩스Rob Brooks는 해당 논문을 살펴보고 배란기의 선호도 변화는 사실 아주 미비하다는 사실을 지적했다. "하루는 남편을 정말로 진심으로 미친 듯이 사랑하다가 다음 날은 완전히 밀어내는 일 같은 것은 없습니다." 브룩스는 그보다 더 흥미로운 점은 임신할 가능성이 전혀 없을 때 섹스를 더욱 즐겁게 한다는 것이라고 했다.[155]

에스트로겐 때문에 즐거워지는 기분

6장에서 언급한 브로닌 그레이엄이 배란기에 분비되는 에스트로겐은 불안을 완화해준다고 했던 말을 기억하는지? 발정기 때 동물 암컷은 팔짝팔짝 뛰고 몸을 치장하고 귀를 펄럭이고 춤을 추고 노래를 하고 색을 바꾸고 수컷을 유혹하려고 짝짓기 자세(이리 와서 올라타라고 유혹하는 자세)를 취한다. 에스트로겐은 위험을 회피하려는 암컷의 조심성을 누르고 기꺼이 짝짓기를 하려는 대담성을 높인다. 물론 사람인 여자의 반응은 그렇게까지 극적이지 않아서 배란기 때 가까운 곳에 남자가 있어도 바지를 벗어 던지고 그 남자를 향해 뛰어가는 일은 벌어지지 않지만 에스트로겐이 여자의 마음을 훨씬 들뜨게 만들고 짝짓기 상대가 될 수 있는 남자에게 아주 미묘한 방법으로 욕망을 드러내는 행동을 하게 만든다는 증거는 상당히 많다.

2013년에 《호르몬과 행동Hormones and Behavior》에 실린 논문은 세 호르몬(에스트라디올, 프로게스테론, 테스토스테론)과 여성의 성욕이 나타내는 관계를 설명했다.[156] 이제 독자들은 이 논문이 여성의 성욕과 호르몬, 생리 주기를 포괄적으로 살펴본 첫 연구라는 말에도 당연히 놀라지 않을 것 같다.

논문을 쓴 연구자들은 자연 생리 주기의(매일 아침 피임약을 복용하지 않는) 여성 43명의 타액 표본을 채취해 에스트라디올, 프로게스테론, 테스토스테론의 수치를 측정했다. 그런 다음 여성들은 앱에 접속해 '어젯밤 (성교처럼 생식기를 자극하는) 성적 활동을 했습니까?' '성적 활동을 먼저 시작한 사람은 누구(당신, 상대방, 두 사람 모두)입니까?' '어제 자위를 했습니까?' 같은 질문에 답을 했다.

이런 질문들은 표현 방식이 중요하다. 과거에는 질 안으로 페니스가 들어가는 성교가 여성의 성욕을 판단하는 주요 지표였다. 하지만 이제는 여성들의 성적 욕망을 측정할 때는 섹스를 하고 싶은지, 자위를 하는지, 파트너와 섹스를 할 때 먼저 행동하는지를 파악해야 한다는 사실을 알고 있다.

모아진 자료를 분석하자 다음과 같은 호르몬과 성욕의 관계가 드러났다.

- ♀ 에스트라디올이 성욕을 높인다.
- ♀ 프로게스테론은 성욕을 낮춘다.
- ♀ 테스토스테론은 성욕에 어떠한 영향도 주지 않는다.

오스트레일리아 여성들의 건강을 연구하는 로레인 데너스타인 Lorraine Dennerstein 교수는 에스트로겐과 욕망의 연결고리를 찾았다. 8년 동안 226명의 여자들을 추적해 갱년기 초기부터 갱년기 말까지 호르몬과 욕망이 어떤 관계를 맺고 있는지 알아낸 것이다. 9장에서 살펴보겠지만 갱년기가 되면 난소 호르몬의 분비량이 줄어든다. 여성들의 호르몬 수치와 욕망을 표로 작성한 데너스타인 교수는 에스트로겐이 실제로 성욕과 관계가 있음을 확인했다. 또한 난소 절제술을 받아 갑자기 에스트로겐이 감소한 여자들도 성욕이 사라졌음을 확인했다(이 여자들은 다양한 이유로 난소 절제술을 받았지만 주요 원인은 암이었다).[157]

2013년에 발표한 보고서에는 피임약을 복용하는 여성들 가운데 성욕이 사라지는 경우가 있어(전체 피임약 복용 여성의 15퍼센트) 에스트로겐이 성욕에 영향을 준다는 주장을 뒷받침해주었다.[158] 이 같은 사실은 십 대 초반부터 피임약을 복용할 경우 문제가 생길 수 있다는 뜻이기도 하다. 십 대에 피임약을 복용하는 여성의 경우 강한 성욕이나 쾌락을 경험하지 못할 수도 있다. 다시 말해서 자신이 무엇을 놓치고 있는지를 알지 못하게 될 수도 있는 것이다.

여자, 뇌, 호르몬

성반응주기
탐구

우리의 복잡하고 미묘한 성생활을 호르몬과 생식력만으로 설명할 수는 없다. 우리는 생각을 하는 것만으로도 성욕에 사로잡힐 때가 있고 낭만적인 파트너의 세심하고 능숙한 손길에도 싸늘하게 식을 때가 있다. 또 임신할 가능성이 전혀 없을 때는 엄청나게 흥분하기도 한다. 생리하는 동안이나 임신했을 때, 갱년기가 끝난 뒤에 성욕에 사로잡히기도 하고, 여자를 상대로 성욕을 느끼기도 한다. 우리는 온갖 이유로 섹스를 하며, 섹스의 최종 목표가 아이를 갖는 것도 아니다. 남녀 3000명을 대상으로 진행한 섹스를 하고 싶은 이유를 묻는 조사에서 남녀가 내놓은 다른 답은 자그마치 237개나 되었다![159]

우리의 마음과 몸과 뇌가 섹스하고 싶다고 생각하는 이유를 수백 개나 제시하는 이유를 이해하려면 먼저 성반응주기를 살펴보는 게 좋겠다. 성반응주기의 기본 개념은 성 연구 분야를 개척한 윌리엄 매스터스William Masters와 버지니아 존슨Virginia Johnson이 1960년대에 처음 제시했다. 두 사람이 '완벽한 성반응주기 1만 사례'를 근거로 제시한 성반응주기 모형은 선형linear을 띠고 남자와 여자가 흥분, 고조,

오르가슴, 만족이라는 네 단계를 차례대로 경험한다고 했다.

충분히 예상할 수 있겠지만 두 사람의 성반응주기 모형은 여러 가지로 도전을 받았고 오랜 시간이 흐르면서 조금 더 다듬어졌다.

두 사람의 모형에 처음으로 도전한 사람은 베벌리 휘플Beverly Whipple이었다. 휘플은 욕망 없이 흥분하고 오르가슴을 느낄 수 있는 사람도 있고 오르가슴을 느끼지 않고도 흥분하고 만족하는 사람도 있다고 했다.[160,161] 로즈메리 바순Rosemary Basson은 여성에게는 친밀함이 필요하고 욕망은 자극의 반응일 수도, 자발적으로 일어나는 감정일 수도 있으며 육체적으로 흥분하기 전과 후에 모두 욕망을 느낄 수 있음을 들어 선형 모형을 대체할 수 있는 원형 모형을 제시했다. 바순의 모형이 중요한 이유는 훨씬 넓은 맥락에서 여성의 인생을, 특히 여성과 여성의 파트너의 관계를 중요하게 생각한다는 데 있다.[161,162] 여성의 주관적인 흥분 상태('섹스가 하고 싶어')와 육체의 흥분 상태(질액 분비량)가 일치하지 않는 여자들이 많다는 사실도 성반응주기 선형 모형에 의문을 제기했다. 남자들은 생각과 몸의 반응이 일치하지 않는 경우는 거의 없다. 발기와 흥분은 밀접하게 연결되어 있으며, 남자들은 사춘기 초기부터 그 사실을 명확하게 인지한다.

그리고 당연히 신경생물학을 이해할 수 있도록 도운 실험실 설치류의 공헌도 잊어서는 안 된다. 설치류의 성적 쾌락 단계(흥분, 고조, 오르가슴, 만족)는 배고픔이나 목마름 같은 여러 '쾌락 주기'와 밀접하게 연결되어 있다. 기본적으로 설치류는 우리가 무언가를 원한다는 것(동기), 무언가를 좋아한다는 것(쾌락), 우리의 욕구가 충족된다는 것(만족), 더 많은 것을 원하거나 다른 욕구로 옮겨 간다는 것이 어떤 의미

인지를 우리에게 알려주었다. 맞다, 나는 신경과학 연구들이 낭만적인 전율을 조금은 훼손했다는 사실을 인정하는 바이다.

전원 스위치들을 켜고, 끄고

내가 가장 좋아하는 여성 성욕 전문가로 성 교육자이며《너 자신으로 와라Come As You Are》의 저자이고 유쾌한 TED 강연 〈진짜 성적인 행복으로 들어가는 문 열기Unlocking the Door to Your Authentic Sexual Wellbeing〉의 주인공인 에밀리 나고스키Emily Nagoski는 다양한 실타래를 한데 모아 일관된 이야기로 엮어내는 능력자이다.

나고스키는 우리의 욕망은 뇌에 있는 온 스위치와 오프 스위치의 균형이 만들어낸다고 했다. 이 이중 조절장치 모형에 따르면 '가속페달'은 성과 관련된 모든 정보에 주목해 한 사람을 흥분하게 만들고 '제동장치'는 성적으로 흥분하면 안 되는 모든 이유를 살펴 흥분을 가라앉힌다. 즉, 흥분하는 과정은 '온' 스위치를 켜는 동시에 '오프' 스위치를 끄는 과정이라고 할 수 있다. 나고스키는 이렇게 말했다. "어느 한순간에 어느 정도나 성적으로 흥분 상태가 되느냐는 가속페달이 받아들이는 자극이 얼마나 많은가와 제동장치가 받아들이는 자극이 얼마나 적은가로 결정됩니다."[163]

나고스키는 성적 흥분 상태를 제대로 경험하지 못하는 사람은 가속페달이 없거나 제동장치가 너무 민감하거나, 두 상태 모두일 수 있다고 했다. 가속페달을 힘껏 밟으면 어느 정도 문제를 해결할 수 있다는 사실이 밝혀졌다. 하지만 민감한 제동장치는 성적으로 문제가 있을 수 있음을 알리는 강력한 예측자이다. 나고스키는 오르가슴을 느끼는 데 문제가 있거나 오르가슴에 도달하는 시간이 한 시간 정도 걸리는 여자는 온 스위치를 아주 많이 켜야지만 성적 긴장감을 느낄 수 있고 약간의 불안이나 스트레스로도 브레이크를 밟아버린다고 했다. 오르가슴은 몸의 성적 긴장감이 충분히 높아서 역치를 넘을 때 오기 때문에 바이브레이터를 사용해 절정에 이르는 방법을 배우는 것도 오르가슴을 느낄 수 있는 좋은 방법이라고 했다. 본질적으로 바이브레이터는 가속페달을 힘껏 밟고 제동장치가 작동하지 않게 한다.

현명하게도 이중 조절장치 모형은 성적 흥분과 억제를 각기 분리된 체계로 개념화했다. 분명히 성적 각성(흥분)을 선형적 과정이라고 보는 전통적인 사고방식과는 대조되는 생각이다. 이중 조절장치 모형의 아름다움은 사람들은 저마다 다른 존재임을 인정하는 데 있다. 사람들은 저마다 다른 방식으로 온 스위치와 오프 스위치를 켜고, 끈다.

이중 조절장치계가 존재한다는 생각은 아직 가설일 뿐이다. 실제로 뇌에 존재하는 온 스위치와 오프 스위치를 명확하게 확인할 수는 없었다. 사랑받고 있다는 느낌, 새로움, 임신 가능성, 내 몸에 대해 스스로 느끼는 감정, 파트너가 내 몸에 대해 느끼고 있는 기분 때문에 느껴지는 감정, 과거에 받았던 충격, 피로, 식료품 목록처럼 그저 온 스위치나 오프 스위치를 켜거나 끌 수 있는 모든 감각, 생각, 느낌을 떠올려보자. 분명한 것은 이런 정보들을 통합하려면 다양한 뇌 회로망이 존재해야 한다는 것이다.

성적 흥분을 담당하는 뇌 회로망은 도파민, 옥시토신, 바소프레신, 노르아드레날린 같은 신경화학물질을 이용할 것이다. 우리는 도

여자, 뇌, 호르몬

파민이 분비되면 강렬한 쾌락(좋아함)을 느끼고 다시 그처럼 즐거운 경험을 하고 싶다(원함)는 동기를 갖게 된다. 파킨슨병을 치료할 때는 도파민 수치를 높이는 약물을 투여하는데, 그 때문에 성욕이 증가하는 부작용이 생긴다는 사실은 잘 알려져 있다. 호르몬의 역할을 되돌아보면 에스트로겐이 도파민 분비를 촉진한다고 알려져 있는데, 배란기에 '원함(성욕)'을 느낄 수 있는 이유는 그 때문인지도 모른다.[164]

성욕 억제를 담당하는 뇌 회로망은 성적 흥분을 담당하는 뇌 회로망과 같다고 여겨지고 있다. 다만 성욕을 억제할 때는 세로토닌과 엔도카나비노이드계endocannabinoid systems가 관여하고 있을지도 모른다. 이 뇌 물질들은 성적으로 만족을 느끼고 오르가슴을 느낀 뒤에 오는 불응기와 관계가 있다.[165,166]

항우울제(특히 SSRI)가 성반응에 영향을 미친다는 사실은 성욕 억제에 세로토닌이 관여하고 있음을 보여주는 강력한 증거이다. SSRI의 부작용 한 가지는 오르가슴에 도달하지 못하게 하는 것이다. 실제로 SSRI를 조루증을 치료하는 비처방약으로 활용하는 것은 SSRI의 강력한 부작용 때문이다. 쥐에서도 일반적으로 세로토닌은 성반응을 억제한다. 지치면 짝짓기를 그만두는 수컷 쥐들에게 세로토닌을 차단하는 약을 투여하면 암컷들의 간청에 반응하게 만들 수 있다. SSRI를 투여한 암컷 쥐들은 수컷 쥐들을 멀리하는 경향이 있으며 발정기 때 짝짓기 자세를 취하는 시간이 줄었다.

세로토닌을 늘리는 약이 욕망을 잠재우고 도파민을 늘리는 약이 흥분을 느낄 수 있게 해준다면 그저 '온 스위치를 켜는' 약이나 '오프 스위치를 켜는' 약을 통해 모든 일이 해결되지 않을까?

선택적으로 가속페달을 밟거나 제동장치를 거는 약은 성인 여성의 10퍼센트 정도를 괴롭히는 성욕 장애hypoactive sexual desire disorder, HSDD를 치료하는 데 사용하고 있다. 성욕 장애는 단순히 성욕이 사라지는 것뿐 아니라 성욕이 사라짐에 따른 좌절과 비통함, 슬픔, 걱정 등을 동반한다.[165] 성욕 장애를 치료하는 약으로는 플리반세린flibanserin이 있다(애디Addyi라는 상품명으로 판매되고 있으며 여성 비아그라라는 별칭이 있다). 얼마 전에 미국식품의약국FDA은 플리반세린을 성욕 장애 치료제로 승인해주었으나 오스트레일리아를 포함한 많은 나라에서는 아직 승인되지 않고 있다.

플리반세린은 도파민 분비량을 늘리고 세로토닌 분비량을 줄인다. 다시 말해서 가속페달을 작동하는 동시에 제동장치를 억제하도록 완벽하게 설계된 약인 셈이다. 애디가 처음 시판되었을 때 수년 동안 남자들에게는 비아그라가 있는데 여자들에게는 왜 아무것도 없느냐며 한탄했던 여성 성 건강 운동가들은 애디의 발명을 여성의 승리로 받아들이고 환영했다. 하지만 약으로 성욕을 조절할 수 있다는 생각에 의문을 품는 사람들도 있다.[167] 자료를 살펴보면 그런 회의론이 나올 수밖에 없는 이유를 알 수 있다. 위약과 비교했을 때 애디를 복용한 여성들의 경우 실제로 성욕이 아주 조금 증가해 위약을 먹은 여성보다 한 달에 오직 한 번 더 '아주 만족스러운 성 경험'을 하는 것으로 보고됐다. 다시 말해서 애디를 복용하는 사람들은 섹스를 더 많이 했지만, 더 많이 '원하지는' 않는다는 뜻이었다. 더구나 애디는 혈압 저하, 졸도, 메스꺼움, 어지러움 같은 심각한 부작용도 있었는데, 모두 여성이 술에 취하면 나타나는 증상이었다.

테스토스테론은 여자의 성욕을 높일까?

오스트레일리아에서는 플리반세린을 구입할 수 없기 때문에 갱년기가 지난 여성들은 흔히 낮은 성욕을 치료하려고 테스토스테론을 처방받는다. 1940년대 초반부터 테스토스테론을 많이 복용하면 여성의 성욕을 일깨울 수 있음이 알려져 있었다. 모나시대학교 내분비학자이자 여성 건강 전문가 수전 데이비스Susan Davis는 성욕을 잃은 여자들에게 테스토스테론을 처방해주었다. 데이비스는 테스토스테론을 처방받은 여자들 가운데 60퍼센트는 효과가 좋았고 20퍼센트는 전혀 효과가 없었으며 20퍼센트는 오히려 더 나빠졌다고 했다.[168]

성에 관해서는 '잘되고 있다'라는 대답은 견해의 문제로 피임약을 먹지 않는 여자가 테스토스테론을 복용할 경우 '만족스러운 성 경험'을 하는 횟수는 한 달에 한두 번 정도 더 많아질 뿐임을 명심해야 한다. 수술 때문에 갱년기가 시작된 여자들이 테스토스테론을 복용할 때는 위약을 복용한 여자들보다 만족스러운 성 경험을 하는 횟수가 한 달에 두세 번 정도 더 많아졌다.[169]

테스토스테론은 남성의 경우 성적 흥분 상태와 욕망과 밀접하게 관련이 있을 것 같지만 여성의 경우에는 아직 논란의 여지가 많다. 그 이유는 첫째, 3년 이상 진행된 테스토스테론 실험 연구가 없기 때문에 장기간에 미치는 효과와 여자들의 건강에 가할 수도 있는 위험이 아직 밝혀지지 않았다는 것이다. 둘째는 테스토스테론 자체가 가임기 여자들이나 갱년기 이후의 여자들의 성욕을 예측한다는 증거가 부족하다는 것이고, 셋째는 테스토스테론이 갱년기 전 여자들의 성욕 감소를 치료하는 것 같지 않다는 것이다.

테스토스테론이 욕망을 높이는 효과가 있는 경우라고 해도 여성의 뇌 연구 분야에서는 어떤 식으로 이 호르몬이 여성의 욕망을 높이는 지를 아직 밝혀내지 못했다. 테스토스테론은 뇌로 들어가 에스트로 겐으로 변하기 때문에 배란기 때 자연스럽게 에스트로겐의 양을 늘리는 방법으로 욕망을 높이는지도 모른다.

진 헤일스Jean Hailes 여성건강재단은 테스토스테론과 성욕의 관계는 아주 복잡해서 테스토스테론 복용 여부를 결정할 때는 나이, 기분, 일반적인 행복 지수, 테스토스테론 치료를 받을 경우에 문제가 생길 가능성 등을 충분히 고려해야 한다고 했다. 스트레스, 인간관계, 감정이 호르몬보다 여성의 성욕에 훨씬 더 많은 영향을 미치기 때문에, 수전 데이비스의 말처럼 나빠진 관계를 '호르몬으로 고칠 수는 없다'.

상향식으로, 하향식으로, 바깥에서 안으로 영향을 미치는 요인들을 활용한 생물·심리·사회적 방법이 현재 성욕 장애를 고칠 수 있는 가장 좋은 방법이다. 성 치료는 여성의 성욕이 부정적인 생각과 믿음, 기대, 문화·종교 규범, 기분과 관계에 어떻게 영향을 받는지(단순히 호르몬이 결정하는 것이 아니다!), 어떻게 해야 자발적으로 내면에서부터 욕망이 생겨날 수 있는지(먼저 생각을 하고 그 뒤에 하향식으로 영향을 미치는 것이다), 세심한 연인의 손길 같은 외부 자극에는 어떻게 반응하는지 등을 여자들에게 가르쳐준다. 성 치료사이자 성 과학자인 아이지아 매키미Isiah McKimmie는 지금 여기라는 인식과 받아들임, 자기 연민self-compassion을 강화하는 다양한 훈련을 하고 연습을 하면 여자들은 '자기 자신으로 있는 상태를 훨씬 평온하게' 느끼게 된다고 했다.

여자, 뇌, 호르몬

"침실 밖에서 일어나는 일이 침실 안에서 일어나는 일에 영향을 미친다는 사실을 잊지 마세요."

매키미는 이제 막 사랑에 빠진 연인들은 '집착적 강박 감정limerence'이라고 부를 수 있는 황홀한 상태에 빠져 있어서 서로에게 간섭과 집착을 하지 않고는 못 배긴다고 했다. 하지만 몇 년이 지나 일상이 자리를 잡으면 이런 감정은 보통 사라진다. "그런 감정이 사라진다고 해서 더는 상대방을 사랑하지 않는다거나 신경을 쓰지 않는다는 뜻이 아니라 새로운 단계에 접어들었다는 뜻입니다." 문제는 '에로스의 죽음'이 성욕 감퇴를 동반할 때가 많다는 데 있다.

그런데 흥미로운 반전이 있다. 사랑이 새로운 단계에 접어들 때 성욕이 줄어드는 이유는 생물적인 데 있지 않고 오랫동안 관계를 유지해온 중년 여성의 지루함에 있다는 것이다.

데너스타인 교수는 갱년기가 끝난 뒤에 새로운 사랑을 찾은 여자들은 '노화에 따른 호르몬 상태'가 변하더라도 성욕이 바뀌지 않음을 알아냈다. 2002년에 40대부터 갱년기를 지날 때까지 오스트레일리아 여성 수백 명을 추적 조사한 데너스타인 교수는 열정을 사라지게 만드는 것은 노화된 난소가 아니라 오랫동안 안정적인 상태를 유지해온 관계임을 밝혔다. 많은 여성이 새로운 관계에서는 호르몬의 방해를 이기고 집착적 강박 감정을 유지했다.[157,170] 이런 연구 결과는 여성이 성욕을 느끼려면 일부일처라는 안정과 친숙함이 필요하다는 널리 알려진 속설(과 전통 방식의 부부 치료)에 정면으로 도전한다.

《욕망하는 여자—과학이 외면했던 섹스의 진실What Do Women Want? Adventures in the Science of Female Desire》의 저자인 대니얼 버그너Daniel

Bergner와 《왜 다른 사람과의 섹스를 꿈꾸는가Mating in Captivity: Sex, Lies and Domestic Bliss》라는 책을 쓴 에스터 페렐은 여자의 욕망이 사라지는 이유는 권태 때문이라는 주장을 설득력 있게 제시한다.[171,172]

성 치료사로서의 경험을 바탕으로 페렐은 감정적으로 친밀해질 경우 성욕이 줄어드는 경우도 많다고 했다. "상당한 친밀함이 언제나 좋은 섹스를 하게 해주는 것은 아닙니다." 마음을 터놓고 나누는 대화, 상호 존중, 솔직함이 두 사람이 계속해서 '심장이 두근거리는 낭만적인 관계를 유지할 수 있게' 해주는 경우도 있다. 하지만 친밀감이 형성되면서 욕망이 사라지는 관계도 있다. 페렐은 치료 과정에 신비로움, 조금 멀리 떨어져 있기, '평범하지 않은' 색다른 섹스를 하기 같은 방법을 넣어 오래 사귄 커플이 욕망과 열정을 다시 불러일으킬 수 있도록 도와준다. 버그너와 오래 사귄 그의 여자친구는 열정이 사라지지 않도록 아주 실용적인 해결책을 선택했다. 여섯 블록 떨어진 곳에서 따로 살아가는 것이다.

섹스를 할 때
뇌에서 일어나는 일

내 동료이자 오타고대학교 심리학자인 제시 베링Jesse Bering은 사회적 성gender은 머릿속에 있고 생물적 성sex은 염색체 안에 들어 있으며, 성적 지향orientation은 한 사람을 흥분하게 만드는 요소로, 세 요소 모두 자발적인 선택의 문제는 아니라고 했다. 베링의 주장은 성적 지향에 영향을 미치는 생물적 요소를 탐색하는 다양한 연구 결과들이 뒷받침해주고 있다. 들어가는 글에서 잠깐 설명한 것처럼 사람들의 성적 지향은 생물적 성과 사회적 성과는 상관이 없다.

그렇다면 신경과학은 성적 지향이라는 주제에 어떤 말을 해줄 수 있을까? 아직까지 과학은 뇌가 젠더와 관련이 있는 다양한 행동을 하게 하는 이유, 성적 지향과 젠더 정체성에 관해 제대로 설명하지 못하고 있다. "유전적 결정 요인과 사회에서 하는 경험이 상대적으로 어느 정도 기여를 하는지는 아직까지 밝혀지지 않았다."라는 《신경과학 원리Principles of Neural Science》에 실린 문장이 아직까지는 신경과학이 할 수 있는 최선의 말이다.

하지만 성적 지향은 다차원적이고 어떤 사람들(특히 여성들)은 살아가는 동안 아주 극적으로 성적 지향이 바뀐다는 사실이 널리 인정받고 있다. 더니든 연구 결과는 동성에게 성적으로 끌리는 사람은 모든 나이에서 남자보다는 여자가 더 흔하다고 했다.[173]

더니든 연구에서 조사한 사람들은 1970년대 중반에 태어난 사람들이라는 사실도 명심해야 한다. 그보다 더 어린 세대에서는 전형적인 젠더와 성 규범을 거부하며 성적 지향과 젠더는 유동적이라고 생각하는 사람이 많다.[174] 예를 들어 18세부터 34세까지의 1000명을 대상으로 진행한 대大 밀레니얼 세대 설문 조사Massive Millennial Poll 결과 설문에 답한 사람들 절반은 젠더는 넓은 범위에 분포해 있으며 남성과 여성이라는 두 가지 범주로 한정할 수 없다고 믿었다.[175]

성적 지향과 상관없이, 여자가 되었건 남자가 되었건 간에, 깊이 사랑을 하고 있을 때 활성화되는 뇌 회로는 동일하다. 세미르 제키Semir Zeki가 사랑하는 사람의 사진을 보고 있을 때 뇌를 촬영한 24명(절반은 여자였고 절반은 남자였으며, 여자와 남자 모두 동성애자 여섯 명, 이성애자 여섯 명으로 구성되어 있었다)은 모두 같은 부위가 활성화됐다. 제키가 지적한 것처럼 뇌 활동이 그러리라는 사실을 확인하려고 굳이 신경과학을 들여다볼 필요도 없다. 전 세계에서 사랑을 다룬 문학들은 이성애자나 동성애자, 그리고 그 밖에 다른 모든 형태의 성적 지향을 가진 사람들이 같은 기분을 느끼게 한다. 제키는 "사랑을 다룬 문학이 표현하는 감정들은 저자의 의도와는 상관없이 다른 성이 읽어도 같은 성이 읽어도 쉽게 읽힐 정도로 아주 모호하게 적혀 있다. 많은 문학이 그렇지만 셰익스피어의 소네트만 해도 젠더에 상관없이 읽을 수 있는 언어로 되어 있으며, 그것은 루미의 시도 페르시아의 시인 하피즈의

시도 마찬가지이다."라고 했다.[176] 사랑은 모든 이를 압도한다. '#사랑은사랑이니까.'

오르가슴의 신경생물학

온 스위치를 켜고 오프 스위치를 끄는 방법을 알면 누군가에게 매혹되고 섹스를 해야겠다는 결정을 내리거나 자기 스스로 직접 욕구를 해결할 때, 흥분하기 시작한 순간부터 오르가슴에 이르는 순간까지 뇌와 신경계에서 일어나는 일을 알 수 있을까?

그 문제를 살펴보기 전에 일단 '오르가슴'이 무엇인지부터 생각해보자. 현재 오르가슴은 '강력한 쾌락이 가변적이고 일시적으로 최고 정점에 이른 의식 변성 상태로 보통 불수의적이고 규칙적인 골반 줄무늬 항문괄약근의 수축을 동반하며 자궁과 항문이 동시에 수축되고, 근육이 이완되어 생식기 울혈을 야기하고 만족감과 행복감을 느끼는 상태'라고 정의한다(주의: 생식기 울혈이란 생식기로 피가 몰려 부풀어 오르는 현상이다).[177]

에밀리 나고스키는 오르가슴을 훨씬 단순하게 정의한다. "오르가슴은 갑자기 자신도 모르게 방출되는 성적 긴장감이다." 그렇다면 '불수의적이고 규칙적인 근육 수축'과 '자신도 모르게 방출되는 성적 긴장감'에는 어떤 신경 경로가 관여하고 있을까?

여성의 오르가슴을 생성하는 것 외에는 다른 목적이 없는(통계 자료가 이 같은 추론을 뒷받침해주고 있는데, 킨제이 보고서는 클리토리스만을 자극해 자위를 하는 여성 가운데 80퍼센트에서 90퍼센트가 오르가슴에 이른다고 했다)

클리토리스(음핵)를 먼저 살펴보자.

바다에 있는 빙산처럼 클리토리스도 90퍼센트는 음문vulva 아래쪽에 숨어 있다. 과학계가 여성의 건강에는 그다지 관심이 없었기 때문에 2005년에 오스트레일리아 비뇨기학자 헬렌 오코넬Helen O'Connell이 《비뇨기학 저널Journal of Urology》에 논문 〈클리스토리스의 해부학 Anatomy of the Clitoris〉을 발표하기 전까지는 클리토리스의 해부학을 포괄적으로 살펴본 연구가 없었다는 사실도 그다지 놀랍지 않다.

MRI, 해부, 현재와 과거의 다양한 문헌을 광범위하게 활용한 오코넬은 클리토리스의 상세한 해부도, 혈관과 신경 분포를 그 어떤 과학자보다 먼저 우리에게 알려주었다. 논문에서 오코넬은 1999년까지만해도 해부학 책에서는 클리토리스를 다루지 않았다고 했다. 페니스를 다루지 않은 해부학 책을 거의 발견하지 못하는 것과는 대조적인 일이었다.[178]

현재 클리토리스는 몸 안에 음핵 몸통, 음핵 다리, 음핵 해면체, 요도 해면체, 질어귀망울이 파묻혀 있는 복합체라는 사실을 알고 있다. 어떤 모습인지 잘 상상이 되지 않는다면 다리가 요도와 질을 감싸고 있는 위시본(닭이나 오리 같은 조류의 목과 가슴 사이에 있는 V자형 뼈-옮긴이)을 떠올리면 된다(여행용 목 베개처럼 생겼다는 말도 들어봤다).

음부신경pudendal nerve(라틴어로 '부끄러운 부위'라는 뜻의 pudenda에서 온 용어)은 클리토리스, 항문 주위의 피부와 근육, 회음부, 골반을 자극한다. 음부신경은 실제로 골반 양쪽에 한 개씩 존재하며 가지들이 엉킨 것처럼 복잡하게 뻗어 있다. 음부신경은 난산을 겪을 때 쉽게 손상되며 치료를 하지 않고 방치하면 대소변 실금이 올 수도 있고 회음부에 통증을 느끼고 성 기능에 문제가 생길 수도 있다. 음부신경을 구성하는 뉴런은 오누프핵Onuf's nucleus이라고 부르는 척수 속 구조물에서 발달한다. 오누프핵은 남자가 훨씬 더 많은 세포로 이루어져 있어 여자보다 크기가 크다(신경계에 존재하는 몇 안 되는 성적 동종 이형 구조물이다). 그런데 신경 끝부분은 페니스의 귀두(4000개)보다 클리토리스(8000개)가 두 배가량 많다는 주장은 널리 알려져 있다. 지금까지 나는 이 주장을 뒷받침하거나 반박하는 과학 논문은 찾지 못했다.

부끄러운 신경(음부신경)은 사실 자부심을 느껴도 된다. 사람의 몸에서 세 가지 뉴런(감각 뉴런, 운동 뉴런, 자율 뉴런)을 모두 가지고 있는 유일한 신경이니까. 클리토리스를 자극하면 감각 뉴런을 따라 척수를 지나 뇌까지 가는 신호가 발생한다. 치골미골근을 수축시키면(질 근육을 조여주는 케겔 운동을 하면) 음부신경의 운동 뉴런을 따라 내려온 신호를 받고 근육이 수축된다. 불수의적이고 규칙적인 수축인 오르가슴은 음부신경의 교감신경계를 따라 이동한 신호 때문에 생긴다.

물론 오르가슴에 도달한다는 것은 그저 척수반사를 시작하게 한다는 단순한 의미가 아니다. 클리토리스를 제대로 애무한다면 감각 뉴런은 척수로 그 신호를 전달하고(감각 뉴런은 또한 그 신호를 생식기로 보내 생식기로 들어가는 혈액의 양이 늘어나고 질액이 분비되게 한다), 척수를 따라 신호는 시상하부, 해마, 편도체, 시상, 소뇌 등 성을 담당하는 중추 신경계로 들어간다. 뇌로 들어간 신호는 시각, 청각, 후각, 생각, 기억 등 여러 감각이 통합하면서 수정된다. 궁극적으로 오르가슴에 이를 수 있도록 온 스위치들은 켜지고 오프 스위치들은 꺼지는 것이다.

오르가슴을 느낄 때 활발해지는 뇌 영역은?

알프레드 킨제이, 마스터스, 존슨이 활동한 이래로 과학자들은 혈압, 심장 박동, 질액 분비 등 성과 관련된 생리 반응을 관찰하고 기록해왔다. 하지만 우리가 절정에 이른 순간에 뇌에서 일어나는 일을 관찰할 수 있게 된 것은 아주 최근에 뇌 촬영 기술이 발전한 덕이다.

《이것이 섹스를 할 때 뇌에서 일어나는 일이다This is Your Brain on Sex》의 저자 카이트 수켈Kayt Sukel은 전 세계가 오르가슴에 이르는 자신을 지켜볼 수 있도록 fMRI 기계 안에서 자위를 한 여성으로 더 잘 알려져 있을 것 같다. 수켈은 박사 후 연구원이었던 낸 와이즈Nan Wise가 지켜보는 가운데 럿거스대학교 배리 코미사루크Barry Komisaruk 연구소에서 오르가슴 실험을 했다. 책에서 수켈은 전혀 움직이지 않고 오르가슴에 이르는 법을 익히려고 집에서 이마를 테이프로 고정하고 자위를 했다는 등, 실험 과정을 재미있게 이야기해준다(fMRI를 촬영하려면 쥐 죽은 듯이 누워서 꼼짝도 하지 말아야 한다).

수켈의 뇌는 오르가슴 전과 도중에, 그리고 후에 자그마치 30군데나 되는 뇌 영역이 활성화됐다. 《가디언》은 수켈의 뇌 활동 기사에서 감각 피질의 생식기 영역에서 시작된 활동이 (감정과 기억을 처리하는) 대뇌변연계로 퍼져나가는 과정을 다음과 같이 묘사했다.

오르가슴에 도달하자 소뇌와 전두엽이라는 뇌의 두 부분의 활동이 갑자기 활발해졌는데, 그 이유는 근육이 긴장했기 때문인 것 같았다. 오르가슴이 진행되는 동안 시상하부의 활동도 최대가 되어 쾌락을 느끼게 하고 자궁

여자, 뇌, 호르몬

을 수축하는 옥시토신이 분비되었다. 보상과 즐거움과 관계가 있는 뇌 영역인 중격의지핵의 활동도 최대가 되었다. 오르가슴이 끝난 뒤에는 이런 뇌 영역들의 활동은 서서히 줄어들었다.[179]

수켈의 fMRI 촬영을 지켜본 낸 와이즈는 말했다. "오르가슴은 정말로 전체 뇌가 경험하는 사건입니다." 자신도 신경과학을 위해 오르가슴을 '기부한' 와이즈는 자신의 연구가 결국에는 사람의 성에 관여하는 신경 작용을 다루는 과학 문헌의 남녀 차이를 해소하는 데 도움이 되기를 바란다고 했다. 그런 관심을 끈기 있게 기다리고 있는 다른 박사 과정 프로젝트가 또 하나 있다.

다중 오르가슴은 어떻게 가능할까?

이 책을 쓰는 동안 거듭해서 경험한 일이 있다. 특별한 주제를 다룰 때면 아주 풍부한 신경과학 문헌이 있으리라는 기대를 했다가 우리 지식에 엄청난 구멍이 있다는 사실만을 발견하게 되는 일 말이다. 다중 오르가슴은 성 건강 관련 문헌에는 자주 나오지만 클리토리스처럼 생물학 문헌에서는 이상하게도 전혀 나오지 않는다.

펍메드PubMed 검색 엔진을 돌렸을 때 내가 찾은 다중 오르가슴 자료는 다섯 건뿐이었는데, 그 가운데 세 건은 여자가 아닌 남자에 관한 내용이었다. 〈남성의 다중 오르가슴 – 지금까지 우리가 알게 된 것 Multiple Orgasms in Men-What We Know So Far〉이라는 논문은 "대중적으로 높은 관심이 있음에도 불구하고 남성의 다중 오르가슴은 놀랍게도 과학 연구가 거의 진행되지 않았다."라고 결론을 내리고 있다.

이 결론에서 남성을 빼고 여성을 넣어도 완전히 옳은 말이다. 나는 여성의 오르가슴에 관해 학술적인 글을 몇 편 쓴 브렌든 지시에게 내가 놓친 문헌들이 있는지 물어보았다. 그는 내가 찾은 것들—혹은 찾지 못한 것들—을 확증해주었다. 현재 존재하는 문헌들은 대부분 오르가슴을 전혀 느끼지 못하는(극치감 장애를 앓고 있는) 여자들이나 절정에 도달하기 힘든 여자들을 다룬다고 했다(여자는 열 명 가운데 한 명 정도의 비율로 오르가슴을 전혀 느끼지 못하며 세 명 가운데 한 명 정도가 자주 절정에 도달하지 못한다).[180]

과학 문헌이 제공할 수 있는 최선의 설명은 남자들은 사정이 끝나면 '흥분 잠복 상태'라고 할 수 있는 '불응기'가 찾아오기 때문에 다중 오르가슴을 느끼지 못한다는 것이다. 남성 불응기는 몇 분(십 대 남자아이들의 경우)에서 며칠(나이 든 남자들의 경우) 정도 지속된다. 그러나 왜 그런 불응기가 존재하는지는 명확하게 밝혀지지 않았다. 뇌과학적으로는 불응기가 오는 이유는 사정을 하면 프로락틴의 수치는 올라가고 도파민과 테스토스테론의 수치는 급격히 떨어져서 성욕은 줄어들고 흥분은 느끼지 못하게 되기 때문이라고 설명할 수 있다. 정자가 다시 생성될 시간을 주고 앞서 사정한 정자가 낭비되는 것을 막으려고 불응기가 존재한다는 설명도 있다. 페니스에 염증을 불러올 수 있는 지나친 자극을 막고 탈진하지 않도록 불응기가 있는지도 모른다. 여자들에게는 그런 불응기가 없는 것으로 보인다. 우리는 정말 행운아다!

핀란드의 연구자들은 설문 조사를 진행해 여성의 다중 오르가슴의

여자, 뇌, 호르몬

특성을 다음과 같이 밝혔다.

- ♀ 전체 여성 가운데 10퍼센트 정도는 가장 최근에 한 성관계에서 오르가슴을 두 번 이상 경험했다.
- ♀ 다중 오르가슴을 자주 경험하는 여자들은 성교에서 오르가슴을 '아주 중요하게' 생각했다.
- ♀ 다중 오르가슴을 느끼는 여자들은 성에 강하게 관심을 드러냈고 성적으로 아주 활발했으며 정기적으로 성 도구를 사용했고 매일 성교를 했다.
- ♀ 다중 오르가슴을 느끼는 여자들은 자위를 할 때도 사랑을 나누는 것만큼이나 쉽게 여러 번 오르가슴에 도달했다.

핀란드 연구자들은, 섹스를 하는 동안 느끼는 즐거움 때문에 이 여자들이 다중 오르가슴을 경험하는 것인지, 아주 긍정적인 성 경험이 성욕을 높인 것인지는 결론을 내리지 못했다.

정자를 넘겨주는 보상으로 느끼는 남자의 오르가슴과 달리 여자의 오르가슴은 임신과는 아무 상관이 없다. 그렇다면 왜 여자는 오르가슴을 경험하는 것일까?

이 문제에 대해 곰곰이 생각해본 사람들은 수많은 의견을 제시했다(그 의견들을 모두 검토하고 한 권의 책 《여성의 오르가슴 – 진화 과학에 존재하는 편견The Case of the Female Orgasm: Bias in the Science of Evolution》으로 묶은 엘리자베스 로이드Elisabeth Lloyd는 모두 스물두 가지 가설이 있다고 했다). 어떤 가설들은 여성의 오르가슴이 짝짓기를 촉진하려고 진화적으로 적응한 결과라고 주장한다. 우리가 오르가슴을 느낄 때는 흥분을 느끼게 하는 신경전달물질이 몸과 뇌에 가득 차기 때문에 가깝게 연결되어 있다는 기분과 친밀함을 느끼게 된다. 파트너 때문에 기분이 좋아진다면 자손을 함께 기르려고 파트너 옆에 머물 가능성이 높아지는 것이다.[181]

오르가슴을 느끼는 동안 자궁 경부가 규칙적으로 길어졌다 줄어들기를 반복하면서 이미 뒤에 남겨졌을 것으로 추정되는 정액 웅덩이 속으로 들어가 정자를 자궁 안으로 빨아들여 임신 가능성을 높일 것이라고 주장하는 가설도 있다. 이 '담갔다 빨아들이기in-suck' 가설은 (내가 붙인 명칭이 아니고 이 가설을 주장하는 사람들이 붙인 것이다) 남자 페니스에 작은 카메라를 부착하는 등, 다양한 기술을 이용해 광범위하게 연구를 진행했다. 하지만 아직 연구 결과에 대해서는 논란의 여지가 많다. 최근에 여자가 오르가슴을 느낄 때는 정액 보유량이 크게 달라진다는 사실을 찾아냈지만, 정액 보유량이 많다고 해서 임신 가능성이 높아지는 것은 아니다.[182]

현재 가장 인기가 있는 가설은 오르가슴은 남자와 여자 생식기가 같은 조직에서 발달하는 태아기 초기에 남겨진 부산물(보는 관점에 따라서는 환상적인 보너스일 수도 있다)이라고 설명하는 '행복한 우연' 가설이다. 클리토리스를 흔적만 남은 작은 페니스에 비유하는 사람도 있다. 이 페니스는 남자에게는 생식을 성공시켜야 하는 기관이지만 여자에게는 그저 오르가슴을 느끼기만 하면 되는 기관이다. 다시 말하면 우리가 오르가슴을 갖게 된 것은 초기값(디폴트) 때문이다(그러니까 운명일 수도 있는 것이다).[182]

사랑에 중독될 수 있을까?

사랑을 연구하는 사람들은 사랑에 빠졌을 때 나타나는 증상과 중독됐을 때 나타나는 증상이 아주 비슷하다고 했다. 새로 사랑에 빠진 사람들도 중독자들처럼 새로운 사람을 열망하고(갈망), 사랑하는 사람을 생각할 때는 흥분하고(희열/취함), 시간이 지날수록 사랑하는 사람과 더 많이 함께하고 싶어 한다(내성). 그러다 관계가 시들해지면 중독자처럼 울기, 무기력, 불안, 불면증 같은 회피 증상이 나타난다. 피셔는 말했다. "중독자들 대부분이 그렇듯이 거부당한 연인은 사랑하는 사람을 되찾으려고 극단적이 되어 모멸적인 행동을 하거나 육체적으로 아주 위험한 일을 하기도 합니다."[183,184]

중독을 일으키는 물질은 욕구를 조절하는 도파민 경로를 강탈한다. 흔히 '쾌락' 분자라고 부르는 도파민은 '좋아함'보다는 '원함'을 더 많이 불러일으킨다. 피셔는 자극에 상관없이 우리 뇌가 높은 도파민 수치에 익숙해지는 것이 처음 사랑을 시작했을 때 느끼는 황홀함을 지속시키지 않는 이유일 수 있다고 했다. 만약 '원함'이 사라진 자리에 '좋아함'이 남아 있지 않게 되면 사람들은 다른 자극을 찾아 나선다. 피셔의 연구에서 수십 년 동안 서로 사랑하며 행복하게 함께하는 사람들은 진짜 '좋아함'이 형성되기 시작했을 때 두 번째 신경 회로망이 형성되었다. 이 회로망은 애정, 공감, 감정 조절과 관련이 있었다. 계속해서 서로를 사랑하는 헌신적이고 열정적인 커플은 계속해서 서로를 '원할' 뿐 아니라 서로를 진심으로 좋아한다.[185]

옥시토신에
거는 기대

사람은 사회적 동물이라는 말은 진부하지만 실제로 우리는 태어나는 순간 다른 사람들과 연결되어 있다. 《EMBO 리포츠EMBO Reports》에서 부부 연구원 수 카터Sue Carter와 스티븐 포지스Stephen Porges는 말했다. "사랑은 아주 생물학적이다. 사랑은 인생의 모든 면에 스며들어 있으며 수많은 예술 작품에 영감을 주고 있다. 사랑은 우리의 마음과 육체 상태에도 엄청난 영향을 미친다."[186]

생물학자들이 사랑의 생화학을 자세히 들여다볼 때마다 언제나 반복해서 만나는 분자가 있다. 옥시토신이다. 옥시토신에 대한 우리의 관심은 얼마 전까지만 해도 출산과 모유 수유라는 형식적인 역할에 국한되어 있었다. 옥시토신은 신경펩타이드(뉴런이 통신에 사용하는 작은 단백질)로 원래는 으깬 뇌하수체에서 추출했다.

1900년대 초반에 영국 약리학자 헨리 데일Henry Dale은 뇌하수체 추출물을 새끼를 밴 고양이에게 주입해 출산을 앞당겼다. 그리고 몇 년 후에는 데일이 발견한 '출산 시기를 바꾸는 호르몬'이 사람이 출산하는 데에도 활용되었다. 산부인과 병동에서는 아직도 합성 옥시토신을 사용하고 있다.

산모의 진통이 시작되면 옥시토신이 분비된다. 옥시토신은 모유 수유를 할 때도 근육을 수축해 젖이 나오게 한다. 옥시토신은 프로스타글란딘과 함께 출산의 세 번째 단계인 태반이 몸 밖으로 나올 때 자궁이 수축하게 한다. 출산 직후에 신생아에게 젖을 빨리는 이유 가운데 하나가 바로 아기가 젖을 빨 때 분비되는 옥시토신이 자궁 수축을 돕고 산후 출혈을 줄이기 때문이다. 또한 옥시토신은 산모가 아기를 기르고 아기를 가까이 두려는 마음을 강화한다.

산모와 아기의 유대감에 영향을 미치는 옥시토신의 작용은 설치류에서도 동일하게 나타난다. 일반적으로 어미 쥐는 새끼 쥐를 적극적으로 보호하며 어미들이 하는 전형적인 행동을 한다. 새끼들을 모두 한곳에 모아 자기 몸으로 보호하면서 핥아주고 둥지를 만들어준다. 또 새끼가 무리에서 벗어나면 곧바로 다시 형제들 옆으로 데려온다. 신경내분비학자들은 새끼를 낳은 적이 없는 처녀 쥐의 뇌에 옥시토신을 주입하면 처녀 쥐들이 자기가 이제 막 사랑스러운 새끼를 낳은 어미 쥐인 것처럼 행동하고 새끼들을 돌본다는 사실을 알아내기도 했다.[187]

옥시토신이 내가 힘든 산통 끝에 아기를 낳고 탈진했을 때에도 우리 아들들을 안고 키스를 하게 해준 호르몬이 분명하다면, 나는 옥시토신에 정말로 많은 경의를 표하고 싶다.

일부일처인 대초원 들쥐에게서 배우는 것

옥시토신은 어머니와 아기의 유대감을 공고히 해주는 역할을 할 뿐 아니라 짝짓기를 한 뒤에(그리고 아마도 오르가슴을 느낀 뒤에도) 남녀의 유대감을 강화해주는 역할도 한다.

우리는 대초원 들쥐에게서 옥시토신과 짝을 맺은 개체들의 유대감에 관해서 많은 것을 배웠다. 대초원 들쥐는 난교를 한다는 악명을 얻고 있는 설치류들 대부분과 달리 일부일처로 한번 짝을 맺으면 죽을 때까지 함께하기 때문에 옥시토신 연구의 총아로 대접받고 있다. 옥시토신 연구자들의 대모인 수 카터는 대초원 들쥐를 연구해 옥시토신과 함께 옥시토신의 자매 신경 물질인 바소프레신이 배우자를 향한 헌신에 기여한다는 사실을 알아냈다.

옥시토신과 바소프레신은 시상하부에 있는 뉴런이 만든다. 이 두 신경펩타이드는 생성된 뒤에는 축삭돌기를 따라 뇌하수체로 옮겨가고 그곳에서 작은 주머니 안으로 들어가 혈액에 방류될 호르몬으로 저장된다. 옥시토신과 바소프레신은 신경전달물질이기도 하다. 옥시토신과 바소프레신을 생성하는 뉴런은 시상하부에서 나와 편도체, 해마, 중격의지핵 같은 사회 문제와 감정 문제를 처리하는 뇌 지역으로 뻗어나간다.

짝짓기를 할 때도 옥시토신과 바소프레신이 분비된다. 두 호르몬은 편도체(뇌의 불안 회로망에서 가장 중요한 부분)의 활동을 줄여 두려움과 불안을 낮추고 짝짓기 자세를 취하게 한다. 특히 옥시토신은 다른 동물이 다가올 때 동물들 대부분이 보이는 자연 저항을 낮추어 '접근

여자, 뇌, 호르몬

행동'을 할 수 있게 해준다. 번식을 하려면 같은 종의 다른 개체에게 아주 가까이 가야 한다는 사실은 굳이 말할 필요도 없을 것이다.

난교를 하는 다른 설치류 사촌들과 달리 대초원 들쥐는 옥시토신의 수치가 높고 뇌에 옥시토신 수용체도 더 많다. 옥시토신 분비를 막았을 경우엔 대초원 들쥐도 다른 설치류들과 똑같이 행동했다. 여러 짝을 바꿔가며 짝짓기를 했고 평생 한 개체와 살아가는 일은 없었다. 영리한 과학자 몇 명이 유전자를 조작해 생쥐의 뇌가 대초원 들쥐처럼 옥시토신을 분비하게 하자 생쥐도 대초원 들쥐처럼 일부일처로 살았다.

옥시토신은 여러 신경화학물질과 협력해 엄청나게 많은 사회적 행동과 생리 활동에 영향을 미친다. 다음은 수많은 옥시토신의 역할 가운데 일부이다.

- ♀ 스트레스 호르몬인 코르티솔과 노르아드레날린의 분비를 억제하고 심장 박동 속도를 늦춘다.
- ♀ 아버지로서의 역할을 하게 한다.
- ♀ 엄마와 떨어진 새끼들의 고통을 완화해준다.
- ♀ 에스트로겐이 분비되게 해 불안과 우울을 낮춘다.
- ♀ 태아의 심장 발달에 중요하고 성인의 경우 심장병 발병을 막아준다.
- ♀ (설치류의 경우) 성체의 신경 발생 과정을 촉진한다.[186,188,189]

위 목록을 보면 우리가 작은 분자 하나(바소프레신을 포함한다면 두 개)가 사람에게 발휘할 수 있는 잠재력에 흥분하는 이유를 쉽게 알 수 있다.

그러나 몸과 뇌를 연결하는 신호 전달 경로가 모두 그렇듯이 옥시토신과 바소프레신은 자신과 맞는 수용체와 '결합해야지만' 능력을 발휘할 수 있다. 또 모든 수용체가 그렇듯이 옥시토신과 바소프레신 수용체는 유전자, 호르몬, 유전자 외적 요인, 살면서 하는 경험이 조절한다. 따라서 옥시토신과 바소프레신이 제 기능을 하도록 만드는 일은 우리가 원하는 만큼 간단한 일이 아니다.

스트레스를 완화해주는 사회적 지원

TED 강의 〈스트레스를 친구로 만드는 방법How to Make Stress Your Friend〉에서 켈리 맥고니걸Kelly McGonigal은 스트레스를 받을 때 옥시토신은 그 감정을 나누라고 재촉한다고 했다. "삶이 힘들어질 때 스트레스 반응은 당신이 걱정하는 사람들에게 둘러싸이기를 바라게 만듭니다."[190]

지금까지 이 책 전반에 걸쳐 사회적 지원이 스트레스를 완화한다는 사실을 확인했는데, 이런 완충 작용은 어머니와 아기의 관계뿐 아니라 어른들의 관계에서도 효력을 발휘하며, 사회적 지원과 사랑이 스트레스의 백신으로 작용하는 모습은 몇 번이고 확인할 수 있다. 옥시토신이야말로 사라진 연결고리인지도 모른다.

옥시토신은 긍정적인 사회적 상호관계뿐 아니라 스트레스를 아주 많이 받는 경험을 해도 분비된다는 사실이 밝혀졌다(음, 적어도 설치류에서는 그렇다는 뜻이다. 사람의 경우는 어떤지 아직 알지 못한다). 옥시토신은

HPA(시상하부-뇌하수체-부신) 축과 면역계를 조절한다. 사람과 동물 모두 옥시토신을 주입하면 혈중 코르티솔의 수치가 낮아졌다.

수 카터는 이렇게 말했다. "긍정적인 사회성이 갖는 보호 효과는 온몸으로 '사랑'이라는 생명의 메시지를 전달하는 바로 그 호르몬들이 만들어내는 것 같습니다. 이 호르몬들은 우리가 사랑을 주고받게 해줄 뿐 아니라 건강하고 행복하게 살아가려면 다른 사람들을 필요로 하는 우리의 욕구와도 관계가 있습니다."[186]

맥고니걸의 말처럼 '스트레스를 받을 때 다른 사람들과 함께하기를 택한다면 회복력을 기를 수 있다'.

옥시토신은 새로운 사랑의 묘약인가?

옥시토신이 사람의 몸에서 하는 역할을 알아내는 일은 대초원 들쥐의 몸에서 하는 일을 알아내는 일보다 훨씬 어렵다. 옥시토신은 사랑과 **동격인** 분자가 아니다. 그저 다른 사람에게 감정적으로 반응하게 해주는 신경화학물질계의 중요한 구성원일 뿐이다.

생물학자들이 조심해야 한다고 경고했는데도 옥시토신은 사랑과 포옹과 신뢰와 친밀함을 사랑하는 분자로, 집단을 결속시켜주는 분자로 전 세계에 알려졌다. 인터넷으로 검색을 해봐도 그런 평판은 쉽게 확인할 수 있다. 〈옥시토신, 불안한 세상에서 사람들을 다시 묶어줄 수 있는 신뢰 호르몬이 될 수 있을까?〉라는 제목의 기사도 있고 〈도덕 분자 옥시토신은 어떻게 조직을 혁신할 수 있는가?〉라는 제목의 기사도 있다. 얼마 전에는 우리 집 코카스파니엘이 나에게 지나치게 다정하게 굴고 자꾸 들러붙는 이유도 알 수 있었다. 모두 옥시토신 때문이었다.

2005년, 《네이처》에는 옥시토신을 코로 흡입한 사람들은 투자 역할극에서 낯선 사람들에게 훨씬 많은 돈을 기꺼이 맡겼다는 고전적인 연구 결과가 실렸다. 이 연구를 진행한 사람들은 (상당히 과장된 말투로) 옥시토신은 인간 사회에서 사람들이 서로를 신뢰하고 한 사회가 정상적으로 기능하는 데 반드시 필요한 물질로, 옥시토신이 있어야만 "경제적으로, 정치적으로, 사회적으로 성공할 수 있다."라고 했다.[191] 신경과학자 안토니오 다마시오Antonio Damasio의 논평 때문에 그 같은 연구 결과는 정치인들로 하여금 집회에 모인 군중에게 옥시토신을 뿌릴 수도 있게 하리라는 심란한 전망도 제기되었다. 하지만 그 같은 걱정 때문에 조바심을 내기 전에 그 뒤로 진행된 다섯 차례에 걸친 후속 연구에서는 2005년도 연구 결과를 재현하지 못했다는 사실을 알고 있는 것이 좋겠다.[192]

옥시토신을 둘러싼 과대광고는 심지어 옥시토신을 스프레이 유리병에 멋지게 포장해 온라인에서 파는 지경에 이르게 했다. '그 남자를 위한 파란색 코넥트Connekt, 그 여자를 위한 분홍색 어트랙트Attrakt, 함께 쓰면 더 좋습니다!' 충분히 상상할 수 있겠지만 이런 마케팅 때문에 전 세계 신경내분비학자들은 실험대 위에 이마를 찧으며 괴로워하고 있다.

코로 흡입한 옥시토신이 뇌로 들어갈 수 있을까? 그것을 모른다는 것이 사람을 대상으로 한 모든 실험이 갖는 한 가지 문제이다. 설사 코로 들어간 옥시토신이 뇌까지 올라간다고 해도, 이 옥시토신이 옥

여자, 뇌, 호르몬

시토신 수용체가 있는 곳까지 갈 수 있는가는 또 다른 문제이다. 현재 우리는 신경펩타이드는 뇌에서 몸으로만 갈 수 있지 그 반대 방향으로는 가지 못한다는 사실을 알고 있다. 에스트로겐이나 프로게스테론 같은 지용성 호르몬과 달리 옥시토신과 바소프레신은 혈액과 뇌를 가로막고 있는 장벽을 뛰어넘을 수 없다. 코로 흡입한 옥시토신은 혈관-뇌 장벽을 돌아갈 수 있다고 주장하는 사람도 있지만, 그렇다는 분명한 증거가 없다고 주장하는 사람들도 있다.[188]

자연적으로 생성된 옥시토신이라고 해도 부정적인 감정을 전혀 불러일으키지 않는 것은 아니다. 모유 수유를 하는 산모의 경우 위협을 느끼면 공격성을 나타내는 '엄마 곰' 반응을 보이기도 한다. 옥시토신은 질투, 은근한 과시욕과 고소해함, 분노 같은 감정을 불러일으킨다. 엄격하게 말하면 그런 것은 모두 접근 행동이다. 분노는 질투처럼 분노한 대상에게 관심을 모두 쏟게 만든다. 사랑과 포옹이 전부가 아니다. 사랑의 분자조차도 어둡고 부도덕한 면이 있는 것이다.[193]

카터 같은 과학자들은 자폐증인 아이들과 조현병인 어른들이 처방전 없이 옥시토신을 복용하고 있다는 기사에 특히 우려를 나타냈다. 자폐증이나 조현병에 옥시토신이 효과가 있다는 증거는 없다.[188] 카터는 《네이처》와의 인터뷰에서 말했다. "아직 옥시토신이 어떤 식으로 작용하는지 모르며, 반복해서 주입했을 때 어떤 일이 일어날지에 관해서도 충분한 정보가 없습니다. 옥시토신은 마음대로 아무 곳에나 사용하면 안 됩니다."[194]

결혼식 때 나와 남편은 블러의 〈텐더Tender〉에 맞춰 춤을 추었다. 블러는 사랑은 우리가 소유한 것 가운데 가장 위대하다고 했다. 정말로 사랑은 위대하고 복잡하고 신비롭다. 그저 분자 하나에 휘둘리지 않는 훨씬 놀라운 과정이다.

여자, 뇌, 호르몬

임신은 여자의 뇌 구조를
어떻게 바꾸는가

- 임신과 수유기

임신 기간에
변하는 것들

———

엄마가 된다는 것은 한 사람의 인생에서 위대한 사랑이 시작된다는 의미이다. 엄마가 된다는 것은 삶의 경로를 다시 조정하고 한 사람의 삶을 재편성해야 한다는 뜻이다.

이 책은 여러 이유로 내 아들들 해리와 제이미에게 헌정했다. 정말로 진부한 말이기는 하지만 두 아들의 엄마가 된다는 것은 나에게는 그때까지의 모든 삶이 바뀐다는 의미였다. 아이를 갖는 순간 내 인생의 조각들은 허공에 던져진다. 그 조각들은 다시 바닥으로 떨어져 맞춰지지만, 이미 내 몸과 인생관과 자아감과 감정은 그전과는 완전히 달라진다. 나는 아름다운 두 아이를 이 세상에 태어나게 했을 뿐 아니라 어머니라는 새로운 정체성도 이 세상에 태어나게 했다.

그런 경험을 한 사람은 나만이 아니다. 엄마인 사람들에게 새로운 정체성을 갖게 되는 일은 여자로서 경험할 수 있는 가장 본질적인 변화 가운데 하나이다. 많은 사람이 부모가 되면 정체성이 바뀌고 사랑, 과보호, 즐거운, 피곤함, 혼란, 분노, 무관심 같은 상반되는 감정을 느낀다.

임신 기간에는 출산과 모유 수유를 위해 수많은 호르몬이 분비되면서 산모의 몸이 준비되게 만든다. 태아가 영양분을 공급받고 스트레스는 받지 않도록 태반이라는 전적으로 새로운 기관을 만들고 태아가 성장하고 모유를 생성하려고 에너지를 저장하는 신진대사 방법도 바꾼다. 아기에게 젖을 줄 수 있도록 가슴도 커진다. 아기가 태어나면 엄마는 아기에게 저항하지 못하고 사로잡혀 거의 모든 시간을 아기를 쓰다듬고 안아주고 먹이고 쳐다보고 아기의 체취를 맡으면서 보낸다. 이른바 이런 모성 행위는 신생아의 생존에 반드시 필요하다.

임신을 하면 바뀌는 호르몬들은 뇌 구조도 크게 바꾸는데, 특히 사회 인지와 감정을 담당하는 뇌 구조를 크게 바꾼다. 이때 변한 뇌 구조는 계속 유지되기 때문에 어머니가 되어 변한 뇌와 행동은 살아가는 내내 유지된다.

그러니까 이제부터는 임신을 새로운 방식으로 생각해보자. 임신이란 아기가 무사히 임신 기간을 보낼 수 있도록 자신의 **몸을** 바꾸는 과정이고 어머니로서 사회적으로, 감정적으로 받을 수 있는 어려움을 준비하도록 자신의 **뇌를** 바꾸는 과정이라고 말이다.

다른 곳에서는 양육이 아기의 발달에 어떤 영향을 미치는지를 중점적으로 다루었다. 여기서는 상황을 뒤집어 아이들이 어머니의 뇌에 어떤 식으로 엄청난 영향을 미치고 있는지를 살펴볼 것이다. 임신 기간에는 어머니 자연이 추진력으로 작용하겠지만 육아라는 경험은 아기가 태어난 뒤에야 비로소 표면으로 떠오른다. 모성 행동은 부분적으로는 임신을 하고 출산을 하면서 분비되는 호르몬이 조성한 뇌 회로망 때문에 생긴 결과일 수 있지만, 그런 행동이 좀 더 세심해지고 강화되는 것은 부모가 된 뒤에 겪게 되는 경험들 때문이다.

이제부터 나는 임신을 한 순간부터 아기를 낳아 이제 막 어머니가 된 기간에 벌어지는 일들을 다룰 것이다. 실제로 임신할 때부터 어머니가 된 직후까지의 기간은 여성의 일생에서 뇌가 가장 극적인 가소성을 갖게 되는 시기 가운데 하나이다.

임신을 하면서 바뀐 뇌는 오랫동안 지속된다

《네이처 신경과학Nature Neuroscience》에 실린 2016년 논문은 임신이 여자들의 뇌 구조를 어떻게 바꾸는지를 처음으로 상세하게 연구했다. 엘젤리네 후크제마Elseline Hoekzema 연구팀은 첫아기를 낳은 여성 25명의 뇌를 임신 전과 후에 MRI로 촬영해 임신 경험이 없는 여자들의 뇌와 비교했다.[195]

임신을 하면 사회인지, 공감, 마음 이론과 관계가 있는 피질 부위의 회백질이 아주 오랫동안 분명하게 **줄어든다.** 기억과 관계가 있는 해마 역시 부피가 줄어든다. 임신 때문에 회백질이 줄어드는 모습은 조금도 미묘하지 않다. 뇌 촬영 사진만 입력하면 임신 여부를 자동적으로 판단해주는 컴퓨터 프로그램까지 있을 정도이다.

아주 오랫동안 유지되는 뇌 변화도 있다. 후크제마 연구팀은 처음 뇌를 촬영하고 2년이 지난 뒤에 두 번째 아이를 갖지 않은 11명을 초대해 다시 뇌를 촬영했다. 11명 모두 피질의 회백질 양은 변해버린 상태를 유지하고 있었다. 하지만 해마의 부피는 원상태로 돌아갔다.

여러 가지 점에서 임신했을 때 변하는 뇌 가소성은 사춘기 호르몬이 전전두엽피질을 얇게 만드는 청소년기의 뇌 가소성과 다르지 않다. 임신 기간에도 사회적 뇌는 청소년기의 사회적 뇌와 비슷한 방식으로 분화되고 정리되는 것 같았다. 2장과 5장에서 살펴본 것처럼 회백질이 줄어드는 과정은 퇴화가 아니라 시냅스를 정리하고 '기능을 효율적으로 간소화'하는 과정이다.

회백질이 줄어드는 곳은 마음 이론을 담당하는 회로망이 있는 지역이기 때문에 후크제마는 뇌 변화가 실제로 현실 생활에서 발휘하는 능력에 영향을 미치는지 알아보는 여러 실험을 진행했다. 첫 번째 실험은 '아기에 대한 내 감정은 **싫다/정말로 사랑스럽다**', '아기를 두고 다른 곳으로 가야 할 때는 보통 **아주 슬프다/크게 안도한다**'와 같은 항목에 답하게 해 어머니의 애착 정도를 조사했다. 어머니와 아기의 유대감이 강할수록 어머니의 회백질 가소성 정도도 높았다.

마음 이론은 표정과 감정을 읽는 능력과 관계가 있다. 한 연구에서는 자기 아기나 다른 사람의 아기 사진을 보고 어머니의 뇌가 반응하는 모습을 fMRI로 촬영했다. 어머니들이 자기 아기 사진을 보았을 때 가장 활발하게 활성화된 뇌 지역은 임신했을 때 얇아진 지역과 일치했다. 다른 사람의 아기 사진을 보았을 때는 신경 활동은 일어나지 않았다. 이는 뇌 가소성이 사회인지, 공감, 마음 이론과 관계가 있는 뇌 지역에서 일어난다는 주장을 뒷받침해준다.

설치류에서 해마는 성체가 된 뒤에도 신경 발생이 일어나는 몇 안 되는 부위 가운데 하나이다. 임신을 하고 모유 수유를 하는 동안 설치류 해마의 신경 발생 속도는 느려지지만 젖을 뗀 뒤에는 다시 회복된다. 사람 여성의 경우에도 해마에서는 비슷한 작용이 일어나 줄어들었다가 다시 늘어난다. 해마는 기억과 관계가 있기 때문에 후크제마 연구팀은 해마의 회백질 감소가 임신한 여성들의 기억력 저하(구체적으로 말해서 '임신 건망증'이라고 하는)와 관계가 있을지도 모른다고 추정한다. 따라서 후쿠제마는 여성의 기억력 저하가 해마 수축 때문인지 알아보려고 여러 언어와 단기 기억력 테스트를 진행했다. 하지만 임신 기간과 임신이 끝난 뒤에 특별한 기억력 변화는 없었다.

생애 처음으로 부모가 되는 과정은 모든 것을 아우르는 아주 강렬한 경험이기 때문에 임신과 출산, 아기를 돌보는 경험이 뇌 구조를 바꿀 것인가 하는 질문은 분명히 할 수밖에 없다. 후쿠제마 연구팀은 상당히 기발한 방법으로 양육과 임신이 뇌에 미치는 영향을 비교했다. 아내가 임신하기 전과 후에 생애 처음으로 **아버지가 되는 남편들의** 뇌를 촬영한 것이다. 아버지라는 역할을 맡은 뒤에 남성의 뇌 구조가 바뀐다는 증거는 나오지 않았다. 이 같은 실험 결과는 여성의 뇌가 바뀌는 이유는 양육이 아니라 임신 자체에 있을 수도 있다는 강력한 단서가 될 수 있다.

연구원들이 아주 철저했다는 사실도 이 연구가 갖는 장점이다. 임신 방법이나 출산 방법, 수유 방법 등이 뇌 구조에 미치는 영향을 알고 싶은 독자들이 있을 수 있으니, 몇 가지만 자세하게 살펴보고 넘어가자(우리는 모두 '나를 탐색하고 또다시 탐색하는 걸' 좋아하니까). 스물다섯 명의 여자들(평균 나이 34세) 가운데 아홉 명은 자연 임신을 했고 열여섯 명은 시험관 시술을 받았다. 자연 임신이냐 도움을 받은 임신이냐는 뇌 구조에 영향을 미치지 않았다. 스물다섯 명 가운데 열 명은 아들을 낳았고 열한 명은 딸을 낳았고 네 명은 쌍둥이(두 명은 남녀 이란

성 쌍둥이, 한 명은 남자 쌍둥이, 한 명은 여자 쌍둥이)를 낳았다. 아기의 성별도 어머니의 뇌에는 아무 영향을 미치지 않았다. 여덟 명은 제왕절개를 했고 열일곱 명은 자연분만을 했다. 아기를 낳는 방법도 뇌에 영향을 미치지 않았다. 마지막으로 열아홉 명은 모유 수유를 했고 두 명은 모유 수유와 인공 수유를 함께 했고 네 명은 인공 수유만 했다 (모든 아기들이 굶지 않았다!). 수유 방법도 어머니의 뇌에는 어떠한 영향도 미치지 않았다. 이 연구 결과는 아버지나 아기를 낳아보지 않은 어머니들의 '양육 관련 뇌 회로'가 없다거나 '마음 이론'이 부족하다는 의미가 아니며 아버지들을 양육에서 해방해주고자 하는 의도도 없음을 반드시 알아야 한다. 그런 사실을 뒷받침하거나 부정하는 데 굳이 신경과학까지 들먹일 이유는 없다. 아기들의 뇌는 적어도 한 명 이상의 부모에게서 따뜻하고 안전하게 애정을 받아야만 제대로 조절되고 조직되어 건강하게 발달할 수 있다. 물론 아기를 낳은 어머니가 아기에게 그런 사랑을 줄 수 있는 유일한 어른은 아니다.

그렇다면 임신한 여자의 뇌는 도대체 왜 바뀌는 것일까?

후크제마 연구팀은 임신 기간에 여자들은 그 어느 때보다도 많은 스테로이드성 성호르몬에 노출되는데, 그것이 이유일 수도 있다고 했다. 에스트로겐, 프로게스테론, 프로락틴, 옥시토신, 코르티솔의 엄청난 변동이 시냅스의 감소, 아교세포 발생, 수초화의 원인일 수 있는 것이다. 그러나 아직은 MRI의 해상도가 좋지 않아 이 추론을 확인할 수 없다. 따라서 우리의 시선은 이제 막 출산을 앞둔 설치류의 뇌를 향할 수밖에 없다.

출산을 앞둔
설치류의 뇌에서 알 수 있는 것

———

설치류 암컷은 출산이 임박해올 때 생길 일을 알려주는 책을 읽을 수 없다. 따라서 설치류 어미가 생각하고 느끼고 행동하는 방식은 전적으로 생물적일 수밖에 없다. 양육의 신경생물학적 측면을 연구하고 있는 행동신경생물학자 켈리 램버트Kelly Lambert와 크레이그 킹슬리Craig Kingsley는 이렇게 말했다. "어머니의 뇌로 바뀌는 것은 임신과 함께 시작되는 내분비 해일의 목표이자 수천 년 동안 축적되어 온 자연선택의 결과입니다."

임신과 어머니 되기는 설치류의 경우에도 모든 것을 바꾸어버린다. 무심했던 암컷 쥐는 일단 새끼를 낳으면 세심한 어미 쥐가 되어 둥지를 짓고 새끼를 돌보고 기른다. 육아서를 읽고 배우는 사치를 누릴 수 없기 때문에 어미 쥐는 뇌 변화의 주요 원인이 임신 호르몬임이 분명하다. 새끼가 태어나는 순간 **새끼 행동과 어미 행동이** 동시에 시작되며, 그 후 며칠 동안 새끼들을 보고 냄새 맡고 소리를 듣는 경험을 통해 어미 행동은 훨씬 강화된다.

모성은 암컷 설치류를 더욱 영리하게 만든다. 새끼를 낳지 않은 암컷들과 달리 어미들은 학습과 기억, 먹이 찾기, 천적 피하기 같은 과제를 훨씬 능숙하게 해냈다. 더 용감했고 불안과 스트레스를 덜 느꼈지만 새끼들을 위협하는 존재가 나타나면 공격적으로 변했다. 새끼들이 젖을 떼고 독립한 뒤에도 새로 획득한 영리함은 죽을 때까지 사라지지 않았다. 여러 번 새끼를 낳은 늙은 암컷 쥐들은 새끼를 한 번도 낳지 않은 암컷보다 기억력도 더 뛰어났고 뇌 노화 정도도 덜했다.[196]

설치류에서 모성 행동과 뛰어난 인지 능력이 나타날 때는 해마의 전시각중추medial preoptic area(이하 MPOA)에서 '모성 회로'가 형성되었음을 분명하게 확인할 수 있다. 진통이 시작되면 어미가 될 쥐의 몸에서는 갑자기 MPOA에 있는 옥시토신 수용체와 결합하는 옥시토신의 양이 늘어나기 때문에 새끼가 태어남과 동시에 모성 행동을 할 수 있게 된다. MPOA는 '기분을 좋게 하는' 신경전달물질인 도파민을 활용해 보상과 동기를 부여하는 뇌 지역과 연결되어 있다(어쩌면 모성이라는 것 자체가 보상이 내재되어 있는, 아니 내재되어 있어야만 하는지도 모르겠다).

기억 형성과 감정 조절, 길 찾기 능력을 담당하는 해마와 후각에 아주 중요한 후구olfactory bulb도 임신, 출산, 모유 수유를 하는 동안 뉴런의 수, 신경화학 작용, 유전자 발현 같은 특징들이 변한다.[197]

수상돌기에서 시냅스를 형성하는 수상돌기가시도 가소성을 나타내는 신경 구조물이다. 수상돌기가시가 자라거나 사라지는 것은 시냅스 형성과 소멸과 관계가 있다. 임신 기간에 수상돌기가시는 호르몬이 비료가 되어준 것처럼 엄청나게 수가 늘어난다. 일반적으로 에스트로겐 수치가 높아지면 수상돌기가시의 수가 늘어나는 것으로 보아 수상돌기가시를 조절하는 주체는 에스트로겐일 수도 있다.

그렇다면 사람도 다른 포유류처럼 뇌에 모성 회로가 형성될까?

우리는 그럴 것이라고 추정하고 있다. 이제 막 어머니가 된 여성의 뇌를 촬영하면 아기가 울 때 시상하부와 보상 경로가 활성화되는 모습을 확인할 수 있다. 후크제마는 사람의 해마도 임신 기간에 크기가 변한다는 사실을 알아냈다. 하지만 사람은 동물과 크게 다른 점이 하나 있는데, 바로 사회적 뇌가 관여한다는 것이다. '진화의 빛이 없으면 생물학은 그 무엇도 이해할 수 없다'라는 말처럼 설치류 어미의 뇌 가소성은 어미가 먹이를 찾는 능력에 전적으로 의존하고 있는 새끼의 생존에 반드시 필요하다. 사람은 쥐와는 전혀 다른 진화적 압력을 받으며 진화해왔기 때문에 사람은 어머니의 먹이를 찾는 능력이 아기의 생존에 쥐만큼 큰 영향을 미치지는 않는다. 전통적으로 사람은 많은 인원이 모여 살면서 처음 아기를 낳은 어머니의 아기도 경험이 많은 다른 어머니들과 할머니들의 보살핌을 받을 수 있었다. 더구나 아버지, 형제와 사촌들도 아기를 위해 먹이를 구해왔으며 어머니의 젖이 부족할 경우 젖먹이 아기가 있는 다른 어머니들이 아기에게 젖을 나누어주었다. 부모가 아닌데도 '부모처럼 행동하는' 여러 개체들과 함께한다는 인류의 유산 덕분에 우리에게는 사회적 뇌가 발달하게 되었는데, 임신 기간에는 이 사회적 뇌를 형성하는 회로가 재배열되고 수정된다고 여겨진다.[198]

임신과 출산이 뇌 구조에 미치는 영향을 쓰면서 나는 블로그를 보고 기사를 읽고 책을 읽으면서 정말 셀 수도 없는 시간 동안 모성이 무엇인지를 알아내려고 애썼다(물론 나에게는 어머니와 여자로서의 정체성이 가장 중요하다). 그 많은 자료들이 말해주는 중심 내용은 어머니가 행복하려면 사랑과 사회적 연대가 제일 중요하다는 것이었다. '아이를 한 명 기르려면 전체 마을이 필요하다'라는 말이 있다. 하지만 현대 어머니들은 '마을'이 없는 사람이 너무나 많다. 분명히 어떤 어머니들에게는 아이를 기르는 과정이 어미 쥐가 그렇듯이 혼자서 동동거려야 하는 고독한 활동일 거라고 생각한다.[198]

1장에서 처음 태반을 다룰 때 나는 이 놀라운 기관이 어머니와 태아를 이어줘 산소와 영양분을 태아에게 공급하고 이산화탄소와 노폐물을 버리게 해준다고 말했었다. 태반은 어머니의 호르몬과 환경이 주는 스트레스에서도 최대한 아이를 보호하는 선택적 완충제 역할을 해준다. 그뿐이 아니다. 태반은 한 여성이 어머니로 변하는 과정을 지휘하는 거대한 분비샘 역할도 한다.[199]

착상이 되자마자 배반포(수정란)는 hCG(사람 태반 생식샘자극호르몬)를 만들어낸다(임신 검사기에 오랫동안 기다려왔던—혹은 너무나도 두려운—파란색 줄을 만드는 그 호르몬이다). 임신 초기에 hCG는 난자를 내보낸 난포가 발달해 만든 황체가 퇴화되지 않게 한다. 임신 초기에 임산부의 70퍼센트에서 80퍼센트 정도가 경험하는 입덧이 생기는 원인은 아직 정확하게 밝혀지지 않았지만 보통은 hCG가 유력한 용의자라고 생각한다.

태아와 태반의 통제를 직접 받는 황체는 프로게스테론을 생산한다(프로게스테론은 임신gestation을 지지하는pro- 호르몬이라는 뜻이다). 프로게스테론이 하는 역할은 아주 많은데, 자궁의 수축을 억제해 조산을 막고, 임신 기간에는 또다시 난자가 수정되지 않도록 임신 능력을 억제하기도 한다(임신을 하고 있는데 또 임신을 하다니, 상상이 되는지?).

임신하고 몇 달이 지나면 난소만으로는 내분비계가 요구하는 호르몬의 양을 맞출 수 없기 때문에 태반이 임무를 넘겨받아 프로게스테론과 에스트로겐을 만들기 시작한다. 일반적으로 난소가 만든 프로게스테론과 에스트로겐의 수치는 HPO(시상하부-뇌하수체-난소) 축과 계속해서 정보를 주고받아 양을 조절하지만 태반은 그런 제약을 받지 않기 때문에 호르몬으로 가득 차게 된다.

임신을 하면 임신 전보다 프로게스테론의 양이 10배에서 15배까지 증가하며, 에스트로겐의 양은 임신하지 않는 기간을 모두 합한 것보다 더 많은 양이 임신 기간에 분비되어 1000배 정도까지 많아진다. 그 때문에 "태아와 태반은 자신들이 도착했고 계속해서 머물 의도라는 사실을 큰 소리로 합심해 선언한다."라고 말하는 신경내분비학자까지 있을 정도이다.[200]

임신을 하면 성호르몬뿐 아니라 프로락틴과 옥시토신이라는 가장 중요한 두 모성 분자를 포함해 여러 신경펩타이드의 혈중 농도도 높아진다. 그 밖에도 성장 호르몬, 키스펩틴, 세로토닌, 렐락신 같은 여러 태반 호르몬과 분자들이 생성되지만 8장에서는 시간을 아껴야 하니 여성의 뇌에 가장 크게 영향을 미치는 분자들을 중심으로 살펴보자.

프로락틴, 임신 호르몬의 정수

프로락틴은 항상 붙어 다니는 옥시토신과 달리 신문 머리기사로 나오는 경우도 거의 없고 자신을 내세우는 일도 없다. 하지만 프로락틴은 타의 추종을 불허하는 다양한 역할을 한다. 가장 먼저 밝혀진 역할은 '수유lactation를 지지하는pro-'이라는 뜻을 가진 프로락틴이라는 이름에서도 알 수 있듯이 모유 생산을 촉진하는 것이지만 그 외에도 300가지가 넘는 역할이 있는데, 대부분은 임신이나 어머니 되기와 관계가 있다.[201]

8장을 쓰기 위해 나는 뉴질랜드 오타고대학교 신경내분비학과 데이브 그래튼Dave Grattan 교수에게 조언을 구했다. 내가 그래튼 교수를 처음 만난 것은 1996년으로 그때 나는 학부 과정을 끝내고 있었고 그는 새로운 연구팀을 만들려고 오타고대학교에 부임한 직후였다. 하나만 말하자면 그래튼 교수는 연구원으로서의 삶을 시작할 때 메릴랜드대학교에서 여성 뇌 발달 연구의 원로인 마거릿 매카시와 함께 연구했다. 스카이프 통화에서 그래튼은 프로락틴을 '임신 호르몬의 **정수**'라고 불렀다. "임신, 모유 수유, 어머니 되기는 몸과 뇌의 모든 체계를 바꾸는데, 지금까지 우리가 살펴본 그 모든 변화에 프로락틴이 간여하고 있었어."

육아 호르몬인 프로락틴은 진화적으로 보존되어 많은 생물에게서 그 역할이 나타나고 있다. 새들의 알 품기나 둥지 짓기, 물고기들의 지느러미로 깨끗한 물을 알에 부어 산소를 공급하는 행동 등이 모두 프로락틴과 관계가 있다.[196] 포유류는 어류와 조류보다 나중에 진화했으니 프로락틴이 모유 수유에 간여하게 된 진화도 나중에 일어났을 것이다.

임신을 하지 않았을 때는 뇌하수체 전엽에서 만들어지지만 프로락틴은 자기 자신이 스스로를 제어하는 호르몬이기 때문에 그 양은 아주 적다. 하지만 임신을 하면 엄청난 가소성을 갖게 된 산모의 뇌가 자기 조절을 하는 오프 스위치를 꺼 음성 피드백이 작동하지 않아 상당 기간 많은 프로락틴이 분비된다.[202]

임신 기간에는 프로락틴이 아주 많이 필요하기 때문에 뇌하수체만으로는 필요량을 감당할 수가 없어 태반이 자기 나름대로 필요한 양을 채울 방법을 모색한다. 태반이 생성하는 락토겐lactogen은 분자 구조가 프로락틴과 동일하며 쉽게 혈관-뇌 장벽을 뛰어넘어 프로락틴 수용체와 결합한다.[199,202]

두 사람 몫을 먹고 싶은 충동

첫 번째 임신 초기에 나는 프로락틴의 효력을 절실하게 느낄 수 있었다. 그때 나는 절대로 채워지지 않는 배고픔에 시달렸는데, 채소를 향한 내 혐오감만이 음식을 향한 충동을 막아줄 수 있었다. 내 식욕은 원초적이었고 압도적이었다. 나는 먹고 싶다는 바람보다는 **먹어야 한다는** 욕구에 사로잡혀 있었다. 원래 나는 아침을 많이 먹는 사람이 아니었는데도 오트밀을 몇 그릇이나 먹고 바나나를 미친 듯이 먹은 뒤에도 오전 열 시만 되면 미친 듯이 배가 고팠다. 내가 만약 실험실의 설치류였다면 내 행동을 기록하는 일지에는 '극단적인 과식 폭성'이라는 글이 적혔을 것이다.

프로락틴은 배고픔과 (배가 부르다는) 만족을 조절하는 호르몬들에 작용한다. 보통 이런 호르몬들은 배가 고프거나 이미 배가 부르다는 사실을 알아야 할 때 감각적으로 신호를 보낸다. 임신 기간에 이 호르몬들이 보내는 신호는 더 먹으라는 쪽으로 치우치는데, 그것은 아기에게 충분한 영양소를 공급하고 산모에게 늘어난 신진대사 과정을 처리할 수 있는 에너지를 주고 모유 수유에 필요한 지방을 충분히 저장할 수 있도록 어머니 자연이 만들어낸 방법이다.

바로 여기에 문제가 있다. 임신 초기에는 프로락틴이 더 먹고 덜 움직이고 지방을 쌓으라는 신호를 보낸다. 그런데 많은 여자들이 필요한 양보다 **지나치게 많은** 양을 먹는다. 이것이 문제가 되는 이유는 그 때문에 어떤 여자들(오스트레일리아와 뉴질랜드 임산부의 경우에는 전체의 절반 정도)은 임신 기간에 이미 과체중이나 비만이 되어버린다.

임신 때 체중이 늘어나는 이유는 그저 지방을 저장하는 것 외에도 아기는 물론이고 태반, 늘어난 혈액, 양수 등 여러 원인이 있다. 임신을 했을 때 나는 매번 환자를 보면 체중을 재야 직성이 풀리는 의사를 만났고, 산모 수첩을 들춰보면 프로락틴은 지방을 축적해야 한다는 목표를 충실하게 이행했음을 알 수 있다. 나는 임신 12주도 되기 전에 전체 임신 기간에 늘어난 총 체중의 절반 이상을 채울 수 있었다.

물론 몸무게가 건강 상태를 알려주는 유일한 지표는 아니지만 임신했을 때 비만이 되거나 과체중이 되면 임신성 당뇨, 고혈압, 임신중독증 같은 질병에 걸릴 가능성이 높아지고 제왕절개를 할 수도 있고 출산 후 합병증이 생길 수도 있다. 산모가 비만일 경우에는 아기도 훗날 심장병이나 제2형 당뇨 같은 건강 문제로 고생할 가능성이 생긴다.[203,204] 더구나 과도하게 체중이 늘어난다는 것은 아기를 낳은 뒤에 체중을 줄이기가 어려울 수도 있다는 뜻이다(그 전까지는 살을 빼는 일이 아주 쉬웠던 사람도 말이다).

여자들은 모두 다르지만 건강하고 '정상' 체중인 여성이라면 임신 초기에 필요한 여분의 열량은 매일 과일을 몇 조각 먹거나 우유를 한 잔 마시면 된다(나 같은 사람은 도저히 만족하지 못할 것 같은 아주 적은 양의 간식으로 충분한 것이다). 임산부의 적절한 체중 증가에 관한 국제 권장량이 있지만 산모들이 그 지침을 제대로 따르지 않는다는 말을 해줘도 그리 놀랄 사람은 없을 것 같다.[205]

이런 모든 사실들은 예부터 내려온 —먹을 것이 부족했던 과거에는 충분히 이해할 수 있는 조언인— '두 사람 몫을 먹어라!'라는 충고는 현대인들에게는 맞지 않는다는 의미이다. 이제 임산부들은 '너는 두 사람 몫을 먹으면 **안 된다!**'라는 경고를 듣는데, 그말은 마치 나에게는 '너의 몸이 하는 말에 귀를 기울이지 마라!'라는 말처럼 들려 당혹스럽다.

그래튼 교수가 지적한 것처럼 건강하게 체중을 늘린다는 것은, 그것도 이미 과체중이거나 비만인 산모가 적절하게 체중을 늘려간다는 것은 자기 몸의 생명 작용에 저항한다는 뜻이다. "산모들이 싸워야 하는 대상은 많이 먹고 활동량을 줄이라고 명령하는 내부 프로락틴이니, 이 싸움은 질 수밖에 없는 싸움이지. 먹지 않으려고 애쓰는 동안 상당히 많은 스트레스가 쌓일 수 있는데, 알겠지만 과도한 스트레스는 임산부에게 좋지 않아."

임산부는 (다른 모든 사람들처럼) 증거가 충분하며 배려하는 태도로 수치심을 불러일으키지 않는 방식으로 보살핌을 받고 필요한 조언을 들어야 한다. 우리는 모두 아기와 우리 자신을 위해 최상의 영양 상태를 유지하기를 원하며 임신 기간에는 살을 빼라거나 다이어트를 하라는 소리는 듣지 않는다. 정기 검진을 받는 임산부의 체중을 재는 관행이 다시 유행하는 이유도 그 때문이다. 몸무게를 재면 체중 증가에 관해 이야기를 할 수 있는 기회가 생기니까.

분명히 임신 기간에 체중과 식욕을 관리하는 문제에 관해서는 조언만큼이나 조언을 하는 방식도 중요하다. 임신 중기에 나는 한 의학 학회에 저널리스트로 참가한 적이 있는데 한참 입덧으로 고생하는 나에게 한 의사가 다가오더니 "자연분만을 하고 싶으면 지금 들고 있는 커스터드 페이스트리는 내려놓는 게 좋을 겁니다."라고 했다. 내몸을 가득 채우고 있는 프로락틴이 스트레스 수치를 낮추어주고 불안을 억제해준 것이 그 남자에게는 천만다행이었을 것이다.

임신 건망증은
정말로 있을까?

1장에서 살펴본 것처럼 우리가 태어나기 전에 보낸 아홉 달은 우리가 살아갈 나머지 인생의 모습을 결정할 수도 있다. 코르티솔은 갓난아기의 HPA(시상하부-뇌하수체-부신) 축을 미리 설계해두기 때문에 태아기 때 과도한 스트레스를 받으면 성장한 뒤에도 스트레스에 더욱 과하게 반응하게 되고 몸과 마음에 병이 들 가능성이 커진다. 따라서 임산부에게 과도한 스트레스를 피하는 일은 아주 중요하다.

임산부는 아기가 스트레스를 받지 않도록 몸속에 완충 장치를 만든다. 가장 전방에 있는 완충 장치는 HPA 축을 진정시키는 일인데, 그럴 때는 주목할 만한 부작용이 발생한다. 외부 스트레스에 크게 반응하지 않아 불안해지지 않을 수 있는 것이다. 두 번째 방어벽은 태반이 어머니의 코르티솔을 비활성 스테로이드로 바꾸는 효소를 분비하는 것이다. 하지만 효소 방어벽은 감염이나 염증, 혹은 어머니의 코르티솔의 양이 과도하게 많을 때는 뚫릴 수 있다.

프로락틴은 임신 기간 내내 높은 수치를 유지하는 유일한 호르몬이기 때문에 HPA 축을 진정시켜 스트레스와 불안을 낮추는 주요 공

여자, 뇌, 호르몬

헌자일 가능성이 높다.

한 실험에서 연구자들은 쥐에게 프로락틴을 주입하고 미로 찾기를 시켰다. 일반적으로 임신을 하지 않은 쥐는 겁이 많고 불안해하며 모르는 곳에서 주변을 탐색하러 다니지 않는다. 하지만 프로락틴을 주사한 쥐들은 아주 용감해졌다. 보통 환경을 탐색하는 시간보다 훨씬 많은 시간을 들여 주변을 관찰했고 임신한 자매들처럼 모험가처럼 행동했다. 또 한 연구에서는 10분 동안 '수영하는 실험'을 했다. 쥐는 물을 좋아하지 않지만 수영은 잘하는데, 수영 실험으로 쥐들의 불안을 측정할 수 있다. 프로락틴을 주사한 쥐들은 물속에서도 포기하지 않고 가만히 떠 있는 대신 물을 빠져나갈 수 있는 길을 찾으려고 물탱크 가장자리를 계속해서 긁으면서 위로 올라가려고 했다(무기력하게 가만히 물에 떠 있는 것은 극도로 스트레스를 받아 절망하고 불안해하고 있다는 뜻이다).[206]

그래튼 연구팀은 프로락틴이 임신을 했거나 젖을 먹이는 생쥐의 불안을 줄일 수 있는지 알아보았다. 스트레스를 받으면 시상하부는 뇌하수체로 CRH(코르티코트로핀 분비 호르몬)를 보낸다. 그래튼 연구팀은 프로락틴이 CRH 뉴런의 활동을 억제해 여성의 HPA 축이 활성화되지 못하도록 막는다는 사실을 알아냈다.[207] 프로락틴의 이런 작용은 출산을 한 뒤에도 아기가 모유 수유를 하는 몇 주 혹은 몇 달 동안 지속된다고 여겨지며, 따라서 프로락틴이 활성화되어 있는 동안에는 스트레스 반응이 낮게 유지될 것이라 생각된다.

프로락틴과 함께 육아를 담당하는 유명한 사촌 호르몬 옥시토신은 분명히 임신을 하지 **않았을 때** 스트레스 반응을 낮춰준다. 그러나 **임**

신 기간에 같은 작용을 한다는 증거는 거의 없다. 옥시토신은 첫 번째 진통이 시작될 때에야 자기 능력을 완전히 발휘한다. 에스트로겐과 프로게스테론도 임신 기간에 스트레스를 낮춰준다는 직접적인 증거는 나오지 않았다. 그보다는 프로게스테론으로 만드는 알로프레그나놀론allopregnanolone이라는 분자가 스트레스 감소와 관련된 모든 항목(스트레스 감소, 우울증 감소, 불안 감소, 공격성 감소, 사회 친화성 증가, 성 기능 강화, 수면 장애 완화, 신경 보호 작용 등)에 들어맞았다.

임신 기간에 두려움과 스트레스, 불안을 줄이다니, 모두 바람직한 적응 반응처럼 보인다. 당연히 잔뜩 긴장한 채 걱정하느라 잠을 자지 못하는 엄마보다는 차분하고 느긋한 엄마가 훨씬 좋아 보인다. 하지만 이제 곧 출산을 앞둔 뇌에서 HPA 축이 활성화되지 않고 두려움 반응이 줄어든다는 것은 공격성, 분노, 우울증 같은 감정이 증가하는 예기치 못한 결과를 불러올 수도 있다. 여성의 스트레스 반응을 줄이고 불안을 낮춰주는 일이 우울증에 걸릴 가능성을 크게 높일 수 있다니, 정말 풀기 힘든 난제이다. 이것은 어쩌면 이제 막 출산을 앞둔 어머니의 마음속에서는 상향식 호르몬 신호만으로는 설명할 수 없는 많은 일이 일어나고 있음을 알려주는 중요한 단서일 수도 있다.

'엄마 뇌'로 살아갈 준비

이 책을 써야겠다는 생각이 살며시 들기 시작했을 때 내 마음속에서 떠오른 의문 한 가지가 있었다. 정말로 임신을 하면 기억력이 나빠지고 체계 없이 허둥대면서 실수를 해대는 것인지 궁금해진 것이다.

여자, 뇌, 호르몬

나는 정말로 임신 건망증이 있는 것인지 궁금했다. 사실 임신 건망증이 있다는 이야기를 나는 그다지 믿을 수가 없었다.

2007년, 박사 후 연구원으로 5년을 지낸 뒤에 나는 실험복을 벗어버리고 건강 관련 언론사에서 과학 관련 글을 쓰는 직업을 갖게 되었다. 늘 예리한 정신력과 창의성을 가지고 제때 마감을 해야 하는 역동적이고 정말로 힘든 일을 선택했던 것이다(학계는 빙하가 전진하는 속도로 움직이며 마감이 있을 때에도 언론사처럼 일정이 긴박하게 돌아가지는 않는다). 저널리스트로 처음 근무하던 날 나는 임신 9주였고 굶주리고 있었지만, 맡은 일은 잘 해냈고, 한 의사에게 커스터드 페이스트리를 거의 집어던질 뻔했던 때를 제외하면 내 자궁의 상태와 일을 하는 능력에 어떤 관계가 있으리라는 생각은 거의 하지 못했다.

어쩌면 이제 여러분은 내가 '임신 건망증'도 여성 뇌 과학 연구 분야에서 철저하게 무시해왔던 여러 연구 주제 가운데 하나라고 선언할 거라고 생각하고 있을 것이다. 하지만 놀라지 마시라! 임신 건망증은 사람과 동물 모두에서 아주 상세하게 연구를 진행해온 주제니까.

그런데 한 가지, 흥미로운 모순이 있다. 임신 기간과 출산 직후에 집중하기 힘들고 제대로 기억하지 못하는 등 뇌 기능에 문제가 생겼다고 대답하는 임산부는 전체 임산부의 75퍼센트에 달한다.[208] 하지만 그런 일은 있을 수 없다고 말하는 연구 결과는 아주 많다. 연구 결과들은 대부분 임신과 출산은 기억력에 아무 영향을 미치지 않는다고 말하며, 오히려 임신이 인지 능력을 **향상시킨다는** 결론을 내린 연구 결과도 아주 많다.

데이브 그래튼 교수는 임신 건망증은 모성을 다룬 신경과학 분야에 존재하는 가장 큰 오해 가운데 하나라는 말까지 했다. "모든 증거가 가리키는 건 반대 방향이야. 임신 기간에도 출산을 한 뒤에도 임산부와 임신한 동물들이 임신하지 않은 개체들보다 학습과 기억의 모든 측면에서 앞서 있다고." 그래튼 교수의 말처럼 임신 기간에 분비되는 모든 화학물질은 정신을 영민하게 만들고 기분을 좋게 한다. 임신한 뇌에서는 기분을 좋게 하는 옥시토신과 프로락틴이 넘쳐나며 인지 능력을 향상하는 에스트로겐 수치도 1000배나 증가한다.

2014년에 임신 건망증에 반기를 드는 논문이 《임상·실험 신경생리학 저널The Journal of Clinical and Experimental Neuropsychology》에 실렸다. 논문 저자들은 임신과 출산이 기억력과 주의력을 어떻게 바꾸는지 알고 싶었다. 저자들은 42명의 임산부를 대상으로 포괄적인 신경생리학 실험을 진행했다. 언어 기억, 공간 기억, 주의력, 언어 능력, 집행 능력, 기분 등을 검사한 임산부들은 출산을 한 뒤에도 3개월과 6개월이 되는 날에 다시 같은 능력을 측정했다.[209]

기억력을 비롯한 모든 신경생리학 검사에서 임산부와 어머니들은 아기가 없는 21명의 대조군 여성들과 똑같은 능력을 발휘했다. 임신을 했거나 아기를 낳은 여성들과 그렇지 않은 여성들에게 나타나는 커다란 차이는 두 가지밖에 없었다. 한 가지 차이가 나는 항목은 기분이었다. 예상할 수 있듯이 임신한 여성과 어머니가 된 여성들의 기분은 저조했다. 또 한 가지 차이가 나는 항목은 스스로 평가하는 기억력이었다. 임산부 혹은 어머니가 된 여성들은 끊임없이 자신들의 기억력은 나쁘며 검사 결과가 좋게 나올 리가 없다고 말했다. 놀랍게도 자신의 기억력이 형편없다는 그들의 태도는 실제로 그런 생각과는 정반대 결과가 나왔음을 보여주어도 바뀌지 않았다. 연구팀을 이끈 마이클 라슨Michael Larson은 이렇게 말했다. "자신이 잘하지 못할 거라는 기분이 그토록 강하게 든다는 사실이 놀라웠습니다."

이런 결과는 수도 없이 반복적으로 나타났다. 오스트레일리아 과학자들이 진행한 한 연구에서는 임산부들은 스스로 '임신 건망증' 때문에 고생하고 있다고 믿었지만 임신을 하지 않은 여자들보다 기억력 검사 점수가 더 높았다. 연구를 진행한 과학자들은 "임신은 기억력에 문제를 일으키기보다는 강화하고 있는 것 같았다. 임산부들이 기억에 문제가 있다고 불만을 표현하는 이유는 그럴 것이라고 '거짓 기대'를 하고 있기 때문이라고 생각된다."라고 했다.[210] 임신은 여성의 인지 능력을 바꾸는 것이 아니라 여성이 자신에 관해 생각하는 인식을 바꾸는 것이라는 결론을 내린 연구 결과도 있다.[211]

어째서 객관적인 검사 결과와 달리 자신이 '임신 건망증'으로 고생하고 있다고 생각하는 임산부가 그렇게 많은 것일까?

캐서린 엘리슨Katherine Ellison은 '임신 건망증'에 관한 책을 쓴 저널리스트이다. 《엄마의 뇌 ─ 우리를 훨씬 똑똑하게 만드는 엄마 되기The Mommy Brain: How Motherhood Makes Us Smarter》에서 엘리슨은 '임신 건망증'이라는 개념은 여성들이 다수 직장 생활을 시작했던 1960년대에 만들어졌다고 했다.[212] "그 같은 사회적 변화는 다른 사람들에게는 감시할 거리를 주었고 어머니들에게는 새로운 자의식이 생기게 했다." 엘리슨은 어쩔 수 없이 관심을 분산해야 하거나 잠시라도 방심했을 때 여자들이 내놓는 변명이 '임신 건망증'이라고 했다. "조금 바보 같은 말을 했을 때는 흔히 '임신 건망증' 때문이라는 말을 하는데" 임신한 여자들은 네 명 가운데 세 명의 비율로 이런 비관적인 생각을 믿고 있다는 의견을 피력한다. 임신을 하면 건망증이 생긴다는 현대 신화는 확증 편향 때문에 사라지지 않고 지속되며, 그런 확증 편향을 근거로 우리는 우리 문화가 기대하는 대로 결과를 내주는 증거들만을 선택적으로 찾아낸다. 우리는 잊어버려야 하는 것이 옳다는 훈련을 받아왔고 왜 잊어버려야 하는지를 말해주는 정해진 이유도 이미 가지고 있다.

'임신 건망증'을 다룬 문헌들을 읽어나가는 동안 나는 호르몬 때문에 요동치는 감정이라는 개념과 생리 주기와 월경 전 증후군에 관한 이야기들은 사회가 기대하는 믿음이 있고 정형화되어 있다는 사라 로만스의 연구 결과를 계속해서 떠올릴 수밖에 없었다. 내가 보기에 '임신 건망증'은 여자들이 아무런 의심 없이 받아들인 또 다른 사회적 기대이다. 라슨 연구팀은 어떤 개념을 문화가 규정하는 힘을 자세히 다루면서 임신을 하면 '어쩔 수 없이' 인지 능력이 떨어질 수밖에 없다고 굳게 믿는 믿음은 "여성은 감정적이며 생리 주기에 따른 호르몬 변화에 휘둘리는 존재라는 인식"과 관계가 있다고 했다.

공정하게 말하자면 임신 후반기에 기억력과 주의력이 조금 감소하는 여자들도 있다는 사실을 밝힌 연구들도 있다. 특히 출산 충격에서 아직 벗어나지 못하고 잠도 부족한 출산 후 며칠 동안은 주의력이 낮아진다는 당연한 연구 결과도 있다. 건강한 인지 기능을 유지하려면 잠을 푹 자야 하는데, 출산이 임박하면 당연히 제대로 잠을 자지 못한다. 코르티솔 때문에 엄청나게 긴장해 있는 데다가 불룩 튀어나온 배 때문에 숨 쉬기도 불편하며 렐락신 때문에 관절도 아프고 곧 아기

여자, 뇌, 호르몬

를 낳아야 한다는 사실 때문에 완벽하게 긴장하고 있으니 불면증에 시달리는 것은 당연하며, 자꾸 잊어버리는 것도 당연하다.

적절한 균형을 맞추기 위해 이제 이 모순을 다른 방식으로 설명해보자. 즉 이런 모순이 생기는 이유는 여자들의 인식 때문이 아니라 실험실에서 기억을 검사하는 방법에 있다고 생각해보는 것이다.

'임신 건망증'은 확인하기가 어려워서 실험실에서 단순하게 측정할 수는 없다고 주장하는 과학자들도 있다. 9장에서는 수면에 존재하는 비슷한 모순을 살펴볼 것이다. 많은 임산부가 수면 장애를 겪고 있다고 불만을 터뜨리지만 실험실 검사 결과는 임산부들의 수면에는 아무 문제가 없다고 한다. 하지만 실험실에서는 여자들에게서 일어난 미묘한 인지 변화를 제대로 측정하지 못할 수도 있다. 완전히 녹초가 된 임산부나 산모를 실험실로 데려와 완벽한 잠자리가 갖추어진 조용한 방에 혼자 있게 하는 것은 늘 긴장해야 하고 정신없이 일상을 보내야 하는 현실 세계와는 완전히 다른 환경을 제공할 것이다. 실험실에서 임산부 혹은 어머니가 된 여성들은 아주 평화로운 고요를 누릴수 있을 테니, 실험 자체를 즐길 수도 있다!

임신과 어머니 되기는, 특히 첫 번째 경험일 때는 관심이 다시 내면으로 집중된다. 1950년대에 영국 소아과의사 도널드 위니콧Donald Winnicott은 다시 집중되는 관심이 "어머니를 사로잡는 주요 열정으로…… 다른 모든 것을 배제하고 아이에게만 전적으로 초점을 맞추는 극도로 민감한 상태"라고 했다. 이제는 고전이 된 책 《어머니의 탄생 — 어머니 되기 경험은 당신을 영원히 바꾼다The Birth of a Mother: How the Motherhood Experience Changes You Forever》에서 다니엘 스턴

Daniel Stern과 나디아 브루시바일러 스턴Nadia Bruschweiler-Stern은 어머니가 되면 완전히 바뀌는 사고방식에 관해 썼다. "어머니가 되면 새로운 방식으로 생각을 하게 되어 이전의 정신생활은 옆으로 미뤄두고 내면생활의 중심 무대를 채우려고 달려가기 때문에 완전히 새로운 사고방식이 형성된다."[213]

나도 내 경험을 바탕으로 확증 편향을 하고 있는지도 모르지만, 어쨌거나 나는 엘리슨과 라슨과 같은 의견이다. 라슨은 말했다. "그 같은 사실을 알게 된다면 '나는 임신을 했지만 괜찮다고 생각해.'라고 말하게 될 테고, 그 때문에 삶의 질이 향상되고, 삶의 기능을 향상할 수 있고, 자기 자신을 믿을 수 있게 될지도 모른다." 또 엘리슨은 이렇게 말했다. "엄마 뇌를 뇌 장애로 생각하지 말고 똑똑해져야 한다는 평생의 과업에서 이점을 얻은 것이라고 생각해야 한다." 어떤 연구가 전통적인 신화에 힘을 실어주고 임신한 여성과 어머니들을 직장에서 차별하는 수단으로 활용된다면 어떻게 해야 할까? 우리는 우리 자신을 위해 앞으로 나아가고 새로운 이야기를 다시 써나가야 한다.

진통이 뇌에 도움이 될까?

나의 둘째 아들은 자기가 태어났을 때 있었던 사건을 좋아한다. 그 이유는 아마도 생존 전문가 베어 그릴스가 단역으로 출연하기 때문일지도 모르겠다. 자세한 이야기를 상세하게 할 수는 없지만 아무튼 그날 저녁에 나는 뇨키와 그린 페스토를 먹으면서 베어가 야생에서 통나무도 넘고 강도 건너면서 온갖 모험을 하는 모습을 지켜보고 있다가 고통스럽지만 익숙한 통증을 느꼈다. '그래, 이 느낌이야. 이제 기억나. 엄마 말이 맞았어!' 그때 나는 그런 생각을 했다. 엄마는 늘 여동생이 나오려는 진통이 시작됐을 때 첫 번째로 겪었던 진통에 관한 기억이 홍수가 밀려오듯이 떠올랐다고 했다. 아기를 낳아본 여자들은 대부분 진통만큼 끔찍했던 통증은 느껴본 적이 없었다고 말하지만 시간이 흐르면 그 통증에 대한 기억은 희미해져버린다. 그 기억을 선명하게 상기시켜줄 수 있는 것은 오직 하나, 또다시 진통이 시작되는 것뿐이다.

둘째 아들을 낳을 때는 예정일보다 10일 먼저 진통이 시작됐지만 여느 임산부처럼 나도 인터넷으로 '빨리 진통이 시작되는 법'을 찾아보았고, 카레나 파인애플을 먹어보라든가 침을 맞아보라든가 섹스를 해보라든가 유두를 꼬집어보라든가 걸어보라는 등의 온갖 제안을 읽어보았다. 내 요가 선생님은 쪼그리고 앉았다가 수없이 많이 발을 쿵쿵 구르고 숨을 씩씩거리는 '진통 유도 하카(뉴질랜드 원주민 전사들의 춤—옮긴이)'를 가르쳐주기도 했다. 하지만 실제로 진통을 유도하는 법을 아는 사람은 없었다. 의과학도 인터넷에 흩어져 있는 정보만큼이나 많은 방법을 제시하며, 진통을 연구한 과학자들도 많다(특히 조산을 막으려고 연구하는 과학자들이 많다). 진통이 시작되는 시간은 어머니와 아기, 그리고 태반이 복잡하게 상호작용해 결정된다. 진통이 시작되려면 먼저 정지해 있던 자궁과 단단하게 닫혀 있던 자궁경부는 강하게 수축하는 자궁과 부드럽게 팽창하는 자궁경부가 되어야 하며 당연히 아기는 세상에 나갈 수 있을 만큼 충분히 성장해 있어야 한다.

진통 시 느끼는 고통은 여자들마다 상당히 다르다. 큰아들을 낳으러 갔을 때 나는 내 동생만큼만 진통을 느끼리라고 생각했고, 충분히 참을 수 있을 거라고 믿었다. 하지만 내 생각은 완전히 빗나갔고 나는 바닥에서 데굴데굴 굴러야 했다. 내 동생처럼 참을 수 있는 고통을 느끼는 사람도 있고 나처럼 죽을 것처럼 심한 고통을 느끼는 사람도 있다.

'자연' 분만을 해야지만 아기에게 사랑과 애정을 느끼게 해주는 호르몬이 다량 방출된다는 말이 있다. 사랑이 극심한 진통을 겪은 뒤에 받는 보상이라고 말이다. 어머니와 아기의 피부가 닿고 태어나는 즉시 모유를 먹여야만 사랑은 더욱 강렬해진다고도 말한다. 제왕절개를 하거나 진통제를 먹는 산모는 그런 호르몬의 수혜를 받을 수 없다는 말도 들어봤는지 모르겠다. 내가 최근에 한 학회에 참석했을 때 들은 것처럼 여자라면 "출산의 고통을 느껴봐야 한다." 혹은 "신성한 여성성을 부인하는 것이다." 같은 말을 들어봤는지도 모르겠다(그 말을 한 사람은 남자였고, 그 소리를 듣는 내내 회의장 뒤에 앉아 있던 나는 기분이 나빠 씩씩거리며 콧김을 내뿜고 있어야 했다).

출산을 둘러싼 사건들이 상대적으로 기여하는 정도(본성)와 어머니와 갓난아기의 상호작용(양육)의 우위를 정하려는 시도는 달걀 껍데기 위를 걷는 것처럼 아슬아슬하다. 일반적으로 연구들은 대부분 제약이 있지만, 내가 보기에 가장 큰 문제는 '자연이 의도한 방법'대로 아기를 낳지 않는 어머니들은 어떤 이유에서건 죄의식을 느껴야 한다고 주장할 뿐 아니라 그렇게 느끼게 만든다는 데 있다. 예를 들어 fMRI를 이용해 자연분만을 한 어머니와 제왕절개를 한 어머니들의 뇌를 비교한 연구도 있다. 연구에서 출산을 하고 한 달이 지났을 때 자연

여자, 뇌, 호르몬

분만을 한 어머니는 울고 있는 자기 아기에게 엄청난 신경 반응을 보였지만 제왕절개를 한 어머니는 그다지 반응을 보이지 않았다. 하지만 출산 후 석 달에서 넉 달 정도가 지나면 그런 차이는 사라졌다.[214]

확실히 제왕절개를 한 산모는 자연분만을 한 산모보다 아기와 피부가 접촉하는 시간도 늦고 모유를 수유하는 시간도 느리지만, 그 차이는 몇 분에서 몇 시간에 불과하다. 그런 차이가 단기적으로는 영향을 줄 수도 있지만 아기가 세상에 나오는 방법은 어머니의 기분에 영향을 미치지 않는다. 자연분만을 한 산모도 아기에게 데면데면할 수 있고 제왕절개를 한 산모도 아기에게 흠뻑 빠져버릴 수 있다.

그와 마찬가지로 내가 맞은 경막 외 마취제가 모유 수유나 모성애를 방해한다는 뚜렷한 증거도 없다(나의 경우에는 전혀 상관이 없었다). 어머니와 아기의 유대감이 형성되려면 어머니가 고통을 느껴야 한다거나 놓쳐서는 안 될 중요한 시기가 있는 것도 아니다.[215] 어머니의 질을 통해 아기가 나와야만 뇌에 있는 '엄마 스위치'가 켜지는 것은 분명히 아니다.

내가 만난 그 많은 어머니들을 생각해보면 양육 형태나 출산 방법으로 어머니들을 두 집단으로 나눌 수 있는 방법은 전혀 없다(그런 식으로 나누자는 제안을 하는 순간 분명히 엄청난 비난의 눈초리와 신랄한 욕이 쏟아져 나올 것이다). 자연분만을 한 자상한 어머니와 제왕절개를 한 매정한 어머니라니!

어머니 자연이 진통과 출산, 어머니의 애정에 부여해놓은 모든 조항은 자비롭지도 않고 온화하지도 않다고 말하는 것으로 충분할 것이다. 오늘날 많은 여성들이 원한다면 어머니와 아기의 안전, 출산외상을 피하고 살아남을 가능성을 높일 수 있도록 현대 과학을 기반으로 하는 의학에 기대어 출산을 하는 특권을 누릴 수 있다. 또한 그러기를 바란다면 진통을 겪지 않고도 아기를 낳을 수 있다.

임신과 출산이 모성 행동을 시작하게 하는 신경계의 받침대 역할을 할 수도 있지만 사람의 양육은 전적으로 호르몬에만 의존하지는 않는다. 임신과 출산을 하지 않아도 아기를 기르는 경험은 옥시토신과 프로락틴의 분비를 촉진한다. 아버지나 양부모, 다른 가족 구성원들이 아기를 사랑하는 이유는 그 때문이다. 양육이라는 행위를 통해 애착 관계가 형성되고 사랑이 자라는 것이다.

아기들이 우는 이유

출산 직후에 사람이 아닌 동물들은 본능적으로 새끼를 보살피고 먹이고 보호해준다. 물론 우리도 마찬가지이기는 하다. 우리도 아기에게 쉴 새 없이 입을 맞추고 손가락과 발가락 개수를 세고 달콤한 아기 냄새를 듬뿍 들이마신다. 우리가 아기에게 사로잡히는 과정은 사랑에 빠지는 과정과 전혀 다르지 않다.

지금까지 계속 이야기해온 것처럼 아기와 애착 관계를 맺고 육아를 하는 데는 임신 호르몬이 필요하지 않다. 새끼를 전혀 낳아보지 않은 처녀 쥐도 적절하게 교육하면 어머니 역할을 수행한다. 낯선 새끼와 계속해서 함께 있어야 하는 처녀 쥐들은 결국 새끼를 한쪽 구석으로 데려가 핥아주고 둥지를 만들어주고 젖이 나오지 않는데도 젖먹이 자세를 취하는 등, 결국에는 어머니 행동을 한다는 고전적인 연구 결과

여자, 뇌, 호르몬

도 있다. 새끼와 같이 있는 기간이 7일에서 10일 정도가 흘러야 하기는 하지만 새끼를 낳아본 적이 없는 쥐도 결국에는 새끼를 돌보는 방법을 익혔다. 후속 연구들은 임신과 출산은 아기를 돌보는 행동이 나타나는 데 걸리는 시간을 줄일 뿐이라는 사실을 밝혔다. 새끼를 낳은 어미는 낳는 즉시 어머니 행동을 시작했지만 아버지나 아기를 낳지 않은 어머니들도 결국에는 아기에게 애착을 느끼고 돌보기 시작했다. 결국 조금 더 인내하고 시간이 흐르기를 기다리면 되는 것이다.[216]

아기들은 사랑받고 싶다는 강한 욕구를 지니고 태어나기 때문에 자신을 보살피는 사람과 유대감을 형성할 수 있는 행동을 한다. 보호자의 시선을 끌 수 있거나 웃거나 말로써 문제가 있음을 알리는 능력을 갖기 전까지는 우는 것이 아기가 사용할 수 있는 가장 강력한 의사소통 수단이다. 우는 것은 아기가 부모나 보호자에게서 반응을 끌어낼 수 있는 방법 가운데 하나이다.

아기는 모두 운다. 아기의 관점에서 보면 우는 것은 생존의 필수 조건이다. 실제로 사람 아기를 비롯해 갓 태어난 포유류는 모두 우는데, 포유류의 울음소리는 종에 상관없이 상당히 비슷한 소리를 낸다. 어찌나 비슷한지 한 종의 갓 태어난 어린 개체가 우는 소리로 다른 종의 성체가 달려오게 할 수 있을 정도이다. 한 실험에서 어른 사슴은 마멋, 물개, 고양이, 박쥐, 사람의 아기 울음소리에 모두 반응했다. 연구원들에게 받은 녹음을 우리 집 코카스파니엘에게 들려주자 우리 개는 귀를 쫑긋 세우더니 내 노트북 앞으로 달려와 냄새를 맡았다.[217] 따라서 포유류 성체는 모두 아기의 울음소리에 반응하도록 뇌회로가 형성되어 있다는 가설을 세울 수도 있을 것 같다.

보통 연구자들은 fMRI를 사용해 어머니가 자신의 아기와 다른 아기의 울음에 반응하는 모습을 비교한다. 사람을 대상으로 진행한 거의 모든 fMRI 연구에서는 아기가 우는 소리를 들으면 임신 기간에 얇아진 뇌 지역이 활성화됨을 확인할 수 있었다. 아기가 우는 소리에 아버지도 반응한다는 사실을 밝힌 연구도 조금 있다(당연한 사실이 아닐까 싶지만). 어머니의 뇌를 연구하는 루스 펠드먼Ruth Feldman은 아기가 울 때 어머니는 편도체가 훨씬 활발하게 활동했고 아버지는 대뇌 피질이 훨씬 활발하게 활동한다는 사실을 알아냈다. 펠드먼은 임신 호르몬 때문에 어머니는 독특한 상향식 변연계 경로가 활동하고 양육으로 애착 관계가 형성된 아버지는 하향식과 밖에서 안으로 영향을 미치는 요인이 뇌 활동에 영향을 미치는지도 모른다고 했다.[218]

아기와 상호작용하면 남자의 몸에서도 옥시토신, 프로락틴, 코르티솔은 물론이고 에스트로겐의 수치까지 증가한다. 양육에 적극적으로 참여하는 아버지의 몸에서는 테스토스테론의 수치가 낮아지는데, 이는 아기에게 공감하고 아기를 보살피려는 반응일 수도 있다.[219] 호르몬과 양육의 문제에서는 원인과 결과를 정확하게 밝히는 일이 쉽지 않다. 하지만 아기와 상호작용하는 아버지의 호르몬과 신경 회로는 어머니와 비슷한 방식으로 조절되는 것 같다.

여자, 뇌, 호르몬

모유 수유를 하는
뇌의 좋은 점

조산사가 내 큰아들에 관해 처음으로 한 말은 이거였다. "얘는 먹으려고 태어났나 봐요. 어머, 이 엄마 젖꼭지 좀 봐요." 아이가 자라는 동안 그 이야기를 벌써 몇 번이나 해주었는지 모르겠다(물론 내 능력 말고 아이의 능력에 관해서만 말해주었다). 우리 첫째는 지금도 정말 잘 먹는다. 매일 아침 시리얼 바를 여덟 개나 아홉 개 정도 먹어 치우는 녀석이다. 사실 내 가슴 이야기도 한껏 자랑하고 싶었지만 가슴 문제는 은근히 자랑을 하는 게 쉽지 않아서 아직까지 하지 못했다(물론 이 책에서 드디어 해냈지만 말이다).

아기를 낳으면 주변 사람들이 산모의 가슴과 맺는 관계가 평소보다는 훨씬 더 친밀해지는 것 같다. 어쨌거나 우리는 포유류이고 포유류 암컷은 분명히 젖을 생산해 자손에게 먹일 능력을 보유하고 있으니까. 물론 모든 어머니가 모유 수유를 할 수 있는 것도 아니고 모든 아기가 모유를 먹을 수 있는 것도 아니다. 앞으로 몇 단락에 걸쳐 '어머니 행동'이라는 표현이 나올 때는 '수유'라는 뜻도 포함하는 포괄적인 의미로 사용했음을 기억해주길 바란다. 분유를 먹이는 어머니나 모유 수유를 할 수 없는 어머니, 젖이 나올 수 있는 유방이 없는 이들, 그 밖에 아기를 사랑하고 아기에게 애착을 느끼는 다른 형태의 보호자들이라고 해서 '어머니 행동'을 보이지 않는 것은 아니다. (세계 보건기구의 성명처럼) 어머니의 유방이 만든 젖이 '가장 좋지만' 건강하고 행복한 아기는 젖의 출처에 상관없이 잘 먹은 아기이다.

임신을 하면 우리 뇌와 가슴은 어머니가 되기 위한 준비를 한다. 에스트로겐과 프로락틴의 작용으로 유방은 커지고 유관이 발달한다. 에스트로겐과 프로게스테론의 높은 수치 때문에 실제로 젖은 생산되지 않지만 태반이 산모의 몸 밖으로 나가면 두 호르몬의 수치가 갑자기 낮아져 그 결과 젖이 '나오기' 시작한다.

출산한 뒤에도 유방과 유관은 계속 발달하며, 젖 생산량을 유지하고 젖의 유출을 조절하는 일은 호르몬이 맡는다. 그런데 산모의 호르몬을 조절하는 것은 아기이다. 아기가 어머니의 젖을 빨면 어머니의 몸에서는 옥시토신이 분비되어 근육이 수축하면서 젖이 유두 밖으로 나온다. 그러다 시간이 지나면 아기에게 젖을 먹인다는 생각만으로도 어머니의 몸에서는 젖이 유출될 수 있다. 아기가 젖을 빨면 어머니의 몸에서는 젖 생산을 유도하는 프로락틴도 분비된다. 중요한 것은 옥시토신과 프로락틴이 행동과 생각, 기분을 조절하는 뇌 지역에 작용한다는 점이다.

모유 수유를 하는 어머니와 모유 수유를 하지 않는 어머니에게는 몇 가지 미묘한 차이가 있었다. 모유 수유를 하는 어머니들은 그렇지 않은 어머니들에 비해 스트레스를 적게 받고 부정적인 생각을 덜 했으며, 긍정적인 감정 신호를 더 민감하게 감지했고 부정적이고 위협

여자, 뇌, 호르몬

적인 감정 신호에는 덜 반응하고 불안도 덜 느꼈다.[220] 낮은 불안감은 심박변이도의 변화, 낮은 혈압, 스트레스에 반응하는 코르티솔 감소와도 일치하는 결과이다.

혹시 '어미 곰과 새끼 곰 사이에 들어가면 안 된다'라는 말을 들어본 적이 있는지? 이 말은 모유 수유를 하는 어머니에게도 분명하게 적용할 수 있다. 3개월에서 6개월까지의 아기를 기르는 어머니 40명을 대상으로 진행한 연구가 있다(이 어머니들 가운데 절반은 전적으로 모유 수유만 하는 사람들이었다). 연구를 진행한 과학자들은 어머니들에게 심리 상태를 묻는 설문지를 작성하게 하고 게임을 하는 도중에 적대적인 반응을 유도하는 등, 여러 방법으로 분노와 공격성, 적개심을 측정했다. 전적으로 모유만 수유하는 어머니들은 그렇지 않은 어머니들보다 공격성이 두 배 이상 높았다. 혈압은 낮았는데, 이는 흥분과 스트레스 반응은 줄어들었다는 뜻이다.[221]

어미 곰이 침입자를 공격하는 행동은 '수유 공격lactation aggression'이나 '모성 방어maternal defence'라고 부른다. 직관에는 어긋나는 말일 수도 있지만 공격성은 '접근 행동'이다. 스트레스와 두려움을 느끼는 기준선이 낮으면 더 용감해져서 다른 사람에게 훨씬 더 가까이 다가갈 수 있다.

나는 내가 제일 먼저 보인 '어미 곰' 반응을 분명히 기억한다. 큰아들이 태어나고 이틀 지났을 때 한 간호사가 내 아들의 발뒤꿈치를 바늘로 찔렀다. 물론 우리 아들에게 해를 끼치려는 게 아니라 다양한 유전 장애가 있는지를 알아보려고 실시한 평범한 혈액 검사였다. 당연히 우리 아들은 비명을 질렀고 아들의 고통에 나는 그 즉시 아주 원초적으로 반응하고 말았다. 아들을 아프게 한 간호사를 밀어내고 아들을 품에 안고 몸을 웅크리고 싶다는 마음을 내리누르려고 얼마나 애썼는지 모른다. 간호사가 병실에서 나간 뒤에 내가 할 수 있는 일은 그저 우는 것뿐이었다. 내가 운 이유는 아기의 고통에 마음 아팠던 것도 있지만 대부분은 나는 엄마구나, 이제는 내가 생각지도 못했던 행동들을 하게 될 수도 있겠구나 하는 사실이 분명해졌기 때문이었다.

모유 수유와 신경계의 임신 조절

내 아들의 발뒤꿈치 사건이 있었던 무렵에 나는 의무적으로 병원 조산사들이 진행하는 산후 수업에 참가했다. 한쪽 엉덩이로 조심스럽게 앉아 있던 내가 들어야 했던 이야기는 그 방에 모인 사람들을 생각해보면 정말 당혹스럽게도 출산 후 피임법이었다(그 이야기를 꺼낸 사람은 이제 막 엄마가 된 사람이 아니라 조산사였다). 그 조산사는 (피임약이나 자궁 내 피임 기구, 콘돔 같은) 일반적인 피임법만이 아니라 무월경요법 LAM까지 알려주었다. 무월경요법은 모유 수유를 하면 생리를 하지 않는다는 사실에 근거한 자연 피임 기술이다. 어머니 자연이 임신을 할 수 있는 몸으로 되돌아가는 시기를 늦추어 어느 정도 시간이 흐른 뒤에야 다시 아기를 가질 수 있게 해주는 방법인 것이다.

그렇다면 이제부터는 시나리오가 완벽할 때 무월경요법이 효과를 발휘하는 이유를 살펴보자. 아기가 어머니의 젖을 빨면 어머니의 몸에서는 프로락틴이 분비된다. 프로락틴은 키스펩틴과 GnRH(생식샘자

여자, 뇌, 호르몬

극호르몬)가 분비되지 못하게 막아 결국 배란을 억제한다. 배란이 일어나지 않는다는 것은 난자와 정자가 만나지 못한다는 뜻이다(문을 잠그는 자가 우승하는 것이다!)

임신을 하지 않았거나 모유 수유를 하지 않는 사람(남자와 여자 모두)들에게서 프로락틴이 아주 많이 생산될 때가 있는데, 이런 상황을 의학적으로 고프로락틴혈증hyperprolactinaemia이라고 한다. 고프로락틴혈증이 생기는 한 가지 주요 원인은 뇌하수체에 종양이 생겨 프로락틴이 과도하게 분비되는 것이다. 유전적인 이유로 프로락틴이 많이 생성되는 경우도 있다. 고프로락틴혈증인 여자들의 경우 배란과 생리를 하지 않아 불임이 되며, 임신을 하지 않았는데 젖이 나오기도 한다. 그 때문에 프로락틴과 키스펩틴을 우회하고 GnRH를 직접 공략해 불임 치료를 시도하는 약도 있고, 키스펩틴을 이용해 불임을 치료하는 방법을 연구하는 과학자들도 있다.[222]

세계보건기구는 모유 수유로 임신을 98퍼센트가량 막을 수 있다고 했지만, 다음 세 가지 질문에 '그렇다'라는 답을 할 수 있어야만 98퍼센트 안에 들어갈 수 있다.

1. 아기가 태어난 뒤로 생리를 하지 않았는가?
2. 아기가 아직 생후 6개월이 되지 않았는가?
3. 낮과 밤에 모두 수유를 하는가? 고무젖꼭지나 분유로 아기를 달래지 않고 낮에는 네 시간 안에 수유를, 밤에는 여섯 시간 안에 수유를 하는가?

이 세 질문에 모두 '그렇다'라고 대답할 수 없다면 (또다시 임신할 계획이 아니라면) 다른 피임법을 찾아야 한다. 라 레체 리그^{La Leche League} 같은 모유 수유 단체들은 '자연친화적인 모유 수유법'을 따르면 평균 14개월 정도 생리를 하지 않는다고 주장한다. 당연히 무월경요법에서 제시하는 방법을 따를 수 있는 가정도 있고 그렇지 않은 가정도 있기 때문에 무월경요법을 안전장치가 확실한 피임법이라고 권유할 수는 없다. 어머니 자연도 실수는 하는 법이니까.

뇌 가소성은
대가를 치러야 한다

임신을 하고 어머니가 된 뒤에야 나는 마침내 내가 호모 사피엔스가 되었구나, 하는 기분을 느꼈다. 하지만 그와 동시에 나는 내가 누구인지 더는 알 수가 없었다. 나는 어머니가 되어 감정적으로 힘든 일은 아들들을 돌보아야 하기 때문이 아니라 나 자신을 조절하지 못하기 때문에 느낀다는 말을 자주 한다. 어머니가 된다는 것은 자연스럽고도 성스러운 역할을 맡은 것으로 여겨진다. 천상의 행복을 얻고 평온해지며 여자로서 해야 할 최고의 성취를 이룬 것으로 평가받는다. 하지만 사실 많은 여자들에게 어머니 되기는 그런 일과는 전혀 상관이 없다.

6장에서 나는 불안과 우울증에 젠더 차이가 생기는 이유를 몇 가지 설명했다. 통계를 비트는 것은 임신과 어머니 되기라는 여자들만이 겪는 독특한 경험이다. 아기를 기르는 어머니들의 감정은 아기의 욕구에 민감하게 반응하게 하지만 그 때문에 뇌 가소성은 대가를 치러야 하며 감정 장애가 생길 가능성이 높아진다.

왜 산후 우울증을 겪을까

내가 참석했던 산후 교실에서 가장 중점을 두었던 내용은 출산을 하고 며칠에서 몇 주 정도는 기분 장애에 아주 취약해진다는 것이었다. 정신 장애를 예방할 수 있다며 하는 진부한 조언들(도움을 청해라, 아기가 잘 때 같이 자라, 잘 먹고 운동해라) 외에도 임신 우울증과 산후 우울증에 관한 정보는 어마어마하게 많다.

산후 우울증postnatal depression, PND에 관한 이야기는 많이 들어봤지만 임신 기간에 겪는 우울증에 관해서는 그다지 많이 들어보지 못했을 것이다. 임산부는 열 명 가운데 한 명 비율로 임신 우울증을 경험한다. 임신 기간에 슬퍼지거나 심각하게 우울해지거나 불안해지는 이유는 다양하지만 그 이유들이 살아가는 동안 다른 시기에 나타나는 우울증의 원인과 다르지는 않다. 호르몬도 임신 우울증의 원인이 될 수 있겠지만 다른 사람의 도움을 전혀 받지 못했다거나 이미 지나버린 일을 떨쳐버리지 못하고 계속해서 생각한다거나 스트레스를 많이 받는 일이 생겼다거나 곧 어머니가 된다는 사실을 걱정하는 상황도 우울증을 부른다. 임신을 하기 전에도 기분 장애를 겪은 경험이 있는 여성이 임신 우울증이 생길 가능성이 가장 크다.[223]

출산 첫 주에 임신 우울증이 생기는 이유는 태반에서 분비하던 여러 호르몬이 갑자기 사라지기 때문인 것 같다. 산후에는 기분이 좋아지게 하는 신경전달물질과 호르몬으로부터는 멀어지고 기분이 나빠지는 쪽으로 향한다. 원칙적으로는 아기에게 젖을 먹이고 사랑을 느끼면 분비되는 옥시토신과 프로락틴이 산후 우울증을 막아줄 수 있어야 한다(이론이 좋다고 모두 좋은 결과를 낳는 것은 아니다!).

중요한 것은 아기의 첫 번째 생일이 지난다고 해서 어머니 되기가 태평하고 즐거운 일이 되지는 않는다는 것이다. 오히려 시간이 흐르면서 심신이 조금씩 더 지쳐가기 때문에 출산 후 몇 개월보다 기분 장애가 올 가능성이 더 커진다.

1920년대, 1950년대, 1970년대에 태어난 여자들 5만 8000명을 대상으로 1990년대부터 진행한 오스트레일리아 여성 건강 종단 연구는 이 같은 생각을 뒷받침해준다. 1970년대에 태어난 여자들 9145명을 설문 조사한 결과 조금 더 큰 아기(생후 12개월 이상)를 기르는 어머니들이 생후 12개월 미만의 아기를 기르는 어머니들보다 행복과 정신 건강 점수가 낮았다.[224] 어머니로 살아가는 기간이 길수록 정신 건강은 더 나빠진 것이다.

여자의 인생을 충족해주며 여성이 받을 수 있는 가장 큰 보상이라는 말을 들어야 하는 모성애가 우울증과 관련이 있다고? 어떻게 그럴 수 있을까?

다니엘 스턴은 말했다. "어머니는 어느 한 극적인 순간에 갑자기 탄생하는 것이 아니라 아기의 출생 전 몇 달부터 그 후로도 오랫동안 일어나는 일들이 쌓이면서 점진적으로 탄생합니다." 어머니도 어느 정도는 "아기가 육체적으로 태어나는 것과 동일한 의미로 심리적으로 태어난다"고 한 다니엘 스턴은 책에서 이렇게 밝히기도 했다. "한 여자의 마음속에서 태어나는 것은 새로운 사람이 아니라 새로운 정체성과 어머니가 되었다는 사실을 인지하는 감각입니다."[213]

아이는 어린 시절부터 조심스럽게 구축해온 우리의 우선순위와 다른 사람들과의 관계, 정체성을 바꾸게 한다. 어머니가 된다는 것은 많은 경우 불만과 분노, 죄의식과 부끄러움, 심지어 양가감정ambivalence과 관계가 있다. 확실히 나는 아기를 낳은 뒤에 내 기대감과 어머니로서의 나의 경험 사이의 괴리감 때문에 혼란스러웠고 갈등했다.

신화와 현실이 벌이는 갈등을 탐구하려고 제인 어셔Jane Ussher 교수는 여러 차례 어머니들을 만나 이야기를 나누었다(그 어머니들은 대부분 첫째 아이가 한 살에서 세 살 정도였다). 어셔 교수는 어머니들에게 기대했던 어머니 되기와 실제 상황이 일치하는지 물었다. 조금 자란 아기들을 기르는 어머니들을 만난 이유는 그때쯤이 되면 더는 아기를 돌볼 때 사소한 일에 휘둘리지 않아 어머니가 된 뒤에 실질적으로 심리에 생긴 변화를 좀 더 분명하게 확인할 수 있을 테고, 그러면서도 여전히 아기가 없었을 때의 자신들의 삶을 상당히 분명하게 기억하고 있을 것이라고 생각했기 때문이다.[225]

어셔의 질문에 모든 어머니가 실제로 어머니가 된다는 것은 자신들이 생각했던 것과는 '전혀 달랐다'고 했다. 여자들이 진저리를 치는 이유는 크게 두 가지였다. 하나는 어머니라는 정체성은 여자라는 정체성을 강화하는 것이 아니라 압도해버린다는 것이었고 다른 하나는 "모성애에 관한 사회의 지배 담론이 오해를 불러일으키고 있다는 사실을 깨달았기" 때문이다. 고된 양육은 '행복하게 웃는 가족들과 함께하는, 완벽하게 화장을 하고 옷을 갖춰 입은 매력적인 어머니'라는 널리 알려진 이미지가 사실은 신화임을 깨닫게 해준다. 어셔 교수는 말했다. "모성과 여성성이 생각했던 것과 달리 동등하지 않았던 겁니다. 모성은 여성성을 삼켜버립니다." 현실과 신화가 갈등하면서 생겨

여자, 뇌, 호르몬

난 이런 환멸 때문에 우울증이 올 수 있는데 특히 다른 문제가 있거나 압력을 받고 있을 때는 더 쉽게 올 수 있다.

나에게 어머니 되기란 신화와 현실이 갈등하는 상황을 해결해야 하는 사례 연구였다. 단지 내 경험이 그렇게 특별하지 않음을 일찍 알았으면 좋았을 텐데 하는 마음은 있지만 말이다.

더 오래 살고 뇌 노화를 막는다

어머니 되기는 우리를 돌이킬 수 없게 바꾸는 단 한 가지 과정이다. '나'가 아닌 '우리'를 위한 삶을 구축해 나가면서 우리는 인생의 우여곡절과 이정표, 기회와 위험은 다른 사람과 복잡하게 얽혀 있음을 배운다. 육아는 우리에게 끊임없이 계획력, 조직력, 작업 기억, 융통성, 주의력, 의사 결정 같은 인지 능력을 효율적으로 사용하라고 요구한다. 그 때문에 우리는 공감 능력과 감정 조절, 회복력을 연습하고 세심하게 다듬을 수 있다. 사람 외 동물 실험에서 나온 증거들은 모두 어머니가 되면 인지 능력이 향상된다고 한다. 어머니가 되면 더 오래 살며 뇌 노화도 막을 수 있다. 마지막 10장에서는 어머니 되기와 건강과 장수가 관계가 있다는 분명한 증거를 살펴볼 것이다.

유명한 출산교육자이자 사회인류학자인 쉴라 키칭어Sheila Kitzinger는 이렇게 말했다. "출산은 임신이라는 대장정을 마무리하는 순간이지만 동시에 완벽하게 다른 경험을 하게 되는 문을 여는 순간이기도 합니다. 출산부터 시작하는 학습은 아이가 아무리 크게 자라도 결코 끝나지 않는 과정입니다." 키칭어의 말은 일리가 있다. 육아는 과정이고(나는 과정보다는 '여정'이라는 표현을 쓰고 싶다), 성장해가는 아이들이 새로운 발달 단계에 들어갈 때마다 우리는 새로운 문제를 해결해야 하고, 새로운 결정을 내려야 하고, 새로운 딜레마를 풀고, 물밀 듯이 밀려드는 익숙지 않은 새로운 감정을 처리해야 한다. 뇌 훈련 게임처럼 육아도 각 단계마다 새로운 기술을 익혀야 다음 단계로 넘어갈 수 있다.

여자, 뇌, 호르몬

09

갱년기의 뇌 건강에 관하여

— 갱년기

난소와 뇌가
연락을 끊어버리다

————

일단 사과부터 해야겠다. 이 책에서 나는 처음 어머니가 된 순간부터 갱년기에 이르기까지의 중간 과정은 생략해버렸다. 중년의 삶을 즐길 사이도 없이 곧바로 다산이 가능한 나이에서 생식력이 자유낙하를 하는 곳으로 훌쩍 뛰어넘었다(사실 중년의 삶은 가치가 있으며 중년의 정신 건강을 다룬 장을 이 책에 넣는 것을 고려한 적도 있지만, 그건 다소 우울한 선택일 것 같았다). 9장을 쓰는 동안에도 나는 '중년'의 초반기를 생각하기를 상당히 주저하고 있으며, 그 시기를 젊다고 하기에는 아주 나이가 들었고 늙었다고 하기에는 너무나도 젊은 시기라고 생각한다는 사실을 깨달았다. 큰아들이 벌써 10년이나 지구인으로 살아왔음에도 불구하고 나는 갱년기란 어머니와 어머니의 친구들에게나 찾아오는 것이지 내가 몇 년 안에 겪을 수 있는 일로는 느끼지 않았다.

　나보다 나이가 많은 친구들은 갱년기라는 말은 엄청난 금기어라서 '갱년기'를 입에 올리는 것만으로도 눈총을 받을 수 있다고 했다. '생리에 얽힌 이야기'처럼 갱년기 이야기도 대부분 상당히 부정적이다. 갱년기에 관해서는 여자들이 일을 포기해야 한다거나, 긍정적이었던

여자, 뇌, 호르몬

여자들이 항우울제를 복용해야 한다거나, 이혼을 했다거나, 성욕을 상실했다거나, '암을 유발할 수 있는 '호르몬 요법을 두려워해야 한다 거나, 안 그래도 호르몬 때문에 복잡한 십 대 아이들과 갱년기 어머니들이 격돌해야 한다는 등의 이야기들이 넘쳐난다. 심지어는 끔찍한 공황장애로 힘들었다는 친구까지 있다. 영국 화가 트레이시 에민 Tracey Emin은 말했다. "너무 끔찍하다……. 이건 죽어가기 시작한 것이다." 또 오프라 윈프리는 자신의 생명력이 "서서히 말라가고 있다"고 했다.

문헌에 고개를 파묻고 읽는 동안 나는 사춘기와 생리 주기, 진통이 그렇듯이 갱년기도 사람마다 다르다는 사실을 알 수 있었다. 카즈 쿡이 쓴 것처럼 한 여자에게는 "강력한 여신의 축복을 받아 행복하게 가임기에서 졸업을 하는 기간"이 다른 여자에게는 "홍조, 대책 없는 건망증, 언제 시작할지 모르는 들쑥날쑥한 생리 때문에 골탕을 먹어야 하는 끔찍한 호르몬 악몽기"가 될 수도 있다.[226] 우리 엄마는 추위에도 더위에도 아주 민감한 분이었지만 엄마의 친구들처럼 끔찍한 갱년기를 겪지는 않았다는 점이 그나마 나에겐 위안이 된다(다행히 엄마, 자매, 딸들은 비슷한 시기에 비슷한 증상으로 갱년기를 겪을 때가 많다).

갱년기 여성 가운데 일상생활에 지장이 있을 정도로 심각한 증상이 나타나는 사람은 20퍼센트 정도라고 한다. 갱년기 증상이 전혀 없이 지나가는 비율도 20퍼센트 정도이며 나머지 60퍼센트는 아주 미약하거나 견딜 수 있을 정도의 증상을 경험한다. 유전자, 건강 상태, 마음 상태, 정신 장애 병력, 사회적 기대, 스트레스를 경험할 수 있는 사건, 자연스럽게 온 갱년기인지 수술이나 화학 요법 때문에 야기된 갱년기인지 등 여러 요인이 갱년기 증상에 영향을 미친다.

좋은 소식은 일단 갱년기 주변기부터 갱년기까지의 시간을 무사히 보내면 호르몬 분비가 줄어들면서 갱년기 증상이 사라진다는 것이다. 멜버른 여성 중년 건강 프로젝트는 갱년기를 지난 여성들이 대부분 **이전보다 더** 행복했고 기분이 더 나아졌으며 우울증도 줄어들었고 심지어 50대와 60대에 그전보다 훨씬 더 만족스러운 성생활을 즐긴다고 했다. 많은 여성에게 중년 후반은 아이들이 독립하고 자신은 삶의 활력을 되찾으며 다른 사람의 견해나 반응에 상관없이 자기 자신에 대한 확신을 갖게 되는 시기이다.[227]

부드러운 여신의 길을 걷게 되건 끔찍한 호르몬 지옥에 빠지게 되건 갱년기가 의미하는 바는 하나다. 이제는 가임기가 끝났다는 사실 말이다. 난소는 의무에서 해방되어 은퇴를 향해 걷고, 난소와 뇌는 서로의 말을 제대로 알아듣지 못하다가 결국 연락을 끊어버린다. 보통 갱년기는 생식 생활의 변화가 생겨 더는 임신을 하지 못하는 시기라고 생각하지만 사실 홍조나 수면 장애, 기분 변화, 기억력 감퇴 등은 상당 부분 뇌의 변화와 관계있다. 기분 장애, 불면증, 인지 변화 같은 갱년기 증상은 신경이 약해졌음을 알려주는 증거다. 상향식 생물 요인(난자 고갈)이 밖에서 안으로 영향을 미치는 요인과 하향식 위험 요인들이 평소보다 더 큰 힘을 발휘할 수 있도록 길을 비켜준 것이다.

갱년기 변화에 관해서는 수많은 책과 기사, 인터넷 자료가 넘쳐난다. 따라서 여기서는 그런 정보들을 반복하는 대신에 뇌 건강이라는 관점에서 이런 '변화'들을 다루려고 한다(특히 홍조와 수면 장애, 기분 변화와 기억력 감퇴를 신경생물학적인 관점에서 설명할 것이다). 9장 후반부에서

여자, 뇌, 호르몬

는 다양한 치료법을 살펴볼 텐데, 특히 (호르몬 대체 요법을 비롯한) 갱년기 증상을 치료하는 호르몬 요법을 중점적으로 다룰 생각이다. 역사적으로 논쟁이 되고 있는 내용과 실용적인 증거를 바탕으로 현재 여성들에게 가장 유용할 수 있는 조언도 함께 제시할 것이다.

간단하게 살펴보는 갱년기 단계

오스트레일리아 여성들에게 갱년기가 오는 나이는 평균 51세이지만 더 일찍 올 수도 있고 더 늦게 올 수도 있다. 40세 전에 마지막 생리를 한다면 '조기 갱년기premature menopause'라고 하는데, '조기 난소부전primary ovarian insufficiency'이라고도 한다. 45세 이전에 갱년기가 오는 것을 '이른 갱년기early menopause'라고 한다. 갱년기는 암 때문에 화학 치료나 방사능 치료를 받아도 올 수 있고 난소절제술을 받아도 올 수 있다. 외과적 갱년기는 호르몬 수치가 갑자기 낮아지기 때문에 수술을 하고 며칠 안에 갱년기 증상이 나타날 수도 있다.

연속해서 12개월 동안 한 번도 생리를 하지 않는 상태를 갱년기라고 정의한다. 갱년기가 끝난 뒤에도 여성의 인생은 3분의 1 이상 남는다. 갱년기 주변기는 갱년기로 이어지는 시기를 뜻하고, 보통 마지막 생리일로부터 5년 전에서 10년 전쯤에 시작한다. 갱년기는 결국 난소가 사라졌을 때 시작되는데, 갱년기에 이르는 나이는 각자 가지고 있던 난자의 수나 난자가 사라지는 속도가 결정하며, 여자마다 다르다(40세부터 58세까지 어느 때라도 갱년기가 될 수 있으며, 51세는 그저 평균을 의미한다).228

갱년기 주변기는 갱년기 이후와는 생리적으로 다른 시기이다. 갱년기 주변기에는 처음 생리를 한 뒤로 평온하게 달려오던 HPO(시상하부-뇌하수체-난소) 축이 갑자기 폭주하기 시작하고, 호르몬 분비량도 예측할 수 없게 멋대로 바뀌어버리는 시기이다. 산부인과 의사 타라 알멘Tara Allmen은 자신의 탁월한 책 《갱년기의 비밀Menopause Confidential》에서 갱년기 주변기에는 난소가 여전히 에스트로겐을 생산하지만 일정한 양을 충분히 만들지는 못한다면서 이렇게 썼다. "어떨 때는 아주 많이 만들고 어떨 때는 아주 적게 만든다. 적당량을 만들 때도 있다." 갱년기 주변기에는 매달 에스트로겐이 어느 정도나 생성될지 예측할 수 없다. 갱년기가 끝난 뒤에는 호르몬 분비량이 일정하게 유지되어 평온해지는 것과 달리 갱년기 주변기에는 요동치는 난소 호르몬 때문에 상당히 많은 '갱년기' 증상이 나타난다.

갱년기는 사춘기와 정반대라고 생각하면 된다. 사춘기와 달리 갱년기 교향악단을 지휘하는 주체는 뇌가 아니다. 마지막 공연은 줄어드는 난자 공급량이 지휘한다. 시간이 흐르면 뇌도 몸처럼 에스트로겐 없이 기능하는 법을 익힌다. 갱년기가 지난 여자들이 수십 년 동안 아무 문제 없이 잘 산다는 것이 그 사실을 입증해준다.

우리에게 우리 뇌의 비밀을 알려주려고 엄청난 희생을 하고 있는 우리의 설치류 친구들도 생식력이 늙어가는 시간을 겪는다. 나이가 들면서 암컷 쥐는 난소의 양이 줄어들고 발정 주기와 임신 주기가 불규칙적으로 변하며 호르몬의 양이 요동치고 에스트로겐에 반응하는 정도가 줄어들다가 결국에는 죽게 된다. 포유류 암컷은 거의 대부분 더는 임신을 하지 못할 때 세상을 떠난다.

건강한 사람 여성은 생식력이 노화된 뒤에도 30년에서 40년 정도

여자, 뇌, 호르몬

더 산다. 생식력이 사라진 뒤에도 오랫동안 살 수 있는 포유류는 사람을 포함해 단 세 종뿐이다(사람과 범고래, 들쇠고래가 그 주인공이다).

  그렇다면 왜 사람(과 고래 두 종)은 갱년기가 지난 뒤에도 죽지 않을까? 그 이유를 설명하는 가설 가운데 가장 유명한 것은 '할머니 가설'이다. '할머니 가설'은 현명한 할머니들이 손자들과 함께 살면서 자신의 지혜를 후손에게 전달해 후손은 번영하고 할머니는 자신의 '유전자를 조금 더 잘 보존'할 수 있게 된다고 설명한다. 할머니들은 손자들을 돌보면서 아이들이 속할 공동체가 홍수나 기근 같은 역경을 극복한 이야기를 들려준다. 할머니에게 생식력이 남아 있다면 자기 아기를 기르는 데 바빠서 공동체에 기여할 시간은 줄어들 수밖에 없다.

  갱년기는 현대인들의 생활 방식이 만들어낸 인공물일 뿐이라고 주장하는 사람들도 있다. 현대 의학 때문에 더 오래 살게 되었기 때문에 생겨난 결과라고 말이다. 그러나 2015년 《현대 생물학Current Biology》에 실린 유명한 연구는 '할머니, 현명한 여자 가장' 가설에 힘을 실어주었다.[229] 이 연구를 진행한 과학자들은 캐나다 밴쿠버섬 남쪽 끝에서 여름을 보내는 범고래들을 9년 동안 관찰했다. 사람처럼 범고래도 12세부터 40세까지는 새끼를 낳고 그 뒤로 갱년기를 겪은 뒤 90세까지 살아간다. 수많은 여름을 보낸 경험과 지혜를 이용해 현명한 갱년기 암컷 가장은 무리에서 아주 중요한 리더의 역할을 거뜬히 수행해냈다. 연어를 찾아낼 때도 갱년기 가장은 선두에 서서 무리를 이끌어 무리가 생존할 수 있게 해준다(특히 물고기가 부족할 때 중요한 역할을 한다). 간단히 말해서 어머니는 낳고 할머니는 기르는 것이다.

갱년기 증상은 모두
머릿속에만 있는 것이다?

건강에 아무 문제가 없이 갱년기를 지난 뒤에 수십 년 동안 건강하게 살아가는 여자들이 많다. 하지만 갱년기 동안 변한 신경계에 민감하게 반응해 노화가 진행되는 동안 여러 건강 문제로 고생하는 여자들도 있다.

갱년기를 경험한 사람이라면 (이제는 뭔가 허전해 보이고 무시되는 것 같은) 에스트로겐 수용체를 체온과 성욕, 수면, 감정, 주의력, 기억력을 조절하는 뇌 지역에서 발견할 수 있다는 사실에 놀라지는 않을 것이다. 갱년기가 되면 뇌의 생리 작용에 어떤 변화가 생기기에 갱년기 증상이 나타나는지는 분명하게 밝혀져 있지 않지만 에스트로겐 분비량이 바뀌거나 에스트로겐 수용체가 변해 에스트로겐 신호에 변화가 생기면 수많은 뇌 회로의 기능에 직접 영향을 미칠 것으로 생각된다.

에스트로겐과 건강한 세포 기능을 대사 작용과 관련지어 설명한 가설도 있다. 우리 뇌는 흡수한 에너지의 20퍼센트를 소비하는데, 뇌가 주로 쓰는 연료는 포도당이다. 여자들 몸에서 에스트로겐은 인슐린을 사용해 포도당으로 에너지를 생산하는 생화학 경로를 활성화하는 데 간여한다. 따라서 갱년기에 에스트로겐의 수치가 떨어지면 뇌가 포도당을 효율적으로 사용하지 못하고 결국 신경 기능에 문제가 생길 수 있다.[230]

에스트로겐과 포도당 대사 작용의 관계는 갱년기가 되기 전에 난소를 제거한 여자들에게서 더욱 분명하게 드러난다. 외과적 수술로 난소가 사라져 에스트로겐 수치가 급격하게 떨어진 여자들은 제2형 당뇨에 걸릴 가능성이 높아진다. 자연스럽게 갱년기를 맞은 여자들의 제2형 당뇨 발병률도 비슷하게 증가하지만 호르몬 치료를 받는 여자들의 경우에는 포도당 대사 작용에 문제가 생기지 않는다.[230,231] 생활 방식에 관해서는 조금 더 뒤에 다룰 생각이지만 에스트로겐과 포도당 대사, 제2형 당뇨의 관계는 나이가 들어갈수록 여자들이 자신을 돌보고 신경 써서 운동을 하고 잘 먹는 일이 얼마나 중요한지를 분명히 보여준다.

홍조가 생길 때 뇌에서 일어나는 일

홍조는 가장 흔한 갱년기 증상으로 생식 능력이 사라졌음을 가장 분명하게 보여주는 증거라고 말하는 사람도 있다. 대략 75퍼센트에서 80퍼센트 정도 되는 여자들이 의사가 '혈관 운동 증상vasomotor symptom'이라고 부르는 이 증상을 경험한다. 갱년기 증상 가운데 홍조만 경험하는 사람도 있지만 불면증, 우울증, 건망증을 함께 겪는 사람도 있다.

홍조는 온몸이 경험하는 것처럼 느껴지지만 실제로 홍조를 조절하는 곳은 뇌에서 가장 바쁜 시상하부이다. 시상하부 시각 영역 앞에 있는 온기를 감지하는 뉴런이 임계점(역치) 내에서 조절하는 체온은 37°C를 기준으로 영 점 몇 도 정도 높을 수도 있고 낮을 수도 있다. 온기를 감지하는 뉴런은 중심 체온의 변화에 반응해 활성화 정도를 조절한다. 사람의 체온은 더위에 대한 최고 임계점이 있고 추위에 대한 최저 임계점이 있다. 신경 자동 온도 조절 장치라고 할 수 있는 시상하부는 중심 체온이 임계점을 넘어가면 몸에 조치를 취하라는 신호를 보낸다. 중심 체온이 너무 올라갔으면 땀을 흘려야 하기 때문에 혈관이 확장되고 피부가 붉어지고(내 전문 분야이다) 옷을 벗고 싶어지고 이불을 차버리고 싶어진다. 반대로 중심 체온이 너무 내려가면 몸이 떨리고 온기를 찾고 따뜻하게 걸칠 옷을 찾아나선다.

갱년기가 되면 최고 임계점은 밑으로 내려오고 최소 임계점은 위로 올라와 견딜 수 있는 체온의 범위가 줄어들어 중심 체온이 조금만 바뀌어도 우리 몸은 아주 민감하게 반응한다. 전보다 쉽게 땀을 흘리거나 부르르 떨게 되는 것이다.

오랫동안 연구자들은 땀을 흘리는 건장한 남자들을 연구하느라 너무 바빠서 수십 년 동안 과학자들이 '체온 조절'이라고 부르는 기능에 난소 호르몬이 중요한 역할을 한다는 사실을 깨닫지 못하고 있었다. 1940년에 제임스 하디James Hardy가 진행한 연구를 제외하면 여자들은 체온 조절 연구에서 철저하게 배제되어 있었다.[232] 하디는 땀을 흘리거나 몸을 떨게 만드는 임계점 범위는 남자가 여자보다 더 좁다고 믿었다. 여자가 여분의 지방이 있어 추울 때는 몸을 더 따뜻하게 보호할 수 있으며, "더울 때는 여자가 땀을 흘리기 시작하고 '발갛게' 상

여자, 뇌, 호르몬

기되기 훨씬 전에 남자는 벌써 피부에 땀방울이 맺히기 때문"이라는 것이 그 이유였다. 그 뒤로 오랫동안 여자는 신체조건 때문에 남자들보다 훨씬 안락하게 체온을 조절한다는 잘못된 추론이 널리 퍼졌다. 여자는 운동 능력도 낮고(운동은 여자의 연약한 심장에 무리를 주기 때문에 그렇다고 했는데, 과거에 여자가 마라톤에 출전할 수 없었던 이유도 그 때문이다) 모험도 즐기지 않기 때문에(그래서 남자는 정글이나 사막에 가서 땀을 흘리면서 모험을 하지만 여자는 집에서 차분하고 침착하게 아이들을 돌보는 것이라고 했다) 체온 조절 능력이 더 뛰어나다고도 생각했다.

하지만 현재 체온 조절 능력은 체력과 몸집을 비교할 때 남녀 차이가 미미하다는 사실이 알려져 있다. 다행히도 건강하고 활발한 여성들도 필요할 때면 온도를 낮춰주는 체온 조절계가 제대로 작동한다.[233] 아니, 오히려 중요한 것은 따로 있다. 건강할수록 체온 조절계가 훨씬 더 잘 작동한다는 것 말이다. 운동을 한다고 해서 홍조가 발생하는 횟수가 줄어들지는 않지만 건강하고 체력이 좋다면 훨씬 더 견디기 쉬워진다.

우리 몸을 데워주거나 식혀주는 호르몬들

임신을 하려고 배란일을 측정하느라 매일 체온을 재는 사람이라면 기초체온이 생리 주기에 맞춰 변한다는 사실을 잘 알고 있을 것이다. 배란 전에는 에스트로겐이 우리 몸이 땀을 흘리고 홍조가 나면서 외부에 열을 빼앗기게 해 체온을 낮춘다. 배란이 되면 황체가 생성하는 프로게스테론 때문에 땀 배출량이 줄어들고 홍조가 적어지면서 몸에

열이 남아 체온이 올라간다.

에스트로겐은 온도조절기의 설정을 바꾸기 때문에 에스트로겐 치료를 받는 여성은 홍조가 감소한다.[231] 난소 호르몬의 감소가 정확히 어떤 식으로 시상하부의 체온 조절계의 범위를 좁히는지는 아직 밝혀지지 않았다(맞다, 아직 신경과학이 밝히지 못한 또 한 가지 의문이다). 에스트로겐 수용체는 온몸에 퍼져 있으니 에스트로겐과 프로게스테론의 수치 변화는 곧바로 피부의 혈류량에 영향을 미칠 수도 있다. 하지만 어떤 식으로 영향을 미치는지는 아직 밝혀진 것이 거의 없다.[233]

키스펩틴이 체온 조절에 관여한다고 생각하는 사람들도 있다. 3장에서 살펴본 것처럼 사춘기는 시상하부에 있는 KNDy 뉴런이 활성화되면서 '키스'를 하면 시작한다. 바로 이 KNDy 뉴런이 시상하부에서 열을 감지하는 뉴런과 시냅스를 형성한다. 갱년기가 되면 KNDy 뉴런은 부풀어 오르고 그 때문에 열 감지 뉴런이 체온에 반응하는 방법이 바뀐다. 최근에 KNDy-키스펩틴 경로를 차단하는 약으로 홍조를 치료하겠다는 실험이 성공적으로 진행되고 있다는 사실은 이 같은 주장에 힘을 실어주고 있다.[234]

홍조는 규칙적이면서도 분명하게 드러나는 증상이기 때문에 fMRI를 이용해 쉽게 촬영할 수 있다. 스캐너 안에 전기담요를 깔고 그 안에 들어가 서서히 몸을 데우면 틀림없이 홍조가 나타난다. 그런데 상당히 놀라운 점은 홍조가 나타난다고 해서 늘 시상하부가 활성화되지는 않는다는 것이다. 해상도가 그 원인일 수도 있다. 대규모 혈류 변화를 기반으로 고작 수천 개밖에 되지 않는 뉴런이 엄청난 속도로 발화하는 모습을 촬영하기는 불가능할 수도 있다. 하지만 시상하부가 체온을 조절하고 있음을 전제로 세운 가설들이 모두 틀렸을지도 모른다는 가능성 역시 아예 배제할 수는 없다.[235]

홍조가 발생할 때 뇌는 침묵하지 않는다. 많은 여자들이 '온몸이 후끈 달아오르는 것 같다'라고 표현할 때는 뇌섬엽과 전대상회피질이 활성화된다. 뇌섬엽은 우리 몸이 행복과 기력, 기분과 기질과 관계가 있는 감각과 감정을 인지할 수 있게 해준다. 우리가 느끼는 것들을 어떻게 **느껴야** 하는지를 알려주는 곳이다. '이거 나한테 상당히 어울리는 것 같은데, 어떻게 생각해?' 같은 생각을 하게 해주는 곳이다.

갱년기에
수면 장애가 생기는 이유

내가 나가는 독서 모임의 여자 친구들에게 인생의 변환기에 겪고 있는 가장 힘든 일이 무엇인지 물어보자, 거의 대부분 '잠'이라고 대답했다. 나는 잠을 사랑한다. 매일같이 기력을 회복하려고 낮잠을 자고 저녁 아홉 시면 괜찮은 책을 한 권 들고 침대로 향한다. 내 베개와 나의 사이를 방해할 수 있는 것은 거의 없다(우리 남편에게 물어보면 정말이라고 확인해줄 것이다). 그러니 앞으로 십 년쯤 뒤에는 잠을 제대로 잘 수 없을 거라는 생각을 하면 정말로 심란해진다.

문헌 연구도 독서 모임에 참가한 사람들의 말을 뒷받침해주고 있었다. 갱년기 여성은 40퍼센트에서 60퍼센트 정도가 수면 장애로 고통을 받고 있었는데, 많은 사람이 별다른 이유도 없이 밤에 잠을 자지 못하고 깨어 있는다고 했다.[236] 갱년기 주변기 여성은 세 명 가운데 한 명이 수면 장애는 너무나도 고통스럽고 일상생활을 제대로 하지 못할 정도로 영향을 준다고 말한다. 상황이 그 정도라면 당연히 불면증으로 진단을 받아야 한다.[237]

신기하게도 남자와 달리 여자들의 수면에는 성호르몬도 관여한다.

그러니 사춘기나 임신 기간, 갱년기, 생리 주기 같은 호르몬이 변하는 시기에 여자들이 수면 장애로 고생하는 것은 당연한 일이다. 생리를 할 때 여자들은 생리통, 출혈, 위장 팽창, 두통 때문에 세 명 가운데 한 명 비율로 잠을 제대로 자지 못한다.

수면에 문제가 생기면 건망증이 생길 수도 있고(이 문제는 잠시 뒤에 좀 더 자세하게 다룰 생각이다) 홍조가 생길 수도 있는데, 건망증과 홍조는 기분 장애의 원인이면서 결과이기도 하다.

여자가 더 못 잘까?

모든 생명체가 그렇듯이 사람도 내부에 해가 뜨고 지는 시간과 동기화시켜놓은 생체 시계가 있어서, 잠이 들고 깨어나는 순간을 포함해 일상의 모든 일을 이 생체 시계에 맞춰 해내도록 진화해왔다. 하지만 현대인들의 기술중심적인 삶은 낮에는 자연광을 과도하게 소비하고 밤에는 인공 빛을 과도하게 소비하면서 수면의 본질적인 중요성을 평가절하하고 있다. 현대인들은 우리 자신이 일몰과 일출을 존중해야 하는 지구인임을 너무 자주 잊는다.

제대로 못 잤을 때 우리 몸에서 제대로 기능할 수 있는 곳은 단 한 곳도 없다. 단 하루만 잠을 못 자도 아주 끔찍한 기분이 느껴진다. 불면증으로 고생하고 야간 근무 등으로 잠을 뺏기는 일이 잦으면 우울증에 걸릴 가능성이 커지고 제2형 당뇨나 심장혈관질환, 인지 저하 같은 심각한 건강 문제가 발생할 수 있으며, 사망할 수도 있다.[238]

수면은 다양한 뇌 체계가 조절한다. 수면을 좌우하는 생체 시계 가운데 가장 중요한 시계는 시상하부의 시신경교차상핵에 있다. 시신경교차상핵은 눈에서 밝음과 어둠에 관한 신호를 감지하는 망막이 보내온 정보를 받아들인다. 사람의 몸에 있는 모든 세포가 그렇듯이 시신경교차상핵 뉴런도 빛이 없거나 환경 단서를 감지하지 못할 때에도 계속해서 임무를 수행할 수 있도록 24시간 돌아가는 생체 시계를 가지고 있다. 시신경교차상핵은 에스트로겐 수용체가 많으며 흥분과 주의력을 담당하는 다른 뇌 지역과 연결되어 있다. 멜라토닌, 코르티솔, 갑상샘 자극 호르몬, 프로락틴 같은 여러 호르몬의 분비량은 밤이냐 낮이냐에 따라 달라지는데, 생체리듬과 취침-기상 주기가 호르몬의 분비량을 조절한다.

잠을 잘 때는 여러 수면 단계를 거치게 된다. 일반적으로 1단계(이완 단계)부터 4단계(숙면 단계)까지 단계적으로 지난 뒤에 REM 수면 단계(눈동자가 빠르게 움직이고 꿈을 꾸는 단계)로 들어간다. 1단계부터 5단계까지 '한 주기'가 끝나는 시간은 보통 90분 정도이다. 보통 밤이 시작될 무렵에는 숙면을 취하는 시간이 더 길고 밤이 끝나갈 무렵에는 REM 수면 시간이 더 길어진다. 수면을 연구할 때는 흔히 수면 단계와 뇌파의 관계, 심장 박동, 호흡, 눈동자의 움직임, 팔과 다리의 움직임 등을 관찰하는 수면다원 검사법polysomnography을 이용한다. 뇌파 검사electroencephalography, EEG를 할 때는 두피에 전극을 부착해 각 수면 단계에 나타나는 특징 뇌파를 확인한다. 3단계와 4단계에서는 '완서파slow wave', '델타파delta wave'가 나타나지만 REM 수면 단계에서는 톱날처럼 뾰족하고 극심하게 변하는 뇌파가 나타난다.

남자와 비교했을 때 수면 장애를 겪는 여자는 두 배 정도 많은 것 같다.[239] 사춘기 전에는 수면 장애를 겪는 비율이 남자와 여자가 비슷하다. 그러나 사춘기가 되면 불면증 증상이 나타나는 비율이 여자 아이들은 3.4퍼센트에서 12.2퍼센트로 3.6배 증가하고 남자아이들은 4.3퍼센트에서 9.1퍼센트로 2.1배 증가한다. 중년이 되면 수면 장애와 불면증은 여자의 경우 극적으로 증가한다. 의사들은 중년 여인들이 가장 많이 하소연하는 장애 가운데 하나가 수면 장애라고 한다.[240]

건강한 여자와 남자는 수면의 질이 달랐다. 예를 들어 건강한 여자는 훨씬 빨리 잠들었고 더 깊은 잠을 잤으며 한밤중에 깨어나는 정도도 낮았다. 여성의 '수면 효율(누워 있는 시간에서 실제로 잠이 든 시간이 차지하는 퍼센트율)'이 남자보다 좋은 것이다.

그런데 흥미로운 모순이 하나 존재한다. 객관적으로 실험을 했을 때는 여자들이 남자들보다 훨씬 더 나은 수면을 취했지만, 여자들은 끊임없이 잠을 제대로 못 잔다고 하소연한다. 쉽게 잠들지 않는다거나 한밤중에 깨는 일이 많다거나 자고 일어나도 피로가 풀리지 않는다고 말하는 사람은 남자들보다 여자들이 더 많다. 여성의 수면에 관해서는 **주관적인 평가와 객관적인 관찰이** 서로 일치하지 않는 것이다.[241]

'여자는 남자보다 불만이 많다'라는 의견보다 훨씬 과학적이고 명확한 이유를 찾을 수 있기를 희망하며 나는 메릴랜드대학교 약학과 교수이자 신경내분비학자인 제시카 몽Jessica Mong에게 전화를 걸었다. 마거릿 매카시의 멘티인 몽은 박사 후 연구원일 때 에스트로겐이 수면을 조절하는 유전자와 관계가 있다는 새로운 사실을 발견했다.

몽은 여자들의 증언과 수면 실험 결과에 분명한 차이가 나는 이유는 생체주기에 아주 작은 남녀 차이가 있기 때문이라고 믿는다. 그녀는 여자들의 경우 '몸이 원하는 수면 시간'과 '실제로 잠들 수 있는 수면 시간'이 차이가 날 수도 있다고 했다.

2002년에 18세부터 30세까지의 스페인과 이탈리아 학생들 2135명을 대상으로 진행한 연구 결과는 몽의 믿음을 제대로 뒷받침해준다. 학생들은 모두 자신이 얼리버드형인지 올빼미형인지 그 중간 어디쯤인지를 확인할 수 있는 '아침형 인간 대 저녁형 인간 설문지'를 작성했다. 학생들은 '밤 열한 시에 잠자리에 든다면 얼마나 피곤한가?' '하루에 (쉬는 시간을 포함해) 다섯 시간을 일하고, 하는 일이 흥미로우며, 하는 일만큼 임금을 받는다면 몇 시에 업무를 시작하고 싶은가?' 같은 질문에 대답해야 했다. 설문지의 평균 점수는 남녀가 크게 차이가 났다. 여자들은 남자들보다 저녁에 일찍 자고 일찍 일어나야 한다고 생각했다. 남자들은 늦게 자고 늦게 일어나는 것을 선호했다. 여자들은 정신 활동은 이른 아침에 더 활발하게 할 수 있으며 낮에 '기분이 더 좋다'고 했다(하지만 d값은 0.28로 아주 작았고, 남녀의 종형 곡선이 겹치는 면적은 89퍼센트에 달했다).[242]

몽과 내가 의견을 나눈 것처럼 이 같은 연구 결과는 (전부는 아닌) 여자들 일부(와 남자들 일부)는 자신들의 '생체 수면 시간'이 요구하는 것보다 늦게 잠자리에 들기 때문에 '좋은 수면'을 취했다고 해도 몸이 가벼운 '시차'를 느끼고 있을 가능성을 의미한다.

몽은 기분 장애 때문에 제대로 자고 있지 못한다는 기분을 느낄 수도 있다고 했다. 불안과 우울증은 수면 상태를 평가할 때 강하게 영향을 미친다. 하지만 기분만으로는 건강한 여자와 남자에게서 나타나는 수면의 질에 관한 자체 평가와 객관적 관찰 결과 사이에 존재하는

여자, 뇌, 호르몬

차이를 완벽하게 설명할 수 없다.

몽이 이 문제에 제시한 또 한 가지 이유는 체온 조절 문제에서 나온 이유와 비슷하다. 수면 연구는 대부분 남자를 대상으로 진행했으며, 우리의 생체리듬과 수면에 생물적 성이 어떤 식으로 영향을 미치는지에 관해서는 거의 알지 못한다는 것 말이다. 뇌파 검사 같은 실험실 수면 연구는 남성의 생리 기능을 기반으로 설계되었기 때문에 여성의 수면의 질을 검사하는 방법으로는 '적합하지' 않을 수도 있다.

여성이 말하는 기분과 수면 연구 자료는 서로 일치하지 않기 때문에 중년 여성, 특히 갱년기 여성의 수면과 불면증의 본질은 명확하게 밝혀지지 않고 있다.[243]

난소 호르몬은 우리의 수면 경험에 어떤 영향을 미치고 있을까? 가임기 여성의 수면은 사춘기와 임신, 갱년기 같은 변화를 겪어야 하기 때문에 여성의 생체리듬과 성호르몬, 취침−기상 주기의 관계에 관한 지식은 현재 상당히 빈약하다. 이 분야 역시 아직 걸음마도 떼지 못한 갓난아기 단계에 있는 신경과학 분야 가운데 하나인 셈이다.

호르몬과 홍조, 그리고 수면 장애

여자는 항상 변하는 삶을 살아가기 때문에 호르몬이 홍조를 만들고 홍조가 수면 장애를 만드는 식으로 한 가지 원인이 계속 다른 원인을 만들어가는 도미노처럼 보일 수도 있다. 하지만 모든 여자들이 밤에 홍조가 생긴다고 잠에서 깨는 것은 아니며, 오히려 잠에서 깨기 때문에 홍조가 생기고 땀이 난다는 증거도 있다.[243,244] 더구나 호르몬 대체 요법은 홍조가 생기거나 밤에 땀을 흘리는 여자들에게는 치료 효과가 크지만, 불면증인 여자들 모두에게 도움을 주지는 않는다.

인생의 어느 시점에서 수면 장애가 생기는 데는 수많은 이유가 있다. 스트레스, 좋지 않은 생활습관, 건강 상태, 침대로 스마트폰을 들고 가 페이스북을 살펴보는 등의 오래된 습관들도 수면 건강에 영향을 미친다. 중년은 일에서도, 십 대 아이들과도 어려움을 겪는다(특히 아이가 사춘기에 접어들었다면 그 어려움은 훨씬 커진다). 오래 함께했던 사람이나 나이 들어가는 부모님과도 문제가 생길 수 있는 시기이다. 제대로 잠을 못 자면 다음 날 기분이 좋지 않고 반대로 기분이 좋지 않거나 불안하면 제대로 잠을 못 잔다는 사실은 누구나 알고 있다.

정신과 의사인 내 친구는 환자들에게 밤에 잠에서 깨는 것은, 특히 나이가 들어가면서 밤잠을 깨는 일은 지극히 정상이라는 말을 자주 한다고 했다. 다른 걱정과 함께 잠들지 못한다는 사실을 걱정하면서 여덟 시간이나 누워 있는 일은 상황을 더욱 악화시킨다. 땀이 나고 기분이 나빠진 상태로 한밤중에 이런저런 생각을 하다 보면 잠을 자지 못하고 걱정을 하게 되는 악순환에 갇히기 쉽다.

수면 장애를 다룰 때는 치료할 수 있는 무기들과 생활습관이라는 도구를 사용해 해결해나가야 할 때가 많다. 호르몬 치료의 역할은 9장 뒷부분에서 다룰 것이다. 생활습관에 관해서는 건강한 음식을 먹고 꾸준히 운동을 하라는 조언을 할 수 있지만, 특히 자기 전에 자극을 피하고 침실은 시원하고 어두운 상태를 유지하며 해가 진 뒤에는 인공조명을 최대한 멀리하는 등의 '숙면 원칙'도 지켜야 한다.

갱년기 우울증,
브레인 포그, 치매

여자들은 모두 그렇지만 특히 치료를 받아야 할 정도로 심각한 기분 장애를 겪은 여자들은 갱년기가 되면 특히 우울증에 취약해진다는 사실이 알려져 있다. 사춘기나 출산한 뒤처럼 호르몬이 아주 심하게 불안정하거나 갑작스럽게 변하는 시기에도 여자들은 우울증에 걸리기 쉽다.

슬프고 불안하고 짜증나고 계속해서 변하는 기분 때문에 힘든 상황은 중년 여성이라면 다섯 명 가운데 한 명이 겪고 있는 흔한 증상이다. 오랫동안 기분 장애나 월경 전 불쾌 장애로 고생한 경험이 없는 사람은 그런 기분이 반드시 우울증이나 불안 장애로 이어지는 것은 아니다. 갱년기 우울증과 관련해서는 앞에서도 살펴본 것처럼 감정을 제대로 표현하지 못하고 주어진 일을 제대로 처리하지 못할 거라는 기분이 들고 짜증이 나며 혼자 있는 것처럼 고독하고 눈물이 날 것 같고 기력이 없고 일상적인 활동에서도 사람과의 관계에서도 전혀 즐거움을 찾지 못하는 등의 증상이 나타난다.

6장에서 우리는 상향식으로 영향을 미치는 요인(생물 요소), 밖에서 안으로 영향을 미치는 요인(사회 요소), 하향식으로 영향을 미치는 요인(심리 요소)들이 우울증과 불안 장애에 영향을 미친다는 사실을 살펴보았다. 상향식으로 우울증에 영향을 미치는 요인은 우울증과 가장 관련이 있는 주요 신경전달물질인 세로토닌과 의욕이나 즐거움과 관계가 있는 도파민을 합성하고 사용할 수 있게 해주며 이 두 물질의 체내 신진대사를 조절하는 에스트라디올이다. 따라서 갱년기 자체로는 우울증의 원인이라고 할 수 없지만 상향식으로 영향을 미치는 호르몬이 운전석에 앉아 있는 것은 맞는 것 같다(운전석에 앉아 있다는 표현은 조금 과할지도 모르지만 적어도 뒷좌석에 앉아서 아주 큰 소리로 참견하고 있는 건 맞는 것 같다).

증상이 시작된 뒤로는 증상이 점진적으로 나타나거나 십여 년에 걸쳐 요동치기 때문에 갱년기 우울증 증상을 치료할 수 있고 바꿀 수 있는 장애라고 생각하기보다는 자기 인생이 영원히 변해버린 것이라고 믿는 여성들도 있다. 자야시리 쿨카르니는 갱년기 주변기에 나타나는 기분 장애는 제대로 인지하지 못하고 항우울제로 잘못 치료를 하는 경우가 있다고 했다. "갱년기 주변기 우울증으로 고생하는 여자들은 일반적으로 호르몬 치료에 더 좋은 반응을 보입니다. 하지만 갱년기 주변기 우울증을 호르몬으로 치료하는 경우는 많지 않습니다." 쿨카르니는 호르몬이 기분에 영향을 미치는 정도는 여자들마다 아주 다르다고 믿는다. "생식샘 호르몬이 아주 조금만 바뀌어도 아주 민감하게 반응하는 사람도 있고 전혀 그렇지 않은 사람도 있습니다."[245] 좋은 소식은 갱년기 기분 변화는 '이제는 정상이 되어버린 새로움'이 아니라 치료할 수 있다는 사실이며, 또한 일단 갱년기 주변기를 지나

여자, 뇌, 호르몬

갱년기가 끝나갈 정도가 되면 사라진다는 것이다.[246]

왜 기억력이 나빠질까?

나는 임상의들이 '브레인 포그'는 질병으로 간주할 수 없다고 하는 말을 들었는데, 옳은 말이다. '브레인 포그'란 생각을 빠르고 명쾌하게 할 수 없고 집중하기 힘들며 자주 혼란을 느끼고 전념하기가 어려운 증상을 묘사할 때 일상적으로 쓰는 용어다. 의학이나 과학 분야의 훈련을 받지 않은 사람이라면 자신이 '경도인지장애(의학 용어다) 증상과 비슷한' 증상을 경험하고 있다는 식으로는 설명하지 못할 것이다.

용어가 무엇이건 간에 갱년기는 명확하게 사고하기 힘들고 기억력이 저하될 수 있는 취약한 시기임이 분명하다. 2014년에 출간된 메타분석 결과는 이런 증상들이 그저 상상이 아님을 확증해주었다. 젊고 건강하며 임신을 할 수 있는 여자들에 비해 갱년기 여성들은 언어 기억력과 언어 유창성 항목에서 더 낮은 점수를 받았다.[247] 그와 마찬가지로 난소 절제술을 받아 갑자기 갱년기로 접어든 여자들도 수술을 받은 뒤에는 언어 기억력 점수가 나빠졌다.

산부인과 의사이자 생식내분비학자이며 오스트레일리아 여성건강연구소 소장인 존 에덴John Eden은 자신이 치료한 갱년기 여성들은 대부분 '단어 찾기' 능력에 변화가 생겼다고 했다. 특히 직업이 변호사인 여자들이 이런 변화를 더 빨리 눈치챘는데, 변호사는 언어 구사력과 날카로운 기억력이 아주 중요한 직업이기 때문인 것 같다고 했다.

기억력과 집중력 저하가 나타나는 이유는 제대로 자지 못하고 피곤해서일 수 있으며 스트레스, 기분 장애, 40대 후반에서 50대 여성들이 겪을 수 있는 생활 환경 등이 복합적으로 작용해 수면 장애와 피로를 유발할 수 있다. 양육해야 하는 십 대 아이들, 건강에 문제가 있는 부모, 사이가 틀어지는 남편과 관련된 문제들은 인지 기능에 나쁜 영향을 줄 수 있다. '브레인 포그'가 줄어드는 난소 호르몬과 관계가 있다는 증거가 있을까?

신경학적으로 보자면 에스트로겐은 시냅스의 건강을 유지해 예리하게 사고할 수 있게 해준다. 고배율 현미경으로 젊고 건강한 뉴런을 들여다보면 수상돌기 위에 나뭇가지에서 새로 난 꽃눈이나 잎눈처럼 생긴 작은 덩어리가 가득 덮여 있는 모습을 볼 수 있다. 나이가 들면 이 작은 덩어리(수상돌기가시)는 줄어든다. 늦은 봄에 새로운 가지와 잎이 돋아난 어린나무와 겨울에 앙상하게 가지만 남기고 있는 나무를 떠올려보면 뉴런의 변화를 이해할 수 있을 것이다. 폐경기의 원숭이와 난소를 제거한 설치류에서도 수상돌기가시가 사라졌는데, 수상돌기가시의 상실이 나빠진 기억력과 상관관계가 있음이 밝혀졌다. 갱년기 여성도 그럴 것이라는 결론을 내릴 수는 없지만 브레인 포그의 원인이 호르몬 감소로 수상돌기가시가 사라졌기 때문일 가능성은 있다.

9장을 집필하면서 나는 갱년기, 닭이 먼저냐 알이 먼저냐의 문제를 임상의들과 상의해보았다. 그리고 내린 가장 최선의 결론은 갱년기 증상들은 모두 연결되어 있다는 것이었다. 진 헤일스 여성건강재단의 소냐 데이비슨Sonia Davison은 이메일을 보내와 "홍조, 땀, 수면 장애, 기분 저하, 불안 같은 증상들은 뇌 기능에 심각하게 나쁜 영향을 미칠 수 있습니다."라고 했다. 또 모나시대학교 수전 데이비스 교수는 전화 통화에서 이렇게 말했다. "홍조와 땀 흘림을 수면 장애와 분리해서 생각할 수 없습니다. 기억을 강화하려면 잠을 제대로 자는 것이 중요하다는 걸 압니다. 하지만 브레인 포그가 수면 장애, 불안, 호르몬 때문에 생기는 증상일까요? 그건 알 수 없습니다."

머리가 멍한 증상은 이제 곧 치매가 올 것임을 알리는 신호인지도 모른다고 걱정하는 여자들이 많다. 치매를 연구하는 40대 후반의 신경과학자는 의사를 찾아가 자신에게 나타나는 증상들이 알츠하이머병의 초기 증상은 아닌지를 확인해본 적도 있다고 했다.

이 신경과학자의 불안은 일리가 있었다. 갱년기 브레인 포그와 알츠하이머병 초기 증상은 내 친구인 신경과학 전문가도 혼란을 느낄 정도로 비슷한 점이 많다. 알츠하이머병은 기억력 저하와 일상에서 자주 사용하는 물건들 이름을 잊어버리는 것으로 시작할 때가 많다.[248]

정상적인 노화나 경도인지장애, 치매에서 나타날 수 있는 다양한 기억력 저하는 10장에서 살펴볼 생각이다. 지금은 살아가면서 어느 정도 잊어버리는 일은 완벽하게 정상이라는 걸 알고 있는 것이 중요하다. 사람들은 누구나 '뭔가 혀끝에서는 맴돌지만 입 밖으로는 나오지 않는' 순간들을 경험하며 아이들 이름을 잘못 부르고 도대체 왜 방으로 들어왔는지 생각이 나지 않을 때가 있다. 젊었을 때는 그런 순간들을 크게 의식하지 않지만 나이가 들면서 자신의 나이듦을 생각하느라 그런 순간들을 더 많이 의식하는 것뿐이다.

그렇다면 갱년기 증상과 인지 저하 증상을 어떻게 구별할 수 있을까? 내 질문에 존 에덴은 대답했다. "임상학적으로는 구별할 수 없습니다. 가장 단순한 구별 방법은 두 달 동안 호르몬 치료를 한 뒤에 증상들이 개선되는지를 살펴보는 것입니다."

호르몬 치료가 브레인 포그 증상을 개선해주는 이유는 무엇일까? 호르몬과 기억력 저하가 어떤 관계인지를 제대로 이해하고 있지 못한 것처럼 호르몬 치료와 브레인 포그의 관계도 아직은 연구자들이 알아내려고 애를 쓰고 있는 연구 주제이다.

일반적으로 정상적인 건망증은 자신이 열쇠를 어디에 두었는지를 잊어버리는 것이지만 치매와 관련된 기억 상실은 늘 쓰던 열쇠의 용도를 떠올리지 못하는 것이다.

갱년기는 고통을 받는 시기인가, 지나가는 시기인가?

이 책 어딘가에서 나는 인생이 던져주는 모든 문제에 '면역력'이 있는 것처럼, '회복력'이 있는 것처럼 보이는 사람들을 소개한 적이 있다. 탁월한 회복력을 지닌 아이들은 콘크리트 바닥에서 피어나도 번성하는 민들레에 비유했고 회복력이 부족한 아이들은 꽃을 피우려면 섬세한 손길과 보살핌이 필요한 난초에 비유했었다. 6장에서 살펴본 더니든 연구에서는 끔찍한 사건을 경험한 아이들 가운데 '17퍼센트'가 정신 건강에 아무 문제가 없이 중년이 되었다고 했다. 그리고 10장에서는 100년 이상 살아가는 놀라운 사람들을 만나게 될 것이다 (100세 노인들의 75퍼센트가 여자이다).

많은 여자들이 갱년기를 지나는 동안 '고통'을 받지만 어떠한 폭풍우도 만나지 않고 갱년기를 통과하는 여자들도 20퍼센트에 달한다는 사실에 나는 호기심을 느낀다. 이런 여자들에게는 어떤 특성이 있는

여자, 뇌, 호르몬

것일까? 갱년기 증상이 전혀 없으리라는 사실을 의사들이 미리 예견할 수 있을까? 그런 여자들에게서 우리는 무엇을 알 수 있을까?

안타깝게도 내가 '갱년기 민들레'라고 부르는 여자들을 다룬 과학 논문은 한 편도 찾지 못했다. 그보다는 다양한 갱년기 증상(특히 불면증과 우울증)으로 발전할 수 있는 위험 요소들을 판별하는 방법을 다룬 문헌이 많았다.

갱년기에 불면증이나 우울증으로 발전할 수 있는 위험 요소를 가지고 있는 사람은 다음과 같다.

♀ 사회·경제적 위상이 낮은 사람

♀ 사회 집단에서 소수자로 살아가거나 거의 관심을 받지 못하고 살아가는 사람

♀ 전체적으로 건강이 좋지 않은 사람

♀ 심리적으로 스트레스를 받는 사람

♀ 성격의 다섯 가지 특성 가운데 신경증은 높고 원만성과 성실성은 낮은 사람

♀ 우울증이나 월경 전 불쾌 장애 병력이 있는 사람

진 헤일스 여성건강재단은 갱년기를 경험하는 방식은 다음과 같은 요인이 결정한다고 했다.

♀ '자연적으로' 시작한 것인지, 이른 나이에 시작한 것인지, 수술이나 화학 치료 때문에 시작한 것인지 등의 요인

♀ 나이

♀ 아기를 낳았는지, 원하는 아이를 모두 낳았는지 등 자신이 바라던 일이 이루

어진 정도

♀ 원했던 일을 성취한 정도, 삶의 목적과 정체성에 행복을 느끼는 정도

♀ 자신에게 일어난 일을 느끼는 방법, 자기 몸을 보는 자기 자신의 시선

♀ 가능한 최상의 상태로 자기 자신을 돌볼 수 있는 건강[249]

한 가지 재미있는 사실은 갱년기 경험은 문화마다 달라서 나라마다 여자들이 겪는 갱년기 증상이 다르다는 점이다(월경 전 증후군도 마찬가지이다). 오스트레일리아 원주민 여자들은 갱년기는 가임기가 끝나는 시기가 아니라 문화 지도자로서의 역할을 시작하는 즐거운 시기라고 생각한다. 하지만 유럽에서 온 여자들은 갱년기를 훨씬 더 우울하게 생각한다. 유럽계 오스트레일리아 여자들의 경우 갱년기는 가임기가 끝나는 시기일 뿐 아니라 성적으로도 매력이 사라지는 시기라고 생각하기 때문에 훨씬 더 슬퍼하고 상실감을 느낀다.[249]

여자, 뇌, 호르몬

호르몬 대체 요법을
둘러싼 논쟁

호르몬 치료법이라고 부르기도 하는 호르몬 대체 요법은 에스트로겐을 단독으로 처방하거나 에스트로겐과 프로게스테론을 혼합해 처방하며, 프로게스테론을 함께 쓸 때도 있다.

호르몬 대체 요법에서 사용하는 대체 호르몬들은 갱년기 증상이 시작되는 60세 전이나 갱년기 시작 후 10년이 넘지 않았을 때 치료에 쓰이기 시작한다면 에스트로겐이 사라져 생긴 갱년기 증상을 가장 효과적으로 낫게 해주는 물질들이다.[250,251]

사실 여전히 많은 여자들이 호르몬 대체 요법을 두려워한다. 9장을 쓰는 동안 만나본 여성들은 대부분 있을지도 모를 위험을 무서워했고 알려진 효과에 관해서는 회의적이었다. 혹시라도 있을지도 모를 위험과 얻을 수 있는 이득을 가늠하기 힘들 뿐만 아니라 언론에 나오는 정보들도 혼란스럽고 의료계 전문가조차 상반된 주장을 한다. 그래서 피임약을 비롯해 호르몬 대체 요법을 받고자 결정을 내리기는 쉽지 않다. 호르몬 대체 요법을 놓고 저울질을 할 때는 반드시 '있을지도 모를 위험보다 얻을 이득이 더 클 것인가?'를 고민하고 제대로 판단해야 한다.

호르몬 대체 요법의 위험과 이득을 살펴보기 전에 상당히 시끄러웠던 호르몬 대체 요법의 역사를 먼저 살펴보는 것이 좋을 것 같다.

대체 호르몬으로 갱년기를 치료하기 시작한 역사는 흔히 생각하는 것보다 훨씬 오래되었다. 1800년대 말부터이니 말이다. 1930년이 되면 갱년기 여성들은 정기적으로 사람의 태반이나 임산부의 소변에서 추출한 에스트로겐을 제공받았다. '사회적 에스트로겐socialized estrogenicity'을 이용해 의사들은 '에스트로겐이 풍부한 여자들의 몸에서 에스트로겐이 부족한 여자들에게로' 에스트로겐을 건네줄 수 있었다.[252]

임신한 말의 소변에서 추출한 프레마린 정은 1940년대에 시장에 나왔다(말의 소변이라고 끔찍하게 생각할 이유는 없다. 이미 오래전부터 당뇨 치료제인 인슐린을 돼지의 췌장에서 추출해왔으니까). 이 초기 조제약에는 현대 처방약보다 훨씬 많은(10배) 호르몬이 들어 있었다. 현재 호르몬 대체 요법에서 사용하는 합성 호르몬의 양은 경구피임약에 들어 있는 양보다 더 적다.

1970년대 중반이 되면 호르몬 대체 요법에는 위험도 따를 수 있음이 분명해졌고, 에스트로겐 치료법이 자궁내막암을 일으킬 수 있다는 연구 결과들도 나왔다. 그러자 자궁이 있는 여자들은 자궁내막암을 예방하려면 에스트로겐과 함께 프로게스테론을 복용해야 한다는 연구 결과가 나왔다(자궁절제술을 받은 사람은 프로게스테론이 필요 없다).

1972년에는 가장 감상적인 여성 건강 관련 논문이 《미국 노인병학회 저널The Journal of the American Geriatrics Society》에 실렸다. 뉴욕에서 활동하는 산부인과 의사 로버트 윌슨Robert Wilson과 그의 아내이자 간호사인 셀마 윌슨Thelma Wilson이 쓴 논문이었다. 논문에서 두 사람은 그때까지 발견된 호르몬 가운데 가장 중요한 호르몬은 에스트로겐이라고 주장했다. "에스트로겐은 수컷을 유혹하는 성적 매력과 아름다움을 만든다. 에스트로겐은 나방이 불꽃에 이끌리듯이 수컷을 끌어당긴다. 하지만 그 결과는 죽음이 아니라 생명이며, 그렇기에 우리가 여기에 있는 것이다."[252]

논문에서 윌슨 부부는 갱년기를 "급속히 진행되는 재앙"이라고 묘사하면서 한 포유류에게서 다른 포유류에게로 에스트로겐을 그저 옮기기만 하면 "성적 매력이 사라지는 시간을 늦출 수 있다"고 했다. 두 사람은 늦지 않게 천연 에스트로겐과 프로게스테론을 복용하면 "문명화된 세계에 사는 여자들 대부분이 쓸데없이 경험하고 있는" 중년 여성의 갱년기를 막을 수 있다고 주장했다.

윌슨 부부는 호르몬 대체 요법으로 얻을 수 있는 상당히 많은 이득을 정확하게 짚었다. 에스트로겐은 "골다공증을 예방하기 때문에 계속해서 건강하게 활동하고 적절한 식습관을 유지한다면 뼈가 부러지는 것을 막을 수 있다. 유방과 생식기도 시들지 않는다." 비록 두 사람은 논문 마지막에서는 "이런 여성들과 함께 사는 것은 너무나도 행복할 것이며 따분해지거나 매력을 느끼지 못하게 될 일은 없을 것이다."라는 말로 시대적인 한계를 여실하게 드러내고 있지만 말이다.[252]

1970년대는 성 혁명이 시작되면서 젊은 여자들은 피임약으로 성적 자유를 만끽했고 나이가 든 여자들은 호르몬 대체 요법을 홍조와 잠 못 드는 밤, 요동치는 기분(과 따분해지고 매력이 사라지는 상태)에서 벗어나게 해줄 '젊음을 되돌리는 만병통치약'으로 받아들였다.

1990년대에는 호르몬 대체 요법을 처방받는 사람들이 급격하게 늘어 미국 통계 자료대로라면 1999년까지 호르몬 대체 요법을 받은 여자들의 수는 9000만 명에 달했다.[253] 수백만 명이 호르몬 대체 요법을 받아들이는 동안 자연스럽게 줄어드는 호르몬 분비량을 문제로 보는 것이 과연 옳은 일인가 하는 의문이 제기되기 시작했다. 의문을 제기하는 사람들은 여성이 특정 시기에 이르면 복구가 필요할 정도로 '에스트로겐이 결핍'되어 고통을 받는다는 주장을 받아들이지 않았다. 그들은 나이 든 난소가 아니라 늘 젊어야 하고 아름다워야 한다고 생각하는 서방 세계의 강박관념이 문제라고 했다.

지금도 호르몬 대체 요법을 둘러싼 이런 논쟁들은 계속되고 있지만, 여기에 조금 더 두려운 공포가 스며들었다.

호르몬 대체 요법을 두려워하는 이유

1970년부터 수십 년 동안 호르몬 대체 요법의 위험과 이득을 밝히려는 여성 건강 관련 연구들이 수없이 많이 진행되고 있다.

여성 건강 연구Women's Health Initiative(이하 WHI)는 심장마비, 뇌졸중, 혈병, 골절, 유방암, 대장암, 자궁암, 그 외 다양한 죽음에 이르는 원인에 호르몬 대체 요법이 미치는 영향을 파악하려는 목적으로 진행된 무작위 대조군 실험이다. 연구에 참가한 50세부터 79세까지의 건강한 여자들 2만 7000명은 무작위로 대체 호르몬을 복용하거나 위약을 복용했다.[254]

여자, 뇌, 호르몬

1996년에 진행한 100만 여성 연구에서는 50세부터 64세까지의 영국 여성 100만 명을 대상으로 호르몬 대체 요법을 비롯해 다양한 생식 요소와 생활 요소가 여성의 건강에 미치는 영향을 조사했다.[255]

그 밖에 다른 연구로는 호르몬 대체 요법은 물론이고 경구피임약 복용, 알코올, 운동, 흡연, 비만 같은 의료적 선택이나 생활 방식이 여자들의 건강에 어떤 영향을 미치는지를 알아보기 위해 수십만 미국 간호사들을 연구한 간호사 건강 연구가 있다. 간호사들 덕분에 우리는 지중해식 식단이 대장암의 발병률을 낮춰주며 비만이 뇌졸중 위험도를 높인다는 사실을 알게 되었다.[256]

1987년부터 1990년까지는 다양한 호르몬 대체 요법의 위험과 이득을 알아보려고 45세부터 64세까지의 여성 800명을 대상으로 갱년기 에스트로겐/프로게스테론 개입PEPI 연구를 진행했다. 그 덕분에 호르몬 대체 요법을 받은 여자들의 유방을 엑스선으로 촬영했을 때 유방의 밀도가 더 높아졌다는 사실을 알게 되었다. 이는 유방암이 발병할 경우 진단하기가 더 어려워진다는 뜻이다.[257]

미국의 전국 여성 건강 연구SWAN는 미국 여성 3000명의 변화를 갱년기 주변기부터 관찰했다. 이 연구가 중요한 이유는 여성이 속한 인종적 배경을 조사했다는 사실에 있는데, 연구 결과를 통해 여자들이 속한 문화가 갱년기에 겪어야 하는 경험에 커다란 역할을 한다는 사실을 알아냈다.[258]

2017년 7월에는 북미갱년기학회NAMS는 호르몬 대체 요법의 효과를 알아보기 위해 수백만 여자들이 수십 년 쌓은 자료를 학회 회원들이 분석한 결과를 발표했다. 학회에서 발표한 대로라면 호르몬 대체 요법은 각종 암, 심장 질환, 당뇨, 기분 장애, 골다공증, 골절 예방, 홍조, 근골격계 질환, 관절 질환 같은 어마어마하게 많은 질병에 영향을 미쳤다. 북미갱년기학회는 갱년기 증상으로 고생하는 건강한 여성들에게 호르몬 대체 요법은 위험보다는 이득이 훨씬 많다는 결론을 내렸다.[251]

그 밖에도 호르몬 대체 요법을 연구한 사례들은 아주 많지만 독자들을 지루하게 만들고 싶은 생각은 없으니 이쯤에서 그만두자. 하지만 호르몬 대체 요법이 여성 건강과 관련해 상당히 많은 연구가 정밀하게 진행되어 있다는 사실은 말해야겠다. 다양한 건강 문제에 있어 호르몬 대체 요법이 야기할 수 있는 위험과 이득에 관해서는 상당히 자세한 정보를 제공할 수 있다.

그렇다면 우리가 확인할 수 있는 지식이 그렇게나 많은데도 아직도 호르몬 대체 요법을 둘러싼 혼란과 두려움이 존재하는 이유는 무엇일까? 그 이유는 모두 2002년과 2003년에 펼쳐졌던 극적인 사건과 WHI 때문이다. 모든 사람을 깜짝 놀라게 한 소식이 전해졌을 때 나는 국제 유방암 단체에서 근무하고 있었다. 그때 WHI는 안전 문제 때문에 에스트로겐과 프로게스테론을 함께 사용하는 실험을 중단하겠다고 선언했다. 혼합 호르몬 대체 요법이 유방암, 심장 질환, 뇌졸중, 혈병의 발병률을 높이고 있는 것처럼 보였기 때문이다.

연구자들과 통계학자들은 그 즉시 위험 가능성을 지나치게 과장하고 있으며 논문 자체에 결함이 있음을 지적했지만 당연히 언론이 지나치게 관심을 나타내고 말았다. 결국 실험에 참가했던 여자들은 더는 참가하지 않겠다는 결정을 편지로 알려왔고 의사들은 걱정에 싸인

여자, 뇌, 호르몬

환자들의 전화를 받느라 정신이 없었다. 많은 의사가 환자들에게 호르몬 대체 요법을 받지 말라고 조언했으며, 그 뒤 전 세계적으로 호르몬 대체 요법을 받고 있던 여성들 가운데 50퍼센트에서 80퍼센트 정도가 치료를 중단한 것으로 추정하고 있다.

2003년에는 혼합 호르몬 대체 요법이 65세 이상인 갱년기 이후의 여성에게 치매 발병률을 높인다는 주장이 나왔다.[259] 호르몬 대체 요법이 유방암 발병률을 높인다고 주장하는 2003년 《랜싯》의 보고에 이어 100만 여성 연구의 결과도 나왔다.[26] 나는 우리 단체 수장이 며칠 동안 '호르몬 대체 요법 전시작전실'이라고밖에는 부를 수 없는 자기 방에 갇혀서 계속 전화를 받고 언론 인터뷰를 해야 했던 상황을 기억하고 있다.

경고 종이 울리기 시작한 뒤로 15년 동안 관련 자료를 계속 수집하고 분석해왔기 때문에 현재 우리는 호르몬 대체 요법의 위험과 이득은 쉽게 단정해 말할 수 없음을 잘 안다.

WHI 연구의 가장 큰 문제는 연구에 참여한 여성의 평균 나이가 63세라는 것이다. 호르몬 대체 요법 치료를 시작했을 때 55세보다 적은 여성의 비율은 10퍼센트에 불과했다. 이제는 호르몬 대체 요법이 환자의 나이에 따라 다양한 결과가 나온다는 사실을 알고 있다. WHI 연구에 참가한 여자들은 대부분 호르몬 대체 요법을 안전하게 시작하기에는 너무 나이가 많았다.

이제 우리는 호르몬 대체 요법을 시작할 수 있는 결정적인 시기가 있음을 알고 있다. 마지막 생리를 한 뒤로 몇 년이 지나면 그 시기는 지나가버린다. 호르몬 대체 요법은 결정적 시기가 지나지 않은 젊은 나이에 시작해야 안전하다. 갱년기 증상이 처음 나타났을 때 시작하는 것이 가장 좋다. 갱년기가 끝나고 수십 년이 지나 치료를 시작하는 사람은 이득보다도 위험이 훨씬 크다.[251] 시간이 가장 중요한 요소이다.

연구 결과는 모든 사람에게 맞는 호르몬 대체 요법은 없다는 사실도 보여준다. 호르몬 대체 요법을 진행할 때는 사람마다 발병 가능성이 있는 질병, 나이, 갱년기 이후의 경과 시간, 치료 목적 등을 기반으로 치료 방법, 복용량, 조제 방법, 복용 시간, 복용 기간 등을 정해야 한다. '최단 기간 최소량을 복용하라' 같은 조언은 떨쳐버려야 한다.

홍조와 불면증이 개선될 가능성

한 세대가 유방암, 혈병, 심장병이 발병할지도 모른다는 공포 때문에 호르몬 대체 요법을 받지 않았다. 물론 위험이 따르지 않는 치료는 없지만 그래도 일단 유방암에 걸릴 가능성부터 살펴보도록 하자. 1년 안에 유방암에 걸릴 확률은 다음과 같다.[249]

♀ 호르몬 대체 요법을 받으면 1000분의 4이다.
♀ 호르몬 대체 요법을 받지 **않으면** 1000분의 30이다.

이제 다른 식으로 생각해보자. 매일 표준잔으로 술을 두 잔 마시거나 과체중인 사람은 호르몬 대체 요법을 받는 사람보다 유방암에 걸릴 가능성이 더 높다.

여자, 뇌, 호르몬

유방암을 진단하고 치료하는 기술이 아주 발달했다는 사실을 알면 위로가 될지도 모르겠다. 오스트레일리아에서 유방암 판정을 받은 여자들 가운데 90퍼센트는 5년 뒤에도 생존하며, 암이 다른 곳으로 전이되지 않았다면 5년 후 생존율은 96퍼센트에 달한다.[261]

호르몬 대체 요법이 심장마비를 일으킬 가능성은 나이가 결정하는 것처럼 보인다.[262] 다음과 같은 사람은 호르몬 대체 요법 때문에 심장마비가 올 가능성이 전혀 없다.

♀ 마지막 생리를 하고 10년이 지나지 않았을 때 호르몬 대체 요법을 받은 사람
♀ 50세부터 59세 사이에 호르몬 대체 요법을 시작한 사람

그렇다면 호르몬 대체 요법은 무엇을 **개선**할 수 있을까?

우선 홍조다. 호르몬 대체 요법은 분명히 증거를 기반으로 하는 가장 좋은 홍조 치료 방법이다.

불면증도 개선될 가능성이 있다. 밤에 땀을 흘리거나 홍조 때문에 제대로 잠을 자지 못한다면 호르몬 대체 요법으로 수면 장애를 개선할 수 있다. 홍조가 없는 수면 장애를 겪는 여자들에게는 호르몬 대체 요법이 언제나 도움이 되는 것은 아니다.[263] 존 에덴은 그 이유가 많은 여자들이 수면 장애 치료를 수년 동안 미루기 때문일 수 있다고 했다. 따라서 홍조를 치료한 뒤에도 불면증은 그대로 남는다.

기분 장애 역시 개선될 수 있다. 불안 장애와 우울증이 홍조 때문에 생긴 수면 장애와 관계가 있다면 호르몬 대체 요법으로 치료할 수 있다. 존 에덴의 말처럼 우리가 할 수 있는 일은 일단 몇 달 정도 호

르몬 대체 요법을 받으면서 기분이 나아지는지 관찰하는 것뿐이다. 홍조는 없고 우울증이나 불안이 주요 증상이라면 의사들은 보통 6장에서 대략 소개한 여러 치료법을 권할 것이다.[264]

브레인 포그는 어떨까? 홍조 때문에 밤에 깨기 때문에 생기는 브레인 포그라면 호르몬 대체 요법으로 개선할 수 있을지도 모른다. 하지만 아직 명확한 증거는 나오지 않고 있다. 호르몬 대체 요법이 언어 기억력을 증진해준다는 실험 결과도 있지만 그렇지 않은 실험 결과도 있다.

흥미롭게도 아홉 명의 여성을 대상으로 소규모 시범 연구를 진행한 수전 데이비스는 (보통 낮은 성욕을 치료할 때 사용하는) 테스토스테론이 갱년기 이후의 여성에게 언어 학습 능력과 기억력을 개선할 수 있을지도 모른다고 했다. "현재까지 여성을 대상으로 한 테스토스테론 연구는 대부분 성 기능에만 초점을 맞추고 있습니다. 하지만 테스토스테론은 여성에게 다양하게 영향을 미치고 있습니다. 언어 학습과 기억에도 아주 커다란 영향을 미치고 있는 것 같고 말입니다." 그러나 데이비스는 아직 대규모 무작위 위약 대조군 시험을 하지 않았으니 의사를 찾아가 테스토스테론을 처방해달라는 부탁은 하지 말라고 했다. 10장에서 살펴보겠지만 뇌 건강을 유지하고 생각을 선명하게 하려면 좋은 음식을 먹어야 하고 운동을 해야 하고 적절하게 잠을 자야 하며 스트레스를 줄이고 정신을 자극해야 한다.[265]

한편 질건조증을 비롯한 성 기능 장애와 근육 통증도 호르몬 대체 요법으로 개설할 수 있을지도 모른다.

존 에덴의 말처럼 안전하고 저렴하며 효과적인 치료법이 있는데도 그저 증상을 참으며 견디는 건강 문제는 갱년기 증상밖에 없다. "갱년기 때문에 일을 그만두는 여자들을 많이 봅니다. 하지만 많은 암 환자들은 치료 중에도 자기 일을 계속합니다."

내 친구가 했던 말이 호르몬 대체 요법의 이득을 가장 잘 보여주는지도 모르겠다. 내 친구는 말했다. "치료를 받은 뒤로 나는 다시 내가 된 것 같아." 내 친구가 호르몬 대체 요법을 받은 이유는 변함없는 젊음을 유지하고 싶어서가 아니었다. 그보다는 앞으로 더 살아야 할 수십 년 동안 정신적으로도 육체적으로도 활력을 잃고 싶지 않았기 때문에 여러 지식에 근거해 내린 결론이었다.

여자들마다 반드시 자신에게 맞는 위험과 이득을 저울질해봐야 한다. 유방암 병력, 유방암 발병 가능성이 있는 유전적 요인, 조기 갱년기, 수술이 유도한 갱년기, 심장 질환 발병 가능성 같은 여러 요소들을 고민해봐야 할 것이다. 호르몬을 조합하는 방법(에스트로겐만 사용할 것이냐 프로게스테론이나 테스토스테론도 첨가할 것이냐 등)도 복용하는 방법(알약, 젤, 패치, 질 페서리, 코 흡입제, 생체 동일 호르몬, 녹여 먹는 약 등)도 아주 다양하고 복잡하다. 하지만 그런 복잡함은 이 책에서 다룰 내용이 아니며, 누구나 알고 있듯이 여성의 건강은 여성 건강 담당 의사와 상의해야 한다(온라인 판매 사원과 상의하면 안 된다!). 오스트레일리아에서 내가 여성 건강 관련 문제를 참고하는 곳은 증거를 기반으로 일반인을 위한 최신 정보를 쉽게 알려주는 진 헤일스 여성건강재단이다.

여자들이 의료 전문가들과 호르몬 대체 요법을 시작할 것인지 계속 진행할 것인지 멈출 것인지를 상의할 때는 이런 정보들이 '두려움'이 아니라 '증거'를 기반으로 결정을 내리는 데 도움이 되기를 희망한다.[251]

호르몬 대체 요법과 치매

호르몬 대체 요법이 치매나 알츠하이머병을 **유발하지 않는다는** 증거는 아주 명확하다. 가장 최근에 진행한 대규모 연구는 2만 7347명의 여자들을 18년 동안 추적 연구해 에스트로겐을 단독으로 복용한 여자들이 위약을 복용한 여자들보다 알츠하이머병을 비롯한 여러 치매로 세상을 떠날 가능성이 훨씬 **낮다는** 사실을 밝혔다.[266]

호르몬 대체 요법이 치매를 유발할 수 있다는 두려움은 WHI 소속 연구팀의 WHI 기억 연구 결과 때문에 생겼다. 4532명이 참가한 이 실험에서는 호르몬 대체 요법을 받은 사람의 인지 기능이 저하되고 알츠하이머병 발병 가능성이 높아졌다. 이 연구는 무작위 이중맹검 대조군 실험을 한다는 황금 기준을 철저하게 지켰지만 이전 연구처럼 분명히 연구 방법에 문제가 있었다. 실험에 참가한 여자들의 평균 나이가 갱년기가 **끝나고도** 15년에서 20년이 흐른 72세였다는 점이다. 그 여자들은 이미 호르몬 대체 요법으로 이득을 볼 수 있는 결정적 시기를 훨씬 넘긴 사람들이었다. WHI 기억 연구가 호르몬 대체 요법이 뇌 건강을 해치고 알츠하이머병을 유발한다는 잘못된 결론을 내린 이유는 그 때문이다. 이제는 결정적 시기가 **지난 뒤에** 시작한 호르몬 대체 요법만이 치매를 유발한다는 사실을 알고 있다.[259]

호르몬 대체 요법이 뇌 건강에 영향을 미치는 방법은 시작 시기가 결정한다는 사실을 탐구한 훨씬 규모가 작은 실험이 있다(428명이 실험에 참가했다).[267] 갱년기 주변기에 호르몬 대체 요법을 시작한 여자들의 (인지력과 주의력을 평가하는) 간이정신상태검사Mini-Mental State

Examination 점수는 갱년기 이후에 호르몬 대체 요법을 시작한 여자들보다 더 높았다. 호르몬 대체 요법을 '늦게' 시작한 여자들은 호르몬 대체 요법을 전혀 받지 않은 여자들보다도 더 점수가 나빴다.

설치류 암컷에게 작용하는 호르몬 치료법의 효과를 세심하게 연구한 결과도 결정적 시기 가설을 뒷받침해준다. 폐경기 주변기에 에스트로겐 치료를 받은 쥐는 인지 기능 저하도 퇴행성 신경 질환도 적게 발생해 뇌가 보호됨을 알 수 있었다. 폐경기 주변기인 중년의 쥐에 에스트로겐을 주입하면 기억력이 향상되었고 치매를 예방할 수 있었다. 오래전에 폐경기가 끝나고 이미 오랫동안 호르몬 없이 살아온 늙은 쥐에게 에스트로겐을 주사해도 에스트로겐은 신경계를 보호하는 힘을 발휘하지 못한다. 갱년기도 유아기나 청소년기, 임신 기간처럼 '뇌 가소성의 결정적 시기'이기 때문에 그 시기에 에스트로겐을 복용하면 그 뒤로 수십 년 동안 진행될 노화 기간에 뇌가 건강하게 기능할 수 있다고 주장하는 연구자들도 있다.[268]

간단히 말해서 호르몬 대체 요법은 갱년기 증상이 시작됐을 때 시작하면 노화되는 뇌가 건강할 수 있도록 도와주지만 갱년기가 끝난 뒤에 시작하면 뇌 건강을 해칠 수 있다. 하지만 분명한 점은 호르몬 대체 요법을 뇌 건강을 유지하거나 치매를 **예방하는** 방법으로 사용한다는 선택에 관해서는 전문가들이 아직 합의에 이르지 못했다는 것이다. 호르몬 대체 요법이 해롭지 않다는 사실은 알고 있지만 결정적 시기가 지나지 않았을 때 시작한 호르몬 대체 요법이 해가 될지 이득이 될지를 결정할 수 있을 만큼의 긴 시간 동안 실험이 진행되지는 않았다. 이 문제에 관해서는 좀 더 시간을 두고 지켜보아야 한다.

칼 융은 다음과 같이 말했다. "사람의 인생에서 오후는 그 자체로 중요한 의미가 있어야 한다. 그저 인생의 아침에 딸린 처량한 부록으로 전락해서는 안 된다."[269]

갱년기를 제외하면 사람들은 보통 중년은 격렬한 청소년기와 저물어가는 노년기 사이에 존재하는 조용한 시기라고 생각하는 경향이 있다. 하지만 중년은 가장 바쁘게 아이들을 길러야 하고 인생에서 중요한 여러 일을 결정해야 한다. 중년일 때 자부심과 자신감도 최대이고 돈을 벌 능력도 있으며 사회에 가장 활발하게 기여한다. 중년은 뇌와 육체 건강에 이상 신호가 나타나기 시작하는 시기이지만 대비할 수 있는 시간이 있어 적절하게 대처하기만 하면 인생 후반기에 흔히 나타날 수밖에 없는 신체·심리·사회적 기능 변화를 최소화하거나 완전히 예방할 수 있는 시기이기도 하다.

중년은 미래에도 뇌를 제대로 사용할 수 있도록 투자할 수 있는 아주 독특한 시기이다. 나쁜 습관을 버리고 건강한 미래를 위해 필요한 선택을 하고 투자를 해야 할 시기이다. 존 F. 케네디의 말처럼 "지붕은 해가 환하게 빛나고 있을 때 고쳐야 하는 법"이다.

10

오래 살면 뇌는
어떻게 변할까?
- 나이 든 뇌

노화는 언제
시작되는 것일까?

―――

우리는 갈피를 잡지 못하고 있는데 나이가 들수록 우리 인생의 마지막 계절이라고 표시해놓은 골대는 점점 더 멀어져가는 것만 같다.

2009년, 미국에서는 언제 '나이가 들었다'고 생각하는지를 묻는 설문 조사를 했다. 20대 젊은이들은 60이면 나이가 든 것이라고 대답했고, 50세가 될 때까지는 그 기준이 70세에 점점 더 가까워졌지만 65세 이상인 사람들은 평균적으로 74세는 되어야 늙었다고 생각한다고 대답했다.[270]

나이가 든다는 것은 사실 사람들이 생각하는 것만큼 나쁘지 않을수 있다. 물론 그렇게 좋지도 않다.

일단 나쁜 점을 생각해보자. 65세인 성인 네 명 가운데 한 명은 기억력이 나빠졌다고 말한다. 다섯 명 가운데 한 명은 심각한 질병을 앓고 있으며 성생활을 하지 않고 슬프거나 우울하다는 기분이 자주들 뿐만 아니라 외로움과 생활비로 고생한다. 열 명 가운데 한 명은 자신이 짐처럼 느껴진다고 했다.

좋은 점은 무엇일까? 65세인 성인들은 취미를 즐기거나 봉사를 하거나 여행을 갈 수 있는 시간이 늘고 재정 상태가 훨씬 안정적이라고 대답했다. 무엇보다도 나이가 들어 가장 좋은 점은 가족과 함께하는 시간이 훨씬 늘어난 것이라고 했다.

아들 녀석은 얼마 전에 내가 어린 소녀였다는 사실을 도저히 상상할 수가 없다며 마침내 '나이 든' 기분이 어떠냐고 물었다. 나는 내 마음은 열 살 때나 지금이나 똑같다고 대답해주었다. '내가 늙었다고? 천만에.' 이것이 65세 성인을 대상으로 한 설문 조사 결과였다. 실제로 사람들은 나이를 먹을수록 더 젊어진 것 같다고 대답한다. 30세 이하인 사람들은 절반 정도가 자신이 나이 먹었음을 느낀다고 했다. 하지만 75세 이상인 사람들은 어떨까? 75세 이상 성인이 스스로 '나이 먹었다'고 느끼는 비율은 35퍼센트에 불과했다.

설문 조사 결과는 나이를 먹을수록 조금 더 젊은 자신과 훨씬 더 친밀한 관계를 유지한다는 사실을 보여준다. 그와 마찬가지로 우리는 과거가 친밀하게 짜놓은 몸 상태를 가지고서 인생의 후반기로 걸어 들어간다. 태어난 순간부터 우리의 신경계는 우리가 경험한 모든 좋은 경험과 나쁜 경험, 우리가 내린 결정, 우리가 살아가는 장소, 우리가 일하고 배우는 일들, 우리가 찾아낸 의미, 우리가 사랑하는 사람, 우리가 살아가는 인생, 우리가 살아온 시간으로부터 끊임없이 영향을 받으며 구조를 형성해나간다. 인생 전반기에 우리가 살아온 인생이 우리가 나이 들어갈 모습을 결정한다.

점점 더 많은 사람들이 나이가 든 채로 살아가고 있는데, 지금처럼 나이 든 사람이 살기에 좋은 시기는 없었다. 우리의 커다랗고 영리한 뇌가 제공해준 의학과 여러 기술 덕분에 사람은 건강하게 생식 활동을 하고 어머니의 뱃속에서나 태어난 직후에 죽지 않을 수 있으며 질병을 예방하는 백신을 맞고 고통을 줄이며 감염과 암을 치료하고 필요하면 수술을 해 건강하게 살아갈 수 있게 되었다. 100년 전만 해도 50세까지 생존하는 여자는 많지 않았다. 하지만 오늘 태어나는 여자 아기들 가운데에는 22세기 초반 몇십 년을 살아갈 아이들도 분명히 있을 것이다.

그렇다면 점점 더 오래 살아가는 사람들의 뇌는 어떤 요금을 내야 할까? 치매와 기억 상실, 인지 능력 저하는 분명히 노화와 관계가 있으며 알츠하이머병은 전 세계적으로 증가하고 있는 사망 원인이다. 그렇다면 인생의 마지막 몇 년을 늘린 대가로 우리는 기억 상실과 나빠진 뇌 건강이라는 요금을 내야 하는 게 아닐까?

이 의문에 답을 찾으려고 나는 생의 마지막 순간까지도 육체적으로나 정신적으로 건강을 유지하면서 엄청나게 오래 사는 노인들과 우리의 과거 진화의 모습이라는 두 가지 내용을 살펴보았다.

수천 년 동안 어머니 자연은 우리가 야생에서 생존하고 번성할 수 있게 해주었다. 우리의 뇌는 자궁부터 무덤에 이를 때까지 계속 진화하며, 우리는 살아가는 동안 끊임없이 이동하고 잘 먹고 잘 자고 자연에 몰두하고 스트레스를 피하고 사랑하고 친구를 만들고 의미를 찾아야 한다. 이 세상에서 가장 오래 장수하는 사람들은 모두 이런 상향식으로 작용하는 요인, 밖에서 안으로 작용하는 요인, 하향식으로 작용하는 요인들과 정확하게 일치하는 일상을 산다.

예방은 최선의 방어이다. 치매 연구들이 내린 결론도 정확히 그런 사실을 가리키고 있다. 정신적으로 사회적으로 육체적으로 자극을 받

여자, 뇌, 호르몬

으며 살아가는 사람들은 노화와 관계가 있는 뇌 질환에 걸릴 가능성
이 낮아진다. 어머니 자연이 원하는 방식과 가장 가까운 모습으로 살
아가면서 현대 의학의 도움을 받는다면 우리는 살아갈 인생에 몇 년
을 더할 수 있을 뿐 아니라 우리 삶에 생기도 더할 수 있다.

엄청난 장수 비결

알렉산더 그레이엄 벨이 전화기 발명 특허를 신청하기 1년 전인
1875년 2월 21일에 프랑스 아를에서는 잔느 루이즈 칼망Jeanne Louise
Calment이라는 여자 아기가 태어났다. 이 아기는 비행기와 영화가 발명
되는 모습을 목격했고 파리로 여행을 가 한창 세워지고 있던 에펠탑
을 보았고 빈센트 반 고흐도 만난 적이 있다고 했다. 칼망은 영국 다
이애나 황태자비가 죽었던 1997년에 세상을 떠났다. 총 122년 164일
을 살았다. 눈이 멀었고 귀가 거의 들리지 않았고 휠체어에 의지하며
살아야 했지만 칼망은 죽기 직전까지 정신이 또렷했고 "벌새처럼 예리
했다." 프랑스 사람들은 그녀를 '인류의 원로la doyenne de l'humanite'라
고 불렀고, 칼망의 장수 기록은 아직도 깨지지 않고 있다.[271]

2017년 4월, 에마 마르티나 루이지아 모라노Emma Martina Luigia
Morano가 이탈리아 베르첼리에서 117세로 세상을 떠났다. 1899년 11
월에 태어난 모라노는 19세기에 태어난 사람 가운데 가장 늦게까지 살
아 있었던 사람으로 알려져 있다. 《기네스북》에 따르면 모라노는 거의
90년 동안 매일 같은 음식(하루에 날달걀 두 개, 익힌 달걀 한 개, 신선한 파스
타, 생고기 한 접시)을 먹었다고 한다. 현재 살아 있는 사람 가운데 가장

나이가 많은 사람은 1900년 8월에 일본 남쪽 기카이섬에서 태어난 타지마 나비이다(타지마 나비는 2018년 4월 21일에 118세로 타계했다.—옮긴이).

한때는 다이아몬드처럼 아주 귀했던 나이 든 사람 가운데에서도 정말로 나이가 많이 든 사람들은 현재 전 세계적으로 빠른 속도로 증가하고 있다. 1900년에 태어난 여자아이가 100년 이상 살아갈 확률은 100만 분의 1이 되지 않았고 1950년대까지 살아남는 여자아이도 거의 없었을 것이다. 그러나 오늘날 부유한 나라에서 태어난 여자아이들이라면 50명 가운데 한 명은 생일 케이크에 촛불을 100개 꽂을 수 있을 것이다.

장수의 비결을 묻자 잔느 칼망은 스트레스를 받지 않고 마음을 좋게 가지는 것이라고 했다. "나는 그 무엇도 두려워하지 않았어. 그래서 꾸지람도 많이 들었지. 즐길 수 있을 때 즐겼고, 확실하고 도덕적이고 후회하지 않을 행동을 했어. 아주 운이 좋았지." 칼망은 초콜릿을 일주일에 900g 이상 먹었고 올리브오일로 피부를 관리했으며 100세가 될 때까지는 자전거를 타고 다녔고 다른 사람의 도움을 받아 담배에 불을 붙인다는 사실이 자존심이 상했던 117세에는 담배를 끊었다. 농담을 즐겨 했다고 알려진 칼망은 "평생 주름은 한 개밖에 없었어. 지금 그걸 깔고 앉아 있지."라는 말을 했다고 한다.

근면, 날달걀, 자전거, 후회 없음. 우리는 장수 비결을 알려달라고 애원하지만 나이 든 사람들 가운데에서도 가장 나이가 많은 사람들이 가르쳐주는 것은 장수의 비결이 아니라 오랫동안 살면서 알게 된 지혜이다. 칼망은 우리를 놀리듯이 말했다. "나는 기다리고 있어. 죽음이랑 기자들을 말이야."

여자, 뇌, 호르몬

100세 이상 노인들은 분명히 장수의 비결을 밝힐 수 있는 독특한 기회를 제공한다. 오스트레일리아 시드니의 한 연구팀은 특이하게 오래 산 사람들을 대상으로 뇌가 건강하게 나이들 수 있는 방법을 연구하고 있다. 뉴사우스웨일스대학교 건강한 뇌 노화 센터CHeBA의 찰린 레비탄Charlene Levitan 연구팀은 시드니 근교에 사는 400명 이상의 95세 이상 노인을 대상으로 시드니 100세 노인 연구를 진행하고 있다.

전화 통화에서 레비탄은 말했다. "현대 의학 덕분에 우리는 더 많은 시간을 살아갈 수 있지만 내 생각에 정말 중요한 것은 더해진 수명 동안 건강하게 살아가는 것입니다. 그렇기 때문에 나는 우리가 더 오래, 건강하게 살아갈 수 있도록 신경과학과 의학을 이용해 성공적인 노화의 비결을 알아내려고 노력하고 있습니다. 나는 우리 사회에 살아 있는 가장 나이가 많은 사람들의 가치를 널리 알리고 싶습니다. 그분들에게서 배우는 지혜는 우리 사회의 모든 부분을 풍요롭게 해줄 것입니다."

시드니 근교에서 온 100세 노인들이 오스트레일리아 전체 인구를 대표하는 대표자로 선택되었다. "우리에게는 심각하게 정신이 나간 사람들과 극단적으로 높은 기능을 하는 사람들이 있습니다. 우리 목표 가운데 하나는 포괄적으로 정신 기능과 육체 기능의 완벽한 연속체를 다루는 것입니다." 레비탄의 말이다. 연구에 참가한 100세 노인들은 일단 공식 기록과 비교해 나이를 확인하고 정신, 육체, 인지, 사회 건강을 평가하고 건강이 허락할 경우 MRI 촬영과 혈액 검사를 했다. 마지막으로 100세 노인들은 시드니 뇌 은행 기증 프로그램에 등록하도록 권유받았다. "세 번째 평가 단계에서 우리는 노인들의 인생 이야기를 들었습니다. 그 이야기들은 연구를 더욱 풍성하게 해주었고, 나는 그분들의 인생 이야기, 그분들과 맺은 관계, 그분들과 함께 한 시간, 그분들이 보여주신 인내심이 모두 좋았습니다."

또 다른 장수 프로젝트에서 《내셔널 지오그래픽》 작가 댄 뷰트너Dan Buettner는 주민들이 엄청나게 오래 살아가는 지구촌 '블루 존Blue Zone'을 다섯 군데 찾아냈다. 블루 존들은 서로 전 세계 다른 지역에 위치해 있지만 주민들의 생활 방식에는 비슷한 점이 있었다. "그분들의 수명은 엄격한 수양, 먹는 음식, 운동 프로그램, 영양 보조제 같은 것들과는 관계가 없었습니다." 뷰트너는 블루 존 주민들이 장수하는 이유는 끊임없이 '건강한 생활 방식'을 유지할 수밖에 없는 적절한 환경에서 살고 있기 때문이라고 믿는다.[272]

코스타리카 니코야 반도 사람들은 우정과 가족을 가장 중요하게 여기며 자신들이 좋은 파티를 포기해야 한다는 의미라면 결코 더 많은 시간을 일하는 법이 거의 없다. 그리고 살아가는 이유가 명확했다.

캘리포니아 로마 린다 마을 주민들은 목표가 뚜렷했고 안식일을 지켰고 담배를 피우지 않았으며 제7일안식일예수재림교가 허락하는 건강 음식만을 먹어 마을 전체가 건강했다.

이탈리아 산악 마을 사르데냐와 그리스의 이카리아섬은 매일 친구들과 모여 직접 만든 음식과 와인을 마셨다. 깨끗한 공기, 따뜻한 산들바람, 지중해 섬의 기복이 심한 매력적인 지형은 마을 사람들을 자연스럽게 야외 활동으로 이끈다.

타지마 나비의 고향이 속한 오키나와의 섬 주민들은 가족에게 헌신한다. 오키나와 사람들은 배가 80퍼센트 정도 찼을 때 더는 먹지

여자, 뇌, 호르몬

않는다. 오키나와 사람들은 '아침이면 일어나야 하는 이유'를 늘 고민하며 다섯 명이 짝을 지어 서로의 삶에 도움을 준다.

뷰트너는 블루 존 사람들의 생활 방식을 한데 모아 장수 비결을 정리했다. 뷰트너의 말처럼 100세까지 사는 것은 일단 '유전자 복권에 당첨'되어야 가능한지도 모른다. 하지만 평범한 사람도 자주 움직이고 우정과 가족과 사교 모임을 소중하게 여기고 관리하며 덜 먹고 와인을 마시고 삶의 목표를 갖는다면 기대 수명을 늘릴 수 있다.

100세 가까이 사는 사람이 많지 않기 때문에 시드니 100세 노인 연구는 더 많은 자원과 자료를 확보해 훨씬 믿을 수 있는 결론을 내리려고 전 세계 100세 노인 연구 기관과 협력해 연구해나갔다. 연구 결과는 블루 존에서 관찰한 내용과 일치했다.

레비탄은 말했다. "전 세계 연구 자료를 취합했을 때 나오는 결론은 유전자가 장수에 기여하는 비율은 40퍼센트 정도라는 겁니다. 나머지 70퍼센트는 건강한 식단, 운동, 사회 활동 같은 생활 방식이 결정합니다." 장수와 관련해 가장 강력하게 거론되고 있는 주제는 회복력, 적응력, 긍정적인 마음 같은 개인의 특성이다. "우리가 살펴본 100세 노인들은 대부분 평생 긍정적으로 살았다고 했습니다."

왜 그들은 특이할 정도로 행복하고 건강할까?

우리 엄마는 100세까지 살고 싶은 마음이 없다고 했다. 어쩌면 엄마의 말이 옳을 수도 있다. 장수에 관해서는 지금까지 모두 수명을 몇 년 더 늘리는 데만 집중해온 것이 사실이니까. 하지만 그 늘어난

몇 년 동안 어떤 삶을 살게 될지 누가 알겠는가?

레비탄은 "나이가 들면 아플 수밖에 없다는 것은 분명히 널리 퍼진 오해입니다."라고 했다. 그가 만나 본 100세 노인들은 아주 오랫동안 놀라울 정도로 뛰어난 건강을 유지했으며 생애 거의 마지막까지도 병에 걸리지 않았다. 그와 마찬가지로 블루 존 사람들도 아주 오래 살았을 뿐 아니라 질병이나 장애로 고생하지 않았다('건강 수명'이 아주 긴 것이다).

잔느 루이즈 칼망의 118세 때 건강을 다룬 《영국 정신의학 저널 British Journal of Psychiatry》 기사도 이를 잘 보여준다. 칼망을 조사한 신경학자 카렌 리치Karen Ritchie는 이렇게 썼다. "실험자의 언어 기억력과 언어 유창성은 교육 수준이 같은 80세와 90세 노인과 거의 비슷하다. 전두엽의 기능은 상당히 보존되어 있었고 우울증 증후나 그 밖에 다른 기능 이상은 발견하지 못했다." 리치는 "단 한 사례만을 두고 일반화하는 것은 이치에 맞지 않을 것"이라고 했고, 실제로 칼망은 예외적인 '통계 이상점statistical outlier'일 수도 있다. 하지만 사실 칼망이 예외적인 경우는 아니다.[273] 100세 노인들은 놀라울 정도로 일반적인 질병과 노년기 질환을 비켜나가는 능력을 갖춘 집단이다.

레비탄은 현재 연구자들이 100세 노인들을 크게 세 가지 명칭으로 분류한다고 했다. 같은 시기에 태어난 사람들의 생명을 앗아간 주요 노화 관련 질환을 피한 방법에 따라 100세 노인은 도피자escaper, 지연자delayer, 생존자survivor로 나뉜다.

레비탄은 말했다. "도피자는 모든 질병을 피할 수 있어 100세가 될 때까지 강한 정신과 신체 건강을 유지할 수 있었던 행운아들입니다.

여자, 뇌, 호르몬

지연자들은 80대 말이 될 때까지 노화 관련 질병의 발현을 늦출 수 있었던 사람들이고, 생존자는 암이나 뇌졸중, 심장마비, 당뇨 같은 노화 관련 질환을 앓고 있지만 놀랍게도 살아 있는 사람들입니다."

또 다른 장수 연구 프로젝트인 뉴잉글랜드 100세 노인 연구(이하 NECS)는 100세 노인 다섯 명당 도피자는 한 명, 생존자는 두 명, 지연자는 두 명이라고 했다. 남자는 여자보다 100세까지 살 가능성이 훨씬 낮지만 도피자 비율은 여성보다 두 배 높았다. 생존자와 지연자 비율은 남녀가 비슷했다.

남자 100세 노인은 여자 100세 노인보다 더 건강한 것 같았다. 나이에 상관없이 남자들은 아주 짧은 시간 급격하게 건강이 악화되어 갑자기 세상을 떠났다. 그와 달리 여자들은 아주 서서히 건강이 나빠져 더 많은 시간 의사를 만나면서 약해진 상태로 오래 살았다.[274]

어떤 의미에서는 극단적으로 오래 산다는 것은 시간의 고아가 된다는 뜻이다. 즉 극단적으로 오래 사는 사람은 사랑하는 사람과 친구들이 세상을 떠나 만날 수 있는 사람이 극히 적어진다는 뜻이다.[275] 그런 상황에 처한다면 아주 우울하고 외로울 것 같은데, 여기에 한 가지 역설이 있다. 사람은 오래 살면 살수록 더 행복해진다는 것이다.

중년과 비교했을 때 극단적으로 오래 산 사람들의 정신적 행복과 일반적인 행복, 긍정적인 마음은 평균적으로 더 높다. 논문 〈노화된 뇌에서 나타나는 감정 역설The Emotion Paradox in the Aging Brain〉에서 UC 데이비스의 노인학자 마라 마더Mara Mather는 나이 든 성인들은 젊은 성인들보다 스트레스에 감정적으로도 육체적으로도 반응하는 정도가 덜하다고 했다. "나이가 많은 성인들은 사람들 사이에 긴장이 발생했을 때는 고함을 지른다거나 논쟁을 벌인다거나 욕을 한다거나 하는 파괴적인 투쟁에 돌입하는 정도가 낮고, 일반적으로 사람들 사이에 긴장이 발생한다고 해도 젊은이들보다는 스트레스를 덜 느낀다." 건강한 노인들이 스트레스를 받는 상황에서도 싸움을 피할 수 있는 이유는 오랫동안 쌓아온 지혜, 판단력, 경험, 나이 들면서 바뀐 뇌 변화 같은 여러 요인이 작용하기 때문인 것 같다.[276]

누가 100년을 살 것인가?

생후 100년을 살았음을 축하하는 전보를 받을 사람들을 우리가 미리 예측할 수 있을까? 100세 이상 살아가는 사람들은 우리가 앞에서 살펴본 엄청나게 회복력이 강한 민들레 어린아이들의 성인 버전인 것일까?

나는 더니든 다학문간 건강 성장 연구를 이끄는 리치 폴턴 교수에게 이런 질문들을 했다. 더니든 연구는 1970년대 중반에 태어난 사람들의 생애를 1000명 이상을 대상으로 자세하게 추적, 연구해왔다. 이제 이 사람들은 모두 중년이 되었고, 폴턴 교수는 자신이 그 가운데 생일 케이크에 초를 100개 꽂을 사람이 누구인지 상당히 정확하게 맞힐 수 있다고 믿는다. "딱 봐도 알 수 있을 정도로 명확하니까요."

폴턴 교수 연구팀은 건강한 사람 1000명의 생물적 노화 속도를 측정했다. 생물적 노화는 심혈관, 신진대사율, 내분비계, 폐, 간, 신장, 면역계, 치아 건강 상태 등 18가지 생물지표를 포함한 '여러 기관계의 전체적인 기능 저하'를 표로 작성해 측정했다. 12년 동안 실험 참가자들은 26세, 32세, 38세에 각각 생물지표 상태를 측정했다. 현재 40대가 된 실험 참가자들은 노화 관련 질병이 발병하기에는 아직 너무 젊지만 분명하게 구별할 수 있는 패턴은 나타났다. "26세부터 32세까지의 육체와 정신 건강은 분명한 차이가 나타났습니다." 노화 속도에 따라 실험에 참가한 사람들은 세 집단으로 분류할 수 있었다. 실제 기간이 1년 지날 때마다 생리적 노화도 1년씩 진행되는 사람들을 평균 집단으로 놓았을 때, 평균보다 빠르게 노화하는 사람들은 평균 집단보다 노화 속도가 두 배 빨랐지만 느리게 노화하는 사람들은 생리 기능에 거의 변화가 없었다.

폴턴 교수는 건강하지 않게 살다가 일찍 세상을 떠나는 데는 여섯 가지 개인사적 특징이 있다고 했다. 가족의 수명, 어린 시절에 속한 사회 계층, 어린 시절에 경험한 끔찍한 일, 어린 시절의 건강, 지능, 자기 조절 능력이 그것이다. 2017년 《노화 세포Aging Cell》에 실은 기사에서 폴턴 교수는 이렇게 밝혔다. "조부모의 수명이 짧고 사회 계층이 낮은 집에서 성장했으며 어린 시절에 끔찍한 일을 많이 경험하고 건강이 좋지 않았으며 지능 검사에서 낮은 점수를 받고 자기 조절 능력이 떨어지는 사람들을 대상으로 진행한 연구는 모두 이십 대와 삼십 대에 생물적 노화 속도가 빨라진다는 사실을 입증했습니다."

폴턴은 "좋지 않은 상태로 인생 후반기로 접어들고 있는 빠른 노화 집단의 상황은 더욱 안 좋아질 것입니다. 이제는 생각보다 더 어린 나이에 노화되기 시작하는 사람을 살펴볼 필요가 있습니다. 차이를 만들려면 중년이 되기 전에 치료를 시작해야 하니까요."라고 말하며 자신의 인생에서 가장 슬픈 일은 자신의 예측이 맞았는지를 지켜볼 수 있을 정도로 오래 살지 못한다는 사실이라고 했다. "그때쯤이면 나는 벌써 땅속에 들어가 있겠죠."[277]

물론 모든 100세 노인과 늦게 노화되는 사람들이 모두 같지는 않으며, 개인사도 모두 다양하다. NECS 연구팀은 연구에 참가한 사람들이 교육받은 기간도 다르고(무학에서부터 대학원생까지) 사회경제적 위치도 다르고(아주 가난한 사람부터 아주 부자인 사람까지) 종교, 인종, 식습관(엄격하게 채식만 하는 사람부터 포화지방을 아낌없이 먹는 사람까지)도 아주 다르다는 사실을 알고 있다. 그러나 시드니와 뉴잉글랜드, 오키나와에 살고 있는 100세 노인들에게는 다음과 같은 몇 가지 공통점이 있었다.

- ♀ 거의 늘 마른 상태였다.
- ♀ 거의 담배를 피우지 않는다(칼망만 예외였다).
- ♀ 다른 사람들보다 스트레스를 이기는 능력이 컸다.
- ♀ 여자들의 경우 35세 이후에, 심지어 40세 이후에 아기를 낳은 경험이 있다.
- ♀ 성격의 다섯 가지 특성 가운데 신경증 점수가 낮고 아주 긍정적이었고 삶의 목표가 있었다.

특이하게 장수하는 사람은 집안 내력이 있었다. 100세 노인의 자녀들과 형제들은 건강했고 신체 특징이 우수하고 노화 속도도 느렸다. 잔느 칼망의 남자 형제인 프랑수아는 97세에 죽었는데, 칼망은 "신께서는 같은 집안에 100살이나 먹은 노인을 둘씩 두는 걸 원치 않으셨던 거야. 그래서 나만 남은 거지."라고 했다.[271]

그렇다면 특이하게 장수하는 사람은 유전자 때문이라고 할 수 있지 않을까?

"전혀 그렇지 않습니다." 전 세계 100세 노인 연구 프로젝트에 참가한 오키나와 100세 노인 연구팀은 말한다. "오키나와 분들이 오래 장수하는 이유는 유전적인 이유와 건강한 식습관과 육체 활동, 심리·사회적 요소 같은 비유전적인 장수 원인들이 적절하게 조합했기 때문이라고 믿습니다. 이 모든 것들이 그분들이 장수하는 데 중요한 역할을 한 것이지요."[278]

사람은 모두 적어도 80대까지는 살아갈 수 있는 유전적 능력이 있음이 밝혀졌다. NECS 연구팀의 설명처럼 인근 마을에 사는 평균적인 미국인보다 8년에서 10년 정도 더 오래 사는 로마 린다 마을의 제7일안식일예수재림교 교인들을 연구한 결과도 그 같은 발견을 뒷받침해준다. 전반적으로 제7일안식일예수재림교 교인들은 적절한 몸무게를 유지하고 있으며 채식주의자에 비흡연자이며, 가족과 다른 교인들과 많은 시간을 보낸다. 상당히 많은 미국인이 제7일안식일예수재림교 교인들과는 다른 삶의 방식을 택하며, 그 결과 좀 더 빨리 죽는다. NECS 연구팀은 이렇게 밝혔다. "제7일안식일예수재림교 교인들을 연구한 결과가 말해주는 것은 평범한 미국인은 모두 80대 중반까지 살 수 있는 유전자를 가졌다는 것입니다. 그들이 해야 할 일은 그저 좀 더 건전한 생활 방식을 택해 자기 자신을 잘 돌보는 것뿐입니다."[279]

여자가 남자보다
오래 사는 이유는?

전 세계적으로 여자는 남자보다 오래 산다. 2016년 오스트레일리아 사람들의 평균 수명은 여자가 85세, 남자가 78.9세였다. 나이가 들수록 차이는 더 커진다. 전 세계 100세 노인 열 명 중 아홉 명은 여자다. 이런 차이는 사람에게만 국한된 것이 아니어서 꿀벌부터 범고래, 설치류에 이르기까지 많은 종의 암컷이 수컷보다 오래 산다.[280,281]

수명의 남녀 차이 폭은 늘 바뀐다. 현대 이전에는 전쟁과 감염, 유아 사망 같은 원인이 전체 사망률에 영향을 미쳤다. 19세기 유럽에서는 기대 수명이 40세가 되지 않았으며 남녀 수명은 비슷했다. 여자는 임신과 출산 때문에 많이 죽었고 남자는 일을 하다 죽거나 사고로 혹은 전쟁으로 많이 죽었다(감염과 질병으로 죽는 비율은 남녀가 비슷했다). 그러나 20세기 중반부터는 남녀의 수명 차이가 아주 커진다. 예를 들어 1970년대 영국에서는 남자의 평균 기대 수명이 여자보다 7년 정도 낮아졌다. 20세기 초반에 태어나 성장했지만 1970년대를 살아가지 못한 남자들은 대부분 젊었을 때는 담배를 피우고 술을 마셨으며 참전도 했고 스트레스를 많이 받는 육체노동을 했다. 이 남자들이 잘못 보낸

여자, 뇌, 호르몬

젊은 시절이 지나치게 높은 사망률에 '기여'한 것이다.

이제는 십 대 남자아이들과 젊은 남자들이 여자들보다 사고(보통 자동차 사고), 자살, 익사, 폭력 등으로 죽을 확률이 젊은 여자들보다 세 배 정도 높다. 그 때문에 25세가 되면 남자보다 여자가 더 많이 살아남는다. 중년 남자들도 자동차 사고나 자살로 죽는 비율이 여자보다 높지만 흡연과 알코올, 좋지 않은 식습관과 관련된 질병으로 죽는 사람들이 나타나며 심장 질환은 남녀의 수명 차이를 벌리는 주요 원인이 된다. 비슷한 이유로 여자들이 죽는 비율은 갱년기가 지날 때까지는 증가하지 않는다. 인생 후반기가 되면 남자는 심장 질환이나 암, 당뇨로 죽을 가능성이 여자보다 더 높다. 물론 여자가 불멸의 존재는 아니어서 치매, 만성 하기도(폐) 질환, 뇌혈관 질환, 독감, 결핵으로 사망하는 사람들을 보면 여자가 높은 비율을 차지하고 있다.[281]

지난 수십 년 동안 남녀의 수명 차이는 좁혀졌다. NECS 연구와 장수 가족 연구LLFS를 이끄는 하버드대학교 과학자 토머스 펄스Thomas Perls는 남녀 수명 격차가 줄어든 이유는 남자 사망률이 감소하고 여자 사망률이 증가했기 때문이라면서 이렇게 밝혔다. "일반적으로 한 나라의 사회와 경제 발전 수준이 높아지면 남녀 모두 기대 수명이 높아지고, 기대 수명 나이는 상당히 비슷해진다."

현재 80대와 90대인 여자들은 기대 수명과 상황이 그들의 딸이나 손녀와는 크게 다르다. 각 세대는 자신들의 생활 방식에 맞는 위험 부담을 안고 있다. 현대를 사는 여자아이들과 남자아이들의 사인과 사망률이 '같을' 것인지는 오직 시간만이 말해줄 수 있다.

생물적 성이 수명에 미치는 영향

사실 장수 비결은 아주 간단하다. 젊어서 죽지 않는 것이다! 여자들이 더 오래 사는 이유는 블루 존 사람들이 알려주는 생활 방식에 훨씬 더 관심을 기울이기 때문일까, 아니면 의사들을 더 많이 찾아가기 때문에 이른 죽음을 피할 수 있는 것일까?

아마도 둘 다 아닐 것이다. 앞에서 살펴본 것처럼 나이가 많은 여자들은 건강이 나빠진 상태로 늘어난 몇 년을 더 살아야 하며, 사람이 아닌 다른 동물 종도 일반적으로 수컷보다 암컷이 더 오래 사는 것으로 보아 건강한 생활습관이 수명에 나타나는 성 차이를 설명할 수 있다는 생각에는 의구심이 든다.

분명히 여자와 남자의 유전자는 다른데, 여자에게는 X 염색체가 한 개 더 많기 때문에 생존에 유리하다는 가설도 있다. 남자에게는 X 염색체가 한 개밖에 없어 X 염색체상에 있는 유전자에 결함이 있을 경우 보충할 방법이 없다는 것이 그 가설을 제시하는 이유이다.

거의 모든 동물 세포 안에 있으면서 동물이 먹은 음식을 몸이 사용할 수 있는 에너지로 바꾸어주는 세포 소기관인 미토콘드리아 때문에 여자가 더 오래 산다고 설명하는 가설도 있다. 미토콘드리아에서 나타나는 유전변이로는 수컷의 기대 수명을 상당히 신뢰할 수 있게 예측할 수 있지만 암컷의 기대 수명은 정확하게 예측할 수 없다. 우리는 부모에게서 유전자를 한 개씩 받지만 미토콘드리아의 유전자만은 오로지 어머니에게서만 받는다. 따라서 진화의 질을 조절하는 과정인 자연선택은 암컷 미토콘드리아 유전자의 품질만을 심사하기

때문에 노화에 따른 변이는 수컷에게서만 나타날 수도 있다.[282]

마지막으로 여성이 더 오래 사는 이유를 상당히 따뜻하고 포근한 이유에서 찾는 가설을 살펴보자. 할머니 가설 말이다! 앞에서 우리는 폐경기 범고래가 사냥터에서 무리를 이끌어 어린 범고래가 생존할 수 있도록 돕는다고 했는데, 할머니 가설은 사람 공동체에서도 마찬가지로 할머니 가장이 부모와 '공동 부모 역할'을 수행해 자손들의 생존에 기여한다고 주장한다.

이 귀엽지만 논쟁의 여지가 있는 '할머니 가설grandmother hypothesis' 은 인류학자 크리스틴 호크스Kristen Hawkes가 탄자니아에서 수렵·채집인인 하드자 부족과 함께 생활했던 1980년대에 처음 등장했다. 탄자니아에서 호크스는 할머니가 딸을 도와 손자를 돌보고 함께 식량을 채집하는 곳에서는 손자뿐 아니라 부족 전체가 건강하고 오래 산다는 사실을 깨달았다. 그리고 이런 깨달음을 더욱 확장해 할머니가 사람의 사회적 인간관계와 남녀 관계, 더 큰 뇌로의 진화를 가능하게 해준 토대를 제공했다고 주장했다. 그 뒤로 호크스는 자신이 주장했던 가설을 수학적 인구 모형을 기반으로 수정하고 있지만 '할머니가 우리 사람을 만들었다'라는 주장은 굽히지 않고 있다.

생식사와 수명의 관계

생식사reproductive history는 처음 생리를 하고 마지막 생리를 할 때까지의 기간, 임신 횟수, 첫 임신과 마지막 임신을 했을 때의 나이, 모유 수유 기간 등을 포함한다. 생식사에는 성호르몬에 노출된 전체 시간과 전체 양육 기간을 고려해야 하는데, 이 두 요소는 놀라운 몇 가지 방식으로 수명과 건강 수명에 영향을 미친다.

예를 들어 **마지막** 아이를 낳은 연령이 높을수록 더 오래 산다는 것은 100세 여성에게서 가장 먼저 발견한 현상이다. 100세 여성들은 아주 많은 수가 아주 늦은 나이에 아기를 낳았다. 장수 가족 연구에 따르면 40세 **이후에** 아이를 낳은 여자들은 40세 **이전에** 마지막 아이를 낳은 여성들보다 100년 이상 살아남을 가능성이 네 배 높다. 33세 이후에 마지막 아이를 낳은 여자들은 29세 전에 마지막 아이를 낳은 여자들보다 특이하게 오래 살 확률이 두 배 높았다.[283]

첫아기를 낳은 나이도 중요하다. 십 대에 아기를 낳는 여자들은 나이가 들면서 건강이 나빠지고, 첫 임신을 늦게 한 여자들보다 더 젊은 나이에 죽는다는 연구 결과가 계속해서 나오고 있다. 안타까운 점은 사회·경제 위상이 이 통계 결과에 영향을 미친다는 것이다. 십 대에 어머니가 되는 여자들은 첫 임신을 늦출 수 있는 여자들보다 불우한 가정환경에서 자라며 아기를 기르느라 교육을 제대로 받지 못하기 때문에 이 악순환은 계속될 수 있다.[284]

수년 동안 출산한 아이의 수와 어머니 수명의 관계에 관해서는 상반된 연구 결과가 계속 나오고 있다. 어머니 되기와 사망률의 관계는 J자형 곡선을 그린다는 사실이 알려져 있다. 나처럼 레드와인을 유달리 좋아하는 독자라면 알코올 소비와 건강이 J자형 곡선을 그리는 관계임을 알고 있을 것이다(와인은 하루에 한두 잔 정도 마시면 아예 마시지 않는 것이나 과도하게 마시는 것보다 건강에 좋다는 뜻이다). 와인처럼 아기도 두세 명을 낳는다면 건강과 기대 수명에 도움이 되지만 아예 낳지 않거

나 네 명 이상을 낳는 경우는 오히려 나쁘다.[284]

마지막으로 출산 간격이 짧으면(출산 간격이 18개월 미만이거나 쌍둥이, 세쌍둥이를 낳는다면) 출산 간격이 2년이나 3년인 여자들에 비해 건강이 좋지 않고, 항우울제를 처방받는 횟수도 증가하며(당연히 놀라지 않을 것 같다) 사망률도 증가한다. 연구자들은 말한다. "여러 아이를 기르면서 받는 감정·심리·사회적 긴장은 부모의 건강에 장기간 나쁜 영향을 미친다."[285] 나도 그 말에 동의한다. 재빨리 손을 보태줄 가족 하나 없이 두 살 미만의 아들을 둘 기르면서 감당해야 했던 스트레스와 긴장은 내 정신 건강에 극심한 해를 끼쳤다. 내가 바랄 수 있는 것이라고는 그나마 두 아들을 서른세 살이라는 마법의 나이가 지난 후에 낳았다는 사실이 그런 긴장 때문에 피폐해진 내 정신 건강을 조금은 상쇄해주었으면 하는 것이다.

흥미롭게도 건강과 자녀 수, 출산 간격 사이의 J자형 곡선 관계는 아버지에게서도 나타난다. 아이가 많은 아버지일수록 알코올 관련 질환이나 심장 질환, 사고로 사망할 가능성이 더 크다. 이런 상황을 근거로 아이들이 부모가 술을 마시게(혹은 술을 마시는 행위에 정당성을 부여하게) 만든다고 말하고 싶을지도 모르겠지만, 아이들과 부모의 건강이 인과관계를 맺고 있다는 증거는 없다. 단지 아이들과 부모의 건강은 **상관관계가** 존재할 뿐이다.

에스트로겐에 끊임없이 노출되는 상황이 수명에 기여하는 것인지 임신 그 자체로 장수에 도움이 되는 것인지는 아직 알지 못한다. 하지만 하루에 사과 한 알이면 의사를 멀리할 수 있는 것처럼 에스트로겐도 우리를 보호하고 의사와 멀어지게 해준다는 말을 할 수 있겠다.

분명한 것은 출산과 모유 수유가 유방암과 난소암을 비롯한 몇 가지 암을 막아준다는 자료가 있다는 점이다. 서른 살 이전에 아기를 갖고 1년 이상 모유를 먹였을 때 암 예방 효과는 가장 크다. 그 이유는 전체적으로 에스트로겐과 프로게스테론에 노출되는 기간이 줄었기 때문이 아니라 매달 요동치던 에스트로겐과 프로게스테론의 변화량이 줄었기 때문이라고 생각된다.

호르몬 대체 요법을 받기로 결정한 여성이라면 18년 동안 진행된 호르몬 대체 요법 후속 연구에서 안전한 결과가 나왔는지를 확인해야 안심이 될 것이다. 2017년에 《미국의학협회 저널JAMA》에 실린 보고서는 다음과 같이 밝히고 있다. "호르몬 대체 요법을 5년에서 7년 정도 받은 여성에게서 심혈관계 질환이나 암 같은 특정 원인으로 인한 사망률이나 그 밖에 모든 원인으로 인한 사망률의 장기간 증가는 나타나지 않았다."[266] 9장에서 살펴본 것처럼 결정적 시기(즉, 갱년기 증상이 나타나고 몇 년 뒤가 아니라 나타난 즉시)에 호르몬 대체 요법을 시작하면 알츠하이머병에 걸릴 가능성이 줄어들고 인지 능력이 개선된다. 첫 생리를 한 나이가 어릴 경우, 늦은 나이에 마지막 임신을 한 경우, 피임약을 복용한 경우에도 훗날의 인지 능력 저하를 막을 수 있다.

생식사나 호르몬 상태, 수명에 관한 자료는 대부분 대규모 인구를 기반으로 하는 연구에서 확보할 수 있는데, 정부가 개인의 건강 관련 자료를 상당히 자세하게 기록하는 스칸디나비아 국가들에서 관련 통계가 나올 때가 많다. 출산 간격과 수명의 관계는 1935년부터 그때 태어났고 살아가는 모든 남자와 여자의 건강 상태를 완벽하게 기록한 자료를 확보할 수 있었던 노르웨이 과학자들이 연구했다. 그와 마찬가지로 가족의 규모와 수명에 관한 관계는 1932년부터 1960년까지 태어나고 살아간 모든 사람의 건강 상태를 자세하게 기록한 자료를 활용할 수 있었던 스웨덴 과학자들이 연구했다.

사람은 보편적 연구를 자신에 관한 연구로 바꾸어 자신이 살아온 인생을 근거로 관련 자료를 들여다보는 경향이 있다. 따라서 지금까지 내가 제시한 호르몬 대체 요법의 이득과 위험에 관해서는 연구 결과들이 대규모 인구 통계에 기반을 둔 것이지 개개인 모두에게 똑같이 적용할 수 있는 결과는 아님을 반드시 기억해야 한다.

토머스 펄스도 같은 의견이다. "이 같은 연구 결과는 여성들이 좀 더 오래 살 기회를 늘리려면 반드시 기다렸다가 나이가 든 뒤에 아기를 낳아야 한다는 의미가 아닙니다. 막내를 낳은 나이가 노화 속도를 가늠하는 기준이 될 수 있다는 뜻입니다. 늦은 나이에 자연 임신으로 아기를 낳을 수 있다는 사실은 한 여성의 생식계가 천천히 노화되고 있다는 뜻이며, 그것은 다른 신체 기관도 마찬가지일 테니까 말입니다."[286] 따라서 현재 십 대나 이십 대인 여자가 수명에 관한 자료를 미래의 가족계획에 적응하는 일은 아마도 현명하지 못한 일일 것이다.

치매는 여성의
뇌 건강 문제인가?

———

남자보다는 여자가 알츠하이머병 같은 치매에 더 많이 걸린다. 그 이
유를 설명할 수 있는 생물·사회적 이유는 아주 많다.

가장 널리 알려진 이유는 아주 단순하다. 여자의 평균 수명이 남자
보다 길기 때문에 더 많은 여자가 더 많이 나이가 들어 알츠하이머병
에 걸릴 가능성이 높다는 것이다.

비슷한 주장으로는 남성의 '생존 편향survival bias' 가설이 있다. 생존
편향 가설은 나이가 들어도 남자는 같은 나이의 여자보다 더 건강하
기 때문에 알츠하이머병에 걸릴 가능성이 여자보다 낮다고 한다.

APOE-e4 유전자는 알츠하이머병을 일으키는 유전자로 잘 알려져
있다. 5만 8000명에 달하는 사람을 대상으로 2017년에 진행한 메타
분석 연구 결과에서 여자들은 남자들보다 알츠하이머병을 유발하는
형태의 APOE-e4 유전자를 더 많이 가지고 있었다. 하지만 모든 연
령대가 아닌 65세부터 75세까지만 그랬다.[287]

알츠하이머병 발병률의 성 차이를 설명하는 마지막 가설은 여자들
의 낮은 교육 수준을 원인으로 든다. 학교에서 교육을 받은 기간이

여자, 뇌, 호르몬

길수록 알츠하이머병에 걸릴 가능성은 낮아지는데, 1950년대 이전에 태어난 여자들은 남자들보다 학교에 다닌 기간이 몇 년 정도 적기 때문에 나이가 들면 알츠하이머병에 더 취약해진다는 것이다.[288]

2017년 9월, 오스트레일리아 통계청은 치매가 오스트레일리아 여성들의 주요 사망 원인이라는 발표를 했다. 남자들의 주요 사망 원인은 심장병이었고 치매는 두 번째 원인이었다. 오스트레일리아 통계청은 심장병 치료 기술이 발달하고 있고 남자들의 기대 수명도 늘어나고 더 건강하게 살고 있으니 결국에는 치매가 심장병을 누르고 주요 사망 원인이 될 수도 있다고 했다.[289]

우리는 기대 수명이 높아지고 있는 세상에서 사는 특권을 누리고 있다. 많은 사람이 걱정하고 있는 노화된 인구는 사실 인류가 이룩한 가장 위대한 성취 가운데 하나이다. 치매가 사람의 뇌 건강에 문제가 된 것은 오래 살게 되었기 때문에 치러야 하는 대가이다.

치매가 올 가능성

치매가 전 세계에 미치는 영향력을 평가한 2015년 세계 알츠하이머 보고서는 매년 새롭게 늘어나는 치매 환자가 전 세계적으로 990만 명이 넘는다고 했다. 1초에 3.2명씩 치매 진단을 받는 셈이다. 2015년에 치매 환자는 아시아에 2290만 명, 유럽에 1050만 명, 아프리카에 400만 명, 아메리카에 940만 명이 있었다. 베이비붐 세대가 노년기에 접어들고 있기 때문에 그 수는 20년마다 두 배씩 증가하리라고 예상하고 있다.[290]

보고서 내용은 너무나도 충격적이었는데, 2015년 세계보건기구에서 발표한 치매 보고서는 많은 사람이 느끼는 두려움을 제대로 보여주고 있다. "치매는 아주 큰 낙인이 찍히고 엄청난 두려움을 야기하고 있다. 피할 수 없는 노화의 한 과정으로 인식하고 예방하거나 치료할 방법이 전혀 없다고 생각하는 사람들도 많다."[291]

나라마다 통계가 다르기는 하지만 치매가 올 가능성은 사람들이 두려워하는 것보다는 높지 않을 수도 있다. 영국의 경우 65세부터 69세까지의 성인이 치매인 경우는 100명 가운데 두 명(2퍼센트) 정도이고 85세부터 89세까지는 다섯 명 가운데 한 명(20퍼센트) 정도이다. 100세 노인에 대한 연구들 중 다수가 극단적으로 오래 사는 사람들에게서 치매가 나타나는 비율도 밝혔는데, 대부분 45퍼센트에서 65퍼센트 사이였다. 이는 시드니 100세 노인 연구 결과와도 일치한다. 그 같은 결과들을 긍정적으로 생각해보면 80대에는 80퍼센트가, 100세 이후에는 거의 절반 정도가 치매 걱정 없이 살아갈 수 있다는 뜻이다.

자, 걱정은 놓아버리자. 세간의 믿음과 달리 치매는 나이가 들면 저절로 발생하는 병이 아니고 피할 수 없는 운명도 아니다. 치매는 질병이고 치료 방법이 없기는 하지만 뇌를 건강하게 유지할 수 있는 여러 방법도 있다.

2015년 말에 한 국제 연구팀이 5000명이 넘는 사람들을 대상으로 진행한 323개 연구 결과를 취합해 알츠하이머병에 영향을 미치는 93개 인자를 찾아냈는데, 상당수 인자가 심혈관계 질환에 영향을 미치는 인자와 동일했다. 전 세계 알츠하이머병 환자 가운데 교정할 수 있는 아홉 가지 위험 인자 때문에 병에 걸린 사람은 전체 알츠하이머병

여자, 뇌, 호르몬

환자의 66퍼센트였다. 알츠하이머병에 가장 해로운 인자는 심각한 흡연이었고 건강에 좋은 식품은 알츠하이머병을 예방해주었다.

남자와 여자 모두 알츠하이머병을 유발하는 인자 가운데 교정할 수 있는 아홉 가지는 비만, 흡연, 동맥 경화, 제2형 당뇨, 낮은 교육 수준, 높은 전체 호모시스테인 수치, 우울증, 고혈압, 노쇠였다. 여자들의 경우 에스트로겐 치료(피임약이나 호르몬 대체 요법)를 받으면 알츠하이머병을 막을 수도 있다.

2015년 국제 연구팀의 보고서는 "전 세계 알츠하이머병 환자의 3분의 2는 충분히 예방할 수 있다."라는 놀라우면서도 안심이 되는 결론을 내렸다.[292]

치매란 한 사람의 기능이 점진적으로 저하되게 만드는 여러 질병들의 증상을 포괄적으로 묘사하는 용어이다. 치매 증상을 나타내는 질병은 알츠하이머병, 전두측두치매, 혈관성 치매, 파킨스병, 루이체 치매, 헌팅턴병, 코르사코프 증후군, 크로이츠펠트·야코프병을 비롯해 100개가 넘는다. 알츠하이머병은 전체 치매 질병 환자의 50퍼센트에서 70퍼센트를 차지하는 가장 흔한 치매이다. 치매와 알츠하이머병을 혼동해서 쓸 때가 많은 것은 그 때문이다.[293]

치매의 초기 증상은 아주 미묘하고 애매하지만 흔히 다음과 같은 증상이 나타난다.

♀ 점진적이지만 빈도가 높아지는 기억 상실

♀ 정신 상태 혼란

♀ 성격 변화

- ♀ 무관심과 배척
- ♀ 분노와 공격성
- ♀ 일상생활 장애

    분명히 이런 증상들은 비타민 결핍증이나 호르몬 결핍증, 우울증, 감염, 뇌종양은 물론이고 10장에서 살펴보고 있는 갱년기 같은 여러 질환에 공통으로 나타나는 증상이다. 따라서 이런 증상들은 처음 나타났을 때 제대로 진단을 받아야 치료할 수 있는 사람을 파악하고 제대로 관리할 수 있다.

기억 상실은 노화에 따른 자연스러운 현상이다

    기억 상실은 치매의 주요 증상 가운데 하나이지만 치매 단체인 디멘시아 오스트레일리아Dementia Australia가 지적했듯이 정상적인 노화 과정에서 나타나는 건망증과 질병인 치매 증상은 차이가 있다. 치매인 사람은 일상생활을 영위할 수 없을 정도로 심각해질 때까지 **꾸준히 점진적으로** 기억이 사라진다.[248]

    나이 들면서 경험하는 또 다른 유형의 기억 상실로는 경도인지장애 mild cognitive impairment가 있다. 경도인지장애를 앓고 있는 사람들은 흔히 최근에 만난 사람들의 이름을 못 떠올린다거나 대화 내용이 기억이 나지 않는다고 하며 물건을 둔 장소를 잊어버리는 일이 잦다고 불평하기도 한다. 하지만 혼자서도 충분히 생활할 수 있으며 성격이 변한다거나 정신 상태가 혼란해진다거나 논리력이나 판단력이 손상되

는 등, 다른 치매 증상은 나타나지 않는다.[293]

아주 젊고 건강하고 빈틈없는 사람들도 물건 둔 곳을 잊어버릴 때가 있다는 사실을 잊지 말아야 한다. 건망증은 아주 정상적인 반응이다. 단어가 '혀끝에서 맴돌지만 입 밖으로는 튀어나오지 않는 상황'이야 당연히 있을 수 있으며 치매 징후가 아니다. 9장에서 살펴본 것처럼 일반적인 건망증과 치매에는 차이가 있다. 자동차 열쇠를 잃어버리는 것은 전혀 문제 될 것이 없다. 걱정해야 하는 상황은 늘 쓰던 자동차 열쇠가 도통 무엇에 쓰는 물건인지 생각나지 않을 때뿐이다.

사람은 모두 건망증을 경험하는 순간에 주의를 기울이기 마련이며, 나이가 들수록 자신이 무언가를 잊는다는 사실을 걱정하게 된다. 그리고 가끔은 우리의 두려움을 확인해주는 사건들을 애써 찾아내려고 한다. 예를 들어 최근에 나는 평소보다 훨씬 더 자주 '나이 들었음을 인지하게 되는' 사건을 경험하고 있다. 단어들이 혀끝에서 맴돌고 방에 들어가는 순간 내가 왜 그곳에 왔는지 잊어버린다. 생각해보면 내 까먹음은 3주 전, 정확히 내가 치매를 조사하고 글을 쓰기 시작하는 순간에 시작되었다. 그러니까 내 건망증은 확증 편향을 명백하게 보여주는 분명한 증거인 셈이다.

기억 상실은 흔히 치매의 주요 증상이라고 생각하는 경향이 있다. 하지만 치매인 사람들은 과거를 기억하는 능력뿐 아니라 미래를 상상하는 능력도 잃는다. 뮤린 아이리시Muireann Irish는 시드니대학교 신경과학과 부교수이다. 아이리시 연구팀은 치매가 오면 기억, 상상, 사회 인지 능력 같은 인지 과정을 담당하는 뇌 체계에 오는 변화에 관심이 있다. 더블린 트리니티 칼리지의 학생이었을 때 아이리시는 평온한 음악(특히 비발디의 사계 '봄')이 알츠하이머병 환자의 자전적 기억 회상 능력을 강화한다는 사실을 발견해 유명해졌다. 학창 시절, 결혼식, 자녀들의 출산, 최근에 다녀온 여행지나 장례식 같은 이야기들을 계속해서 되물어 사람들의 인생을 캐묻는 과정은 가장 흔히 사용하는 기억력 상실 평가 방법이다.[294]

과거의 기억을 이야기할 때 알츠하이머병 환자들은 아무 소리도 들리지 않을 때보다 비발디의 음악을 들을 때 훨씬 더 평온했고 동요하지 않았으며, 스트레스를 방출하자 기억을 회상하고 다시 떠올릴 수 있었다. "자전적 기억을 강화하는 음악을 들려줄 때 환자들에게서 일어나는 반응은 주의력이나 각성 능력이 변하는 것이 아닙니다. 환자들이 변하는 이유는 불안이 줄어들었기 때문입니다." 전화 통화에서 아이리시는 이렇게 말했다.

아이리시의 설명처럼 우리는 대부분 백일몽은 우리의 자아감과 행복, 사회 인지 능력에 영향을 미치는 중요하고 유익한 뇌 기능이 아니라 '게으르게 뒹굴거리는 것'이라고 생각한다. "우리 뇌가 백일몽을 꿀 수 있는 아주 정교한 뇌 회로망을 형성하도록 진화했다는 사실은 백일몽에 분명히 진화적으로 적응해야 할 가치가 있었다는 뜻입니다. 마음이 무엇에도 구애받지 않고 자유롭게 거니는 동안 창의력과 새로운 혁신이 샘솟고 사회 공감 능력도 더욱 발전합니다."

아이리시는 최근에 건강한 젊은 사람들과 치매 환자들을 실험실로 초대해 화면에 뜬 밝은 색상의 도형들을 계속해서 지켜봐달라는 부탁을 했다(확실히 아주 지루한 과제였다). 실험 참가자들이 도형을 쳐다보고 있는 동안 간간이 지금 무슨 생각을 하고 있는지 물었다. 그럴 때

마다 건강한 젊은 사람들은 어김없이 노란색 도형을 보니 해가 생각
났다거나 마지막으로 갔던 해변의 모래가 생각났다고도 했고, 먹어본
적이 있는 맛있는 음식이 생각나서 집에 돌아갈 때는 식료품 가게에
들러서 음식 재료를 조금 사가야겠다는 마음을 먹었다는 식으로 상
당히 복잡한 이야기를 했다. "젊고 건강한 사람들은 지루한 과제에서
벗어나지 않고는 배길 수가 없었던 겁니다."

치매에 걸린 사람들의 대답에는 그저 목표 없이 마음속을 헤맬 능
력이 없는 것처럼 깊이와 상상력이 결여되어 있었다. "그분들은 콘크
리트 길 위에서 자기 앞에 있는 자극에만 갇혀 있는 것 같았습니다.
'아주 멋진 노란색 삼각형이네요'와 같은 대답이 그분들에게서 들을
수 있는 말이었습니다." 아이리시는 이렇게 말했다.

"치매 환자들에게 세상은 현재에 정박해 있습니다. 과거를 기억하
는 능력은 점차 사라져, 그분들에게 과거는 그저 작은 섬들처럼, 기
억 주머니들처럼 남아 있을 뿐입니다. 과거에 있었던 중요한 사건들을
회상하는 능력을 상실하면 우리라는 개인을 형성하고 본질을 규정한
사건을 기억해내지 못해 결국 자신의 정체성을 잃게 됩니다. 치매 환
자들에게는 미래가 있지만 미래를 예상할 수도 없고 앞으로 일어날
일을 기대하지도 못하기 때문에 미래에 도달할 수 없습니다."

아이리스의 연구가 중요한 이유는 치매가 그저 '기억을 상실하는
증상'이 아니라 백일몽을 꾸는 인간의 능력을 상실하고 과거뿐 아니
라 자아감을 잃고 미래와 연결되지 못하게 하는 질병임을 알려주었다
는 데 있다.

노화된 뇌 자세히 들여다보기

나이가 들면 우리 뇌는 부피가 줄어들고 뇌실(뇌 안에 액체가 가득 차 있는 공간)은 커진다. 대학교에 들어가는 시기부터 우리 뇌는 매년 0.2 퍼센트 정도 줄어드는데, 뇌가 줄어드는 속도는 점점 늘어나 70세가 되면 해마다 0.5퍼센트 정도씩 줄어든다. 따라서 건강한 90세 노인의 뇌는 밀레니얼 세대의 뇌와 다르게 생겼다.

그런데 놀라운 점은 '건강한' 뇌 수축은 세포의 죽음 때문이 아니라 뉴런 간 풍성한 연결고리가 사라지기 때문에 생긴다는 점이다. 현미경으로 나이가 든 사람의 피질을 얇게 잘라낸 뇌를 들여다보면 나이가 들수록 뉴런은 겨울에 잎을 모두 떨어뜨린 나무처럼 보인다는 사실을 알 수 있을 것이다. 나이가 든 사람의 신경은 무성한 잎을 모두 잃은 나무여서 수상돌기의 밀도는 줄어들고 신경돌기와 신경돌기 가시도 상당량 사라져버린다.

매일 뇌세포가 수천 개씩 죽는다고 했던 기존 의견은 틀렸다. 아직 상반된 증거들이 뒤섞여 있기는 하지만 지난 20년 동안 발견한 가장 놀라운 것은 사람 어른의 신경발생에 대한 사실일 것이다. 사람 어른은 뇌세포를 잃지 **않을뿐더러** 오히려 더 늘어날 수도 있다는 사실 말이다.

부검대 위에서 확인할 수 있는 알츠하이머병 환자의 뇌는 가장 극단적으로 노화된 뇌처럼 보인다. 피질의 **고랑**sulcus은 넓게 벌어져 있고 뇌실은 확장되어 있으며 해마 같은 피질 하부 구조는 쪼그라들어 있다. 하지만 알츠하이머병은 노화의 극단적인 형태가 아니라 병리학

여자, 뇌, 호르몬

지문이 있는 질병이다.

알츠하이머병은 MRI로도 확인하지만 정확한 진단은 부검 시에 뇌를 얇게 잘라 현미경으로 관찰해야만 가능하다. 알츠하이머병을 확정할 때는 아밀로이드amyloid 단백질과 타우tau 단백질이 뇌에 있는지를 확인한다. 아밀로이드는 뉴런의 **바깥쪽에** 조밀한 물질 덩어리(플라그)를 형성한다. 아밀로이드 덩어리는 죽은 뉴런이나 죽어가는 뉴런, 부풀어 오른 축삭돌기나 수상돌기, 별아교세포, 미세아교세포 같은 물질에 둘러싸여 있을 때가 많다(염증이 생겼다는 증거이다). 현미경의 배율을 좀 더 높여 살펴보면 살아 있는 뉴런 안쪽에 뒤엉켜 있는 타우 단백질 섬유를 확인할 수 있다.

아밀로이드 덩어리와 엉킨 타우 섬유가 알츠하이머병과 어떤 관계가 있는지는 아직 밝혀지지 않았다. 일반적으로 알츠하이머병이 진행되는 동안 아밀로이드와 타우 덩어리는 넓게 퍼져나가지만 흥미롭게도 알츠하이머병의 병변과 증상이 항상 상관관계를 맺고 있는 것은 아니다. 예를 들어 아밀로이드가 과도하게 축적되고 세포가 괴사한 부분이 많아도 증상은 경미할 수 있고, 반대로 변형된 부위는 적어도 증상은 심각할 수 있다. APOE-e4 유전자 변이는 아밀로이드 덩어리를 만들 수 있는 한 가지 위험 인자이다. 그러나 APOE-e4 유전자에 변이가 생겼다는 사실만으로는 알츠하이머병에 걸릴 것이라거나 알츠하이머병에 걸렸다는 진단을 내릴 수 없다. 알츠하이머병 환자 가운데 APOE-e4 유전자에 변이가 생긴 사람은 40퍼센트에 불과하며, APOE-e4 유전자에 변이가 있더라도 죽을 때까지 알츠하이머병에 걸리지 않는 사람도 많다.

이 어려운 수수께끼에 대해 어떤 과학자들은 알츠하이머병에 걸리려면 아밀로이드가 **필요하지만** 아밀로이드만으로는 **충분하지 않다고** 대답하기도 한다. 일단 아밀로이드가 형성된 뒤에 타우 단백질이 그 손상을 가속해야만 알츠하이머병이 발병한다는 작업가설도 있다. 흔히 아밀로이드는 '총알'로 타우 단백질은 '총'으로 비유한다.[295]

아밀로이드가 축적되면 알츠하이머병으로 이어지는 일련의 과정이 시작된다는 증거는 찾았지만 아직 치료 방법은 찾지 못했다. 아밀로이드 형성을 막는 백신과 치료법을 찾고 있지만 설치류와 영장류에서는 긍정적인 결과가 나온 경우에도 사람에게서는 효과를 보지 못했다.

이 파괴적인 질병이 가져오는 변화는 염증, 산화, 혈당 조절 장애, 지질 조절 장애라는 적어도 네 가지 생명 과정과 관계가 있다(네 가지 모두 생활습관과 관계가 있는 병을 유발할 수 있는 인자들이다). 이미 알츠하이머병으로 고생하는 사람들을 치료하는 방법은 여전히 알 수 없으며 결국 알츠하이머병을 일으키는 일련의 병변 작용이 일어나는 과정도 아직 정확한 결론은 나지 않았지만 연구자들은 대부분 생활습관을 바꾸면 적어도 두세 종류의 치매는 예방할 수 있으리라고 믿는다.

생활습관을 바꾸면
병의 진행을 늦출 수 있을까?

―――

"수정이 되었을 때 사람은 모두 자신만의 카드를 한 벌 받는다. 문제는 그 카드로 어떤 승부를 펼치는가다." 이런 현명한 말을 한 사람은 멜버른에 있는 플로리 후생유전학·신경가소성연구소 소장 토니 해넌 Tony Hannan 교수이다. 유전자(본성)와 환경(양육)이 뇌 건강과 특정 뇌 질환에 미치는 영향을 집중적으로 연구하고 있는 해넌은 이렇게 말하기도 했다. "우리는 유전자와 환경이 맺고 있는 복잡한 상호작용과 이 상호작용이 어떤 방식으로 신경 질환과 정신 질환 발병 가능성을 높이는지를 조금 더 자세하게 밝혀내려고 노력하고 있다."

해넌과 나는 옥스퍼드대학교에서 처음 만났다. 박사 과정 때 내가 나가던 실험실과 가까운 실험실에서 박사 후 연구원으로 일하고 있던 그는 저명한 신경생물학자 콜린 블레이크모어Colin Blakemore와 함께 본성과 양육, 뇌 가소성에 관한 선구적인 연구를 진행하고 있었다. 그때 그는 사람의 헌팅턴병 유전자를 DNA에 주입한 생쥐를 가지고 연구했다. 사람의 헌팅턴병은 부모로부터 자녀에게 유전되는 뇌 질병으로, 헌팅턴병에 걸린 사람은 마치 춤을 추는 것처럼 자신도 모르게 마구 몸을 움직이거나(무도증) 치매 혹은 우울증이 올 수도 있다. "그 때까지 헌팅턴병은 100퍼센트 유전자가 결정하는 질병이라고 알려져 있었어. 하지만 이제는 환경을 제대로 갖추면 헌팅턴병의 발현 시기를 늦출 수 있다는 걸 알아." 얼마 전에 우연히 만났을 때 해넌이 말했다.

야생에 사는 사촌들과 달리 실험실 동물들은 훨씬 더 간소하게 살아서 생존에 꼭 필요한 먹이와 물, 둥지를 만들 재료를 빼면 거의 별다른 자극을 받지 않고 살아간다. 야생에서 살아가는 동물들은 먹이를 찾아내야 하고 천적을 피할 수 있을 정도로 영리해야 하며 자원을 두고 동료들과 경쟁을 벌여야 한다. 야생 설치류와 달리 '가만히 앉아서 텔레비전만 보는 삶'에 비유할 수 있는 실험실 동물들은 인지 능력을 자극하는 도전을 거의 받지 않는 단조로운 삶을 살아간다.[296]

야생에서처럼 자극을 주려고 해넌은 헌팅턴병 생쥐를 두 무리로 나누어 절반은 원래대로 '가만히 앉아서 텔레비전만 보는 삶'을 살게 했고 나머지 절반은 터널이나 사다리, 블록, 미로, 쳇바퀴 같은 다양한 환경에서 움직이며 살게 했다. "감각과 인지 능력에 자극을 주고 몸을 움직이게 한 생쥐는 헌팅턴병이 발병하는 시기가 늦춰졌어." 해넌의 놀라운 발견은 한때 '뇌 유전 질환의 전형'이라고 여겨졌던 헌팅턴병도 다양한 경험을 하면 늦출 수 있다는 사실을 처음으로 보여줬다.

해넌은 실험실 동물에게 복잡한 환경이 줄 수 있는 영향을 사람에게는 교육이 거의 비슷하게 줄 수 있다고 했다. 대학교에 다닌 사람들이 교육 기간이 짧은 사람들보다 나이가 들었을 때 인지 능력이 저하되는 정도나 알츠하이머병에 걸릴 가능성이 더 낮다는 증거는 엄청나

여자, 뇌, 호르몬

게 많다. 항공 교통 관제사나 금융 전문가, 의사 같은 어려운 직업에 종사하는 사람들은 뇌 기능이 강화되고 치매에 걸릴 가능성이 줄어들었다. 한 연구팀이 은퇴하기 전까지 25년 정도 거의 비슷한 일에 종사했던 은퇴자 4182명을 대상으로 연구를 진행했다. 연구에서는 은퇴자들의 인지 건강과 기억력과 함께 각 직업을 수행하는 데 필요한 자료 분석력, 목표와 전략 개발, 의사 결정, 문제 해결 능력, 정보 처리 능력, 창의적 사고 능력 같은 정신 능력도 함께 평가했다.[297]

정신 능력이 더 많이 필요했던 직장에서 근무했던 은퇴자들은 정신 능력이 많이 필요하지 않은 직장에서 근무했던 은퇴자들보다 은퇴 전에는 기억력이 더 좋았고 은퇴 후에는 기억력이 감퇴하는 속도가 더 느렸다. 사고력, 분석력, 문제 해결력, 창의력 같은 복잡한 정신 작용을 많이 써야 하는 직업을 갖고 교육을 받으며 지적 능력을 활용하면 '인지 비축분cognitive reserve'을 저장할 수 있다.

인지 비축분은 뇌가 손상되거나 퇴행했을 때도 인지 감각을 처리할 수 있는 회복력과 인지 능력을 의미한다. 인지 비축분이라는 개념을 제일 먼저 제안한 학자 중 한 명인 야코브 스턴Yaakov Stern 교수는 이렇게 말했다. "인지 비축분이 높은 사람은 알츠하이머병 병변이 생기더라도 그 손상을 보상할 능력이 있습니다. 그 때문에 증상이 전혀 나타나지 않아 알츠하이머병이라는 진단을 받을 일이 없습니다. 인지 비축분이 높은 이들 중에는 뉴런과 시냅스 수가 아주 많은 사람도 있고 뇌를 보호하는 또 다른 구조물이 발달해 있는 사람도 있습니다."[298]

그렇다면 의학 분야에서 부업을 하는 항공기 교통 관제사가 아닌 사람은 어떻게 해야 하는 걸까? 이미 인지 비축분을 늘리는 일은 불

가능해진 것일까?

다행히 답은 '그렇지는 않다'이다. 반드시 일을 통해서만 지적 자극을 받는 것은 아니기 때문에 어쩔 수 없이 인지력이 감퇴해야 하는 경우는 없다. 2014년 마요 임상 보고서는 65세 이상인 사람도 일주일에 두세 번씩 책이나 잡지 읽기, 게임, 악기 연주나 그림 그리기, 공예 같은 예술 활동, 사회 활동 참여, 컴퓨터 등 인지 능력을 자극하는 활동을 하면 인지력 감퇴를 늦출 수 있다고 했다. 중년기와 노년기에 일주일에 두세 번 인지 능력을 자극하는 활동을 하면 치매가 시작되는 시기를 늦출 수 있으며 유리한 상황을 만들 수 있다.[299]

2000년에 《네이처》에 발표한 해넌의 연구 결과는 그 뒤로 운동과 인지 능력을 자극하는 활동이 신경가소성을 향상하고 뇌 질환과 부상을 막거나 치료하는 데 도움을 준다는 사실을 입증하는 수백 건에 달하는 연구가 진행될 수 있는 길을 열어주었다. 해넌은 신경가소성 분야에서 찾은 발견들이 도움이 되어 가혹한 노화와 질병에서 우리 뇌를 보호할 수 있는 현명한 선택을 할 수 있기를 희망한다.

평생 건강한 뇌를 유지하는 법

사람의 조상들도 다른 생물 종과 비슷한 생존 투쟁을 겪으며 진화해왔을 것이다. 사람 진화의 역사는 매일 식량을 확보하기 위한 투쟁의 역사였을 테지만 현재 우리는 끊임없이 음식이 과잉으로 공급되는 세상에서 살아간다. 현대인들은 가만히 앉아서 일하거나 공부하는 과제를 처리할 때 지능을 사용한다. 《에이징 브레인 리뷰스Ageing Brain

Reviews》에서 마크 P 맷슨Mark P Mattson은 이렇게 말했다. "뇌가 발달하고 자기 분야에서 성공하려면 정기적으로 어려운 지적 활동을 해야 한다. 최근 연구 결과들은 간헐적으로 운동을 하고 에너지를 제한한다면 노화가 되는 동안 뇌 기능을 보존하고 강화할 수 있음을 보여주고 있다." 야생 동물처럼 사람의 지능도 확실한 목표가 있고 조금 배가 고프고 계속 돌아다닐 때 최고로 기능하도록 진화했다. 맷슨은 그 같은 상황을 지능을 강화하는 '헝거 게임'에 비유했다.[300]

2017년에 애리조나대학교 연구원인 데이비드 라이크렌Raichlen과 진 알렉산더Alexander는 《신경과학 동향Trends in Neurosciences》에 우리 뇌는 과거에 진행된 진화의 산물이라는 맷슨의 주장을 뒷받침하는 논문을 발표했다. 두 사람은 사람이 200만 년 전쯤에 비교적 움직임이 없었던 유인원 같은 존재에서 훨씬 움직임이 많은 수렵·채집인으로 생활 방식을 바꾸면서 육체적으로나 정신적으로 훨씬 복잡한 방법으로 식량을 구할 수밖에 없게 되었는데, 현재 신체의 움직임과 뇌의 사고 과정이 밀접하게 연결되어 있는 것이 그 때문일 수도 있다고 했다.[301]

현대 과학과 고대 지혜를 통해 우리는 명확한 사실을 알 수 있다. 우리가 먹고 움직이고 자고 관계를 형성하고 의미를 찾는 방법은 우리 뇌가 성장하고 생각하고 느끼고 궁극적으로는 나이를 먹는 방법과 밀접하게 연결되어 있다는 사실 말이다.

뇌를 건강하게 만들고 싶다면

우리 뇌와 신경계는 우리가 움직이고 주변 상황을 감지하고 세상과 상호작용하도록 진화했다. 사람의 인지 능력과 지능은 우리가 걸어 다니는 동안 진화했다. 현대인들이 대부분 그렇듯이 움직이지 않는다면 뇌는 신경가소성을 줄이는 방향으로 반응하며 그 결과 뇌의 노화 속도는 빨라질 수밖에 없다.

운동을 하면 기분이 좋아지고 노화와 관계가 있는 질병이 생길 위험이 낮아진다는 사실을 입증하는 분명한 증거가 있다. 24건의 무작위 대조군 실험과 21건의 예상 집단 연구 결과를 검토한 2013년 보고서는 알츠하이머병 환자 가운데 적어도 **7분의 1은 움직이지 않는 사람을 운동만 하게 했더라도 충분히 예방할 수 있었을 것이라는 결론을 내렸다.**[302]

항상 몸을 움직여라

잔느 칼망은 사는 동안 단 한 번도 에어로빅 교실에는 가본 적이 없고 역기를 들어본 적도 없었다. 그저 100세가 될 때까지도 자전거를 탔고 110세가 될 때까지 엘리베이터가 없는 2층 아파트에서 살았다. 블루 존 사람들도 마라톤에 참가한다거나 운동량을 점검해주는 스마트워치를 찬다거나 동네 헬스클럽에 등록하지 않았다. 그저 자신이 살아가는 환경과 더불어 살아가면서 움직이는 이유를 생각하지 않고서 끊임없이 자신의 몸을 움직였다. 자전거를 타고 식료품 가게로 가고 밭에서 먹을 음식을 구해오고 기계를 사용하지 않고 직접 바닥에 떨어진 잎을 쓸고 앉아 있지 않고 서서 생활하고 바다에서 수영을 하고 일터까지 걸어갔다. '몸매를 위해서'나 '체중을 감량하려고' 운동을 하는 것이 아니라 일상에서 끊임없이 몸을 움직이는 것이 우리 **뇌**

여자, 뇌, 호르몬

가 건강하게 기능할 수 있게 하는 가장 좋은 방법이다.

진짜 음식을, 대부분 식물성으로 적당히 먹어야 한다

우리 조상들과 조상들의 영리한 뇌는 터벅터벅 자연을 걸으면서 사냥하고 물고기를 잡고 채집하면서 식량을 구했다. 우리는 강과 숲과 하늘에서 음식을 구해 먹도록 진화했다. 사람은 적응의 동물이라 나라마다 문화마다(현대에 와서는 소셜미디어 플랫폼마다) '건강 음식'은 그 모습이 다양하다. 가장 오래 사는 사람들에게서 볼 수 있는 가장 두드러진 특징은 특별한 음식을 먹고 지방과 단백질과 탄수화물에서 얻는 열량에 균형을 맞추는 게 아니라 가공한 정제 식품을 먹지 않는다는 것이다.

이런 임상 실험과 블루 존 역학 연구에서 나온 증거는 지중해식 식단이 뇌 노화를 늦춘다는 사실을 강하게 암시한다. 최근에 오스트레일리아에서 진행한 임상 실험들도 우울증이 있는 젊은 사람이 채소, 과일, 통곡물, 콩과 식물, 생선, 살코기, 올리브오일, 견과류 섭취량은 늘리고 건강에 좋지 않은 식품인 단 음식, 정제한 시리얼, 튀긴 음식, 가공 육류, 설탕이 든 음료수 등을 줄이면 우울증을 성공적으로 치료할 수 있음을 입증해주고 있다.[303]

무언가를 먹을 때면 단순히 영양소만이 아니라 열량이라는 형태로 에너지도 먹는다. 더니든 연구팀 같은 연구자들은 현재 열량과 수명, 건강 수명, 인지 능력의 관계를 밝혀나가고 있다. 효모부터 설치류와 영장류에 이르기까지 모든 동물 종은 열량을 제한하고(덜 먹고) 간헐적으로 단식을 하면 수명이 늘어났다. 분명히 사람도 그럴 것이다. 이 같은 사실은 우리 뇌는 배가 고파서 음식을 찾으러 다닐 때 가장 뛰어난 기능을 발휘할 수 있도록 진화했다는 '헝거 게임' 가설과도 일맥상통한다.[304] 덜 먹으면 혈당과 콜레스테롤을 좀 더 효율적으로 조절할 수 있으며 신경이 받는 약간의 스트레스는 신경 경로를 자극해 뇌가 노화에 저항하는 능력을 향상해주는지도 모른다. 뇌에 좋은 식생활은 마이클 폴란Michael Pollan의 유명한 말로 요약할 수 있다. "진짜 음식을, 대부분 식물성으로 적당히 먹어야 한다."[305]

잠은 더 많이 자야 한다

지구에 살고 있는 우리의 생체리듬은 해가 뜨고 지는 시간이 결정한다. 수면 패턴, 호르몬 분비, 혈압, 체온 같은 생체 반응은 낮과 밤의 변화에 맞춰 함께 변한다.

밤에도 인공 빛을 켜고 생활하고 자명종에 의지하며 낮과 밤을 바꿔가며 일하고 침대에서는 스마트폰을 보고 시차에 시달리는 현대인의 자연 수면 패턴은 흐트러질 수밖에 없다. 가장 기본적인 생체 기능인 수면은 제대로 인정받지 못한 채 무시되고 있으며, 전 세계적으로 현대인들은 만성 수면 결핍으로 고통 받고 있다. 잠을 제대로 못 자면 (밤에 몇 시간 못 자는 것이라고 해도) 인지 능력, 기분, 기억, 학습에 문제가 생기며 장기간 제대로 잠을 자지 못하면 우울증, 당뇨, 심혈관계 질환 같은 만성 질환에 시달릴 수 있다. 수면 부족으로 생기는 여러 증상들은 모두 치매 유발 위험 인자들이다.

매일 밤 푹 자는 일은 사치가 아니라 무엇보다도 우선순위로 두어야 하는 필수 생활습관이다. 내가 매일 누리는 쾌락(잠시 낮잠 자기)은

여자, 뇌, 호르몬

내 기억력을 강화하고 창의력을 샘솟게 하며 예민한 감정을 누그러뜨리고 생각과 감정을 제대로 조절할 수 있게 해준다.

놀이와 배움을 계속하라

장난감도 없이 새로운 환경 변화도 없이 좁은 케이지에 갇혀 있는 실험실 생쥐는 장난감과 터널과 미로를 설치해준 환경에서 살아가는 실험실 생쥐보다 노화와 관련된 인지 저하가 아주 빠른 속도로 진행된다. 앞에서 살펴본 것처럼 사람도 마찬가지이다. 늘 정신 활동을 하고 끊임없이 편한 영역에서 벗어나 도전을 하는 사람은 노화 관련 인지력 저하와 치매가 올 가능성이 낮아진다.

아이들은 끊임없이 뛰어다니며 놀지만 어른들은 인생을 훨씬 심각하게 받아들인다. 하지만 어른에게도 새로움과 즐거움은 필요하다. 비디오 게임이든 전통적인 보드게임이든 춤이든 단체나 개인으로 하는 운동이든 간에 놀이를 하면 권태, 불안, 우울, 외로움, 절망은 물론이고 신체 고통까지 줄어든다. 찰린 레비탄이 나에게 해준 말처럼 나이를 먹었다고 놀거나 배우기를 멈추면 안 된다. 놀이와 배움을 멈추기 때문에 나이가 드는 것이다.

자신만의 장소나 평온한 순간을 찾아라

이 책은 처음부터 끝까지 우리를 괴롭히는 스트레스가 정신과 육체 건강에 미치는 영향을 다루었다. 스트레스라고 해서 모두 나쁘지는 않다. 하지만 만성 스트레스나 독성 스트레스(특히 우리가 조절할 수 없는 끔찍한 사건이 유발하는 스트레스)는 치명적이다. 스트레스가 우리에게 나쁜 영향을 미칠 수 없게 하려면 살아가면서 아주 큰 일이 닥쳐도 그 일을 감당할 수 있는 능력을 기르는 일이 가장 중요하다.

스트레스가 치매의 **원인인지**에 관해서는 아직 상반된 증거들이 존재하지만 한 가지 분명한 점은 스트레스 호르몬이 불안과 우울, 비만, 심혈관계 질환을 일으킬 위험률을 바꾸어 결국 치매에 걸릴 가능성을 높일 수 있다는 것이다.[306]

최근 몇 년 동안 가장 많이 언급되고 글로도 발표되고 있는 스트레스 완화법은 마음 챙김 명상인데, 그럴 만한 이유가 있다. 많은 마음 챙김 명상에서 가장 중요하게 생각하는 자기 호흡에 집중하기를 통해 불안과 우울을 줄이고 푹 잘 수 있기 때문이다.

블루 존 사람들은 늘 기도하고, 낮잠을 자고, 친구들과 함께하면서 스트레스가 인생에 가할 충격을 완화하거나 막을 수 있는 다양한 의식을 매일 해나간다(나는 강아지와 산책하기, 좋은 책 읽기도 추가하고 싶다). 혼돈 속에서 평화를 찾아야 한다. 혼자만의 장소나 평온한 순간을 찾아보자.

가족과 친구들과 함께

식량을 모으고 먹잇감을 잡았다면 다시 자기가 속한 무리가 있는 곳으로 돌아가야 한다. 다른 사람과 사회적으로 연결이 되어 있을 때 사람들은 스트레스를 막을 수 있다. 사회 활동을 하면 생각하기, 느끼기, 지각하기, 추론하기, 직관적으로 인식하기 같은 많은 인지 기능을 사용해야 하기 때문에 우정은 인지 비축분을 늘려준다.

나이가 든다는 것은 '생존의 대가'를 치러야 한다는 뜻이다. 한 연

여자, 뇌, 호르몬

구자는 이렇게 말했다. "나이가 든다는 것은 많은 경험을 공유한 사람들을, 우리의 정체성에 중요했던 사람들을, 우리의 기억이나 가치관을 평가해주고 의문을 제기해줄 사람들을 잃는다는 뜻이다. 그 같은 정체성 상실은 나이 들어가는 세대가 사라지는 동안 일어나며 가족을 구성하는 사다리에서 계속해서 위로 올라가다 보면 결국에는 어느 순간 살아남은 사람들이 고아처럼 되어버린다."[275]

2010년, 30만 명에 달하는 사람들을 대상으로 거의 8년 동안 가족과 친구를 만나는 횟수를 조사한 148개 연구를 메타 분석한 결과 사람들과 활발하게 교류하는 이들이 더 오래 산다는 사실을 확인했다. 이 연구들을 메타 분석하면 외로움이 노년기의 인지력 저하와 연결되며, 혈압 상승, 우울증, 수면 결핍 등과도 관계가 있음을 알 수 있다. 놀랍게도 이 메타 분석에서는 사회적으로 고립된 상황이 건강과 사망률에 미치는 영향은 흡연과 맞먹는다는 결론이 나왔다.[307]

삶의 의미와 목적을 찾아라

삶의 의미를 찾고 목적을 세우면 사랑, 연민, 인정 같은 긍정적인 감정이 함께 따라와 살아가는 동안 스트레스를 물리치고 뇌 건강을 유지할 수 있다. 블루 존 사람들은 서로를 믿는 공동체의 일원으로 공동체 사람들과 영적으로 함께 하면서 삶의 의미와 목표를 찾는다. 뇌과학을 다룬 책에서 의미 있는 삶을 살아가기를 다룬다는 것이 조금 이상하게 느껴질 수도 있지만 '인생에서 목적 찾기'는 강인한 뇌와 정신 건강과 관계가 있는 신경과학의 한 개념이다.

살아가면서 겪는 경험에서 의미를 끌어내고 행동을 인도하는 의

도성intentionality과 목표 지향성을 갖는 것으로 정의되는 목적은 그 양을 측정할 수 있다. 2010년 《종합 정신의학회Archives of General Psychiatry》에는 요양 치료를 받는 900명 이상의 노인을 대상으로 삶의 목적과 알츠하이머병의 발병 가능성을 조사한 연구 결과가 실렸다. 7년 동안 추적 연구를 한 결과 삶의 목적을 측정한 항목 점수가 높은 사람은 점수가 낮은 사람보다 알츠하이머병에 걸리지 않을 가능성이 2.5배가 높아, 삶의 목적은 알츠하이머병의 발병률을 크게 낮출 수 있다는 결론을 내릴 수 있었다.[308]

당신이 이곳에 있는 의미를 알고 있는가? 당신의 삶의 지표는 무엇인가? 당신이 살면서 느끼는 보람은 무엇인가? 당신은 어떤 삶을 살아갈 계획을 세우고 있는가? 열정을 갖고 다양한 재주를 익히고 취업을 하고 공부를 하고 다른 사람을 위해 봉사를 하는 등 삶의 의미를 찾을 수 있는 영리한 전략은 많이 있다. 1920년에 미국 심리학자 윌리엄 제임스William James는 "사람의 본성 깊은 곳에는 인정받고자 하는 갈망이 존재한다."라고 했다.

얼마 전에 나는 삶의 목적을 측정할 수 있는 간단한 방법을 알게 되었다. 수년 동안 나는 시드니 가반 의학연구소Garvan Institute of Medical Research의 조직학자 폴 발독Paul Baldock과 함께 서로가 가지고 있는 지혜와 연구 목적, 그리고 과학에 종사하면서 우리가 알게 된 지식을 자주 교환해왔다. 발독은 연구실에서, 직업에서, 인생에서 무언가를 결정할 때마다 적용할 수 있는 새로운 기준을 세웠다고 했다. 그는 간단하게 '근사한 일인가? 도움이 되는 일인가?'를 묻는다고 했다.

여자, 뇌, 호르몬

변할 수 있다는 희망을 갖기에 늦은 나이는 없다

———

뇌 가소성은 엄청난 업적을 이루어낼 수 있어서 잔느 칼망의 뇌는 118세에 풍성한 인생 경험 앞에서 크게 바뀌었다.

칼망은 자기 세대의 다른 여성들과 달리 놀라운 인생을 살았다. 열여섯 살 때까지 학교에 다녔고 결국 졸업장을 받았다. 스물한 살 때는 부유한 먼 친척과 결혼하면서 아를의 상류 사회에 들어가 펜싱, 사이클링, 등산, 수영, 사냥, 피아노 연주, 그림 그리기, 마르세유에 있는 오페라 극장 가기 같은 다양한 활동으로 인생 이야기를 새롭게 써나갔다. "재미있었어. 지금도 재미있고." 칼망은 그렇게 말했다.[271]

칼망이 118세가 되었을 때 신경심리학자 카렌 리치는 6개월 동안 칼망을 여러 번 방문해 건강 상태를 측정하고 여러 신경심리학 검사를 진행했다. 리치는 이렇게 썼다. "이 실험을 진행하기 전까지 잔느 칼망은 생일 때마다 찾아오는 기자들과 가끔 정기 검진을 오는 의료진을 제외하면 바깥세상과 전혀 교류하지 않았다. 생애 마지막 3년은 자기 방에 있는 안락의자에 앉아 시간을 보냈다." 기록대로라면 칼망은 어렸을 때 배운 시나 우화, 노래를 암송하게 하는 연구를 즐겼다. "나는 부족한 게 없어. 필요한 건 다 가지고 있거든. 좋은 삶을 살았어. 내 꿈속에서, 내 기억 속에서, 아름다운 기억 속에서 살고 있어."

뇌 스캔 검사에서 칼망의 피질은 위축되어 있었지만 전체 인지 능력은 뇌 촬영 결과에서 예상할 수 있는 것보다 훨씬 뛰어났다. 리치는 이렇게 기록했다. "노인성 치매가 있다는 증거는 없었다. …… (주로 전두 영역에서 조절하는) 집행 기능은 젊은 성인과 비교했을 때는 노화되어 있었지만, 상당히 많은 양이 보존되어 있는 것 같았다. …… 이 같은 결과는 초기의 높은 지적 능력이 보호 인자로서 작용하고 있는 것은 아닌지 하는 의문을 갖게 한다."273

놀랍게도 리치가 검사를 하는 6개월 동안 칼망의 검사 점수는 계속해서 올라갔다. 언어 회상 점수, 이야기 회상 점수, 언어 유창성, 수학 점수는 최저 상태에서 시작해 결국에는 75세부터 80세까지의 노인이 받는 평균 점수에 도달했다. 리치 연구팀과 활발하게 교류하는 환경이 갖추어지고 심리 검사를 하면서 지적 자극을 받자 특이할 정도로 오래 산 칼망의 뇌는 잠자고 있던 가소성을 깨운 것이다.

잔느 칼망이 인생의 모든 기억을 연구원들과 공유하지는 않았겠지만 꼭 알려주고 싶어 했던 인생의 비결이 하나 있었다. "항상 유머 감각을 잃지 마. 그게 내가 이렇게 오래 살 수 있었던 비결이지. 나는 웃으면서 죽을 것 같아. 그게 내 인생 프로그램의 일부라고."271

뇌와 인생의 이야기

나는 천생 연구자로 태어난 사람입니다. 도서관은 언제나 나의 자연 서식지였고 책과 종이는 늘 나와 함께 다니는 도구였습니다. 하지만 그렇다고 해도 책을 쓰는 일은 오랫동안 화면을 뚫어지게 쳐다보며 앉아 있어야 하는, 너무나도 길고 외로운 작업입니다. 건강한 뇌를 가지고 오래 살고자 하는 사람에게는 좋은 처방이 절대로 아니죠. 그래도 책 쓰기는 아주 흥미롭고 중요한 과정입니다. 이 책을 쓰려고 조사를 해나가는 동안 우리 각자의 인생 이야기는 다른 사람들의 인생 이야기로 가득 차 있구나 하는 생각이 들어 마음이 따뜻해졌습니다. 우리는 모두 누군가에게서, 그리고 어딘가에서 온 존재들입니다. '나'에 관한 이야기는 사실상 '우리'에 관한 이야기였고, 우리는 함께 하는 모든 사람에게 감사해야 합니다.

　어느 날 갑자기 전화를 걸어와서는 나는 왜 책을 쓰지 않느냐며, 내 생각은 좋은 책으로 탄생할 수 있다고 말하더니 극적인 핵분열과 즐거운 이야기를 마구 들려준 내 에이전트 잔느 릭먼스에게 고맙다는 말을 하고 싶습니다. 잔느, 당신이 없었다면 이 책은 결실을 맺지 못했을 겁니다! 아셰트 시드니 지부 여러분, 감사합니다. 특히 한 장짜리 목차를 점검해주고 초보적인 내 질문에 손으로 정성껏 답을 달아준 소피 햄리에게 고맙다는 말을 하고 싶습니다. 오리온 북스 런던 팀, 그중에서도 가장 완벽한 시간에 이 책의 출판을 위해 열정을 내준 올리비아 모리스에게 감사합니다. 마지막 원고를 성심성의껏 편집해주고 따뜻한 말을 해준 크리스 쿤즈와 소피 메이필드에게도 감사합니다.

원고를 편집해주고 여러 가지 제안을 해주고 전문가의 손길로 다듬어주고 조언을 해주었으며 출판에 관한 멋진 이야기를 아낌없이 들려주고 우정과 가상의 진까지 보내준 캐롤 딘, 브리지트 토드, 미셸 질러마드, 조니 루이스, 크리스티 굿윈, 수전 뉴턴, 아이자이 매키미, 루스 해드필드, 비앙카 노그레디, 조셀린 브루어 모두 감사합니다.

기꺼이 자발적으로 자신의 시간을 들여 나와 함께 커피를 마셔주고 점심을 먹어주고 전화와 스카이프로 통화를 해준(그리고 때로는 나도 다시 실험실로 돌아가고 싶게 만들어준) 수많은 연구자들, 특히 리치 폴턴, 브로닌 그레이엄, 콜린 아커먼, 사라 아커먼, 데이브 그래튼, 캐서린 레벨, 제시카 몽, 마거릿 매카시, 캐슬린 리버티, 조시 패튼, 사라 로만스, 자야시리 쿨카르니, 리앤 시말, 브렌든 지시, 사라 위틀, 존 에덴, 니콜 저베이스, 수전 데이비스, 소냐 데이비슨, 토니 해년, 찰린 레비탄, 리사 문디, 로렌 로즈완, 뮤린 아이리시에게 감사의 말을 전하고 싶습니다. 그리고 직접 만나지는 못했지만 이 책을 쓰면서 도움을 받은 논문과 책, 기사의 저자들에게도 고맙다는 말을 전합니다. 그들의 연구 결과를 잘못 전달한 책임은 모두 나에게 있습니다.

많은 곳에 흩어져 있는 내 가족과 친구들과 이웃들에게도 감사의

여자, 뇌, 호르몬

말을 전합니다. 끊임없이 페이스북에서 격려해주고 직접 와인을 보내준 덕분에 이 모든 일을 해낼 수 있었습니다.

정말로 내가 큰소리로 읽어준 원고를 단어 하나 놓치지 않고 인내하며 들어준 다정하고 충실하고도 또 무서운 공동 저자 재스퍼! 당신은 정말 여자가 가질 수 있는 최고의 친구임이 분명합니다!

페이스북에 올린 내 모든 넋두리에 우리 딸 정말 자랑스럽다는 말을 남겨준 아빠, 정말 고마워!

엄마랑 빅스! 두 사람 이야기를 이 책에 썼어!

마지막으로 내 아름다운 아들들, 해리와 제이미. 그리고 멋진 남편 제프에게 고맙다는 말을 하고 싶다. 그거 아니? 엄마가 되면 더는 '자신의 책을 쓸 수 없는 거야!' 작년에는 관심을 기울여주지 못하고 함께하는 시간을 내주지 못했지만, 언제나 세 사람은 내 마음속에 있는 거 알지? 이 책을 그대들에게 바칠게!

참고문헌

들어가는 글 여자 뇌의 주인으로 살아간다는 것

1. Zucker, I. and A.K. Beery, 'Males still dominate animal studies'. *Nature*, 2010. 465(7299): p. 690.
2. Clayton, J.A., 'Studying both sexes: a guiding principle for biomedicine'. *FASEB J*, 2016. 30(2): pp. 519-24.
3. Klein, S.L., et al., 'Opinion: Sex inclusion in basic research drives discovery'. *Proc Natl Acad Sci USA*, 2015. 112(17): pp. 5257-8.
4. Beery, A.K. and I. Zucker, 'Sex bias in neuroscience and biomedical research'. *Neurosci Biobehav Rev*, 2011. 35(3): pp. 565-72.
5. Cahill, L., 'An issue whose time has come'. *J Neurosci Res*, 2017. 95(1-2): pp. 12-13.
6. Rippon, G., 'Blame the brain: How Neurononsense joined Psychobabble to keep women in their place', in *Lecture to the Royal Institution*. 2016, The Royal Institution: London.
7. Joel, D., et al., 'Sex beyond the genitalia: The human brain mosaic'. *Proc Natl Acad Sci USA*, 2015. 112(50): pp. 15468-73.
8. NAPLAN, '2016 NAPLAN National Report'. 2016: Australia.
9. McCarthy, M.M., 'Sex Differences in the Brain.', in *The Scientist*. 2015.
10. Fine, C., *Delusions of Gender. The Real Science Behind Sex Differences*. 2010, London: Icon Books.
11. Eliot, L., *Pink Brain, Blue Brain: How Small Differences Grow Into Troublesome Gaps —And What We Can Do About It*. 2010, New York: Houghton Mifflin Harcourt
12. Green, E.R. and L. Maurer, *The Teaching Transgender Toolkit. A Facilitator' Guide To Increasing Knowledge, Decreasing Prejudice & Building Skills*. 2015, NY: Out for Health & Planned Parenthood of the Southern Finger Lakes.
13. 'Sex and Gender. It' Not a Women' Issue' *Scientific American*, 2017, Springer Nature: New York.

01 곧 태어날 여자 아기의 뇌 – 태아기

14. Ezkurdia, I., et al., 'Multiple evidence strands suggest that there may be as few as 19,000 human protein-coding genes'. *Hum Mol Genet*, 2014. 23(22): pp.

5866-78.

15. Darlington, C.L., *The Female Brain*. 2nd ed. Conceptual advances in brain research. 2009, Boca Raton, FL.: Taylor & Francis Group.

16. Vaitukaitis, J.L., 'Development of the home pregnancy test'. *Ann NY Acad Sci*, 2004. 1038: pp. 220-2.

17. Bale, T.L., 'The placenta and neurodevelopment: sex differences in prenatal vulnerability'. *Dialogues Clin Neurosci*, 2016. 18(4): pp. 459-64.

18. Blom, H.J., et al., 'Neural tube defects and folate: case far from closed'. *Nat Rev Neurosci*, 2006. 7(9): pp. 724-31.

19. Wilhelm, D., S. Palmer and P. Koopman, 'Sex determination and gonadal development in mammals'. *Physiol Rev*, 2007. 87(1): pp. 1-28.

20. Graves, J., 'Differences between men and women are more than the sum of their genes'. 2015, The Conversation.

21. De Mees, C., et al., 'Alpha-fetoprotein controls female fertility and prenatal development of the gonadotropin-releasing hormone pathway through an antiestrogenic action'. *Mol Cell Biol*, 2006. 26(5): pp. 2012-18.

22. Fine, C., et al., 'Plasticity, plasticity, plasticity … and the rigid problem of sex'. *Trends Cogn Sci*, 2013. 17(11): pp. 550-1.

23. Sacks, O., *The Man Who Mistook His Wife for a Hat*. 1985, London: Picador Classic.

24. Eriksson, P.S., et al., 'Neurogenesis in the adult human hippocampus'. *Nat Med*, 1998. 4(11): pp. 1313-17.

25. Dennis, C.V., et al., 'Human adult neurogenesis across the ages: An immunohistochemical study'. *Neuropathol Appl Neurobiol*, 2016. 42(7): pp. 621-38.

26. Wu, J., et al., 'Available Evidence of Association between Zika Virus and Microcephaly'. *Chin Med J (Engl)*, 2016. 129(19): pp. 2347-6.

27. Wu, K.Y., et al., 'Vertical transmission of Zika virus targeting the radial glial cells affects cortex development of offspring mice'. *Cell Res*, 2016. 26(6): pp. 645-54.

28. Ekblad, M., J. Korkeila and L. Lehtonen, 'Smoking during pregnancy affects foetal brain development'. *Acta Paediatr*, 2015. 104(1): pp. 12-18.

29. Ramsay, H., et al., 'Smoking in pregnancy, adolescent mental health and cognitive performance in young adult offspring: results from a matched sample within a Finnish cohort'. *BMC Psychiatry*, 2016. 16(1): p. 430.

30. Turner-Cobb, J.M., *Child Health Psychology: A biopsychosocial perspective*. 2014, Los Angeles: Sage.

31. DiPietro, J.A., et al., 'Maternal psychological distress during pregnancy in relation to child development at age two'. *Child Dev*, 2006. 77(3): pp. 573-87.

32. King, S., et al., 'sing natural disasters to study the effects of prenatal maternal stress on child health and development'. *Birth Defects Res C Embryo Today*, 2012. 96(4): pp. 273-88.

02 아주 거룩한 시간 – 아동기

33. Jernigan, T.L., et al., 'Postnatal brain development: structural imaging of dynamic neurodevelopmental processes'. *Prog Brain Res*, 2011. 189: pp. 77-92.
34. Lebel, C. and C. Beaulieu, 'Longitudinal development of human brain wiring continues from childhood into adulthood'. *J Neurosci*, 2011. 31(30): pp. 10937-47.
35. Stiles, J. and T.L. Jernigan, 'The basics of brain development'. *Neuropsychol Rev*, 2010. 20(4): pp. 327-48.
36. Newby, J., 'The New Science of Wisdom', in *Catalyst*. L. Heywood, Editor. 2006: ABC.
37. Gopnik, A., 'How babies think'. *Scientific American*, 2010 (July).
38. Takesian, A.E. and T.K. Hensch, 'Balancing plasticity/stablity across brain development' in *Progress in Brain Research*. 2013, Elsevier.
39. Fagiolini, M., et al., 'Specific GABAA circuits for visual cortical plasticity'. *Science*, 2004. 303(5664): pp. 1681-3.
40. Hensch, T.K., 'The Power of the Infant Brain'. *Sci Am*, 2016. 314(2): pp. 64-9.
41. Friedmann, N. and D. Rusou, 'Critical period for first language: the crucial role of language input during the first year of life'. *Curr Opin Neurobiol*, 2015. 35: pp. 27-34.
42. Kuhl, P.K. and A.R. Damasio, 'Language', in *Principles of Neural Science*. E.R. Kandel, J.H. Schwartz, T.M. Jessell, S.A. Siegelbaum, A.J. Hudspeth, Editors. 2013, New York: McGraw Hill Medical.
43. Preisler, G., 'Development of communication in children with sensory functional disabilities' in *The Wiley-Blackwell Handbook of Infant Development*. 2010, Wiley Blackwell: Chichester.
44. Sonuga-Barke, E.J., et al., 'Child-to-adult neurodevelopmental and mental health trajectories after early life deprivation: the young adult follow-up of the longitudinal English and Romanian Adoptees study'. *Lancet*, 2017.
45. Center on the Developing Child. 'Toxic Stress'. 2017 [cited 23 March 2017]; Available from: http://developingchild.harvard.edu/science/keyconcepts/toxic-stress/.
46. Caspi, A., et al., 'hildhood forecasting of a small segment of the population with large economic burden'. *Nature Human Behaviour* 2016. 1.

47. Liberty, K., et al., 'Behavior Problems and Post−traumatic Stress Symptoms in Children Beginning School: A Comparison of Pre− and Post−Earthquake Groups'. *PLOS Currents Disasters*, 2016. 1.

48. Lupien, S.J., et al., 'Effects of stress throughout the lifespan on the brain, behaviour and cognition'. *Nat Rev Neurosci*, 2009. 10(6): pp. 434−45.

49. Krugers, H.J., et al., 'Early life adversity: Lasting consequences for emotional learning'. *Neurobiol Stress*, 2017. 6: pp. 14−21.

50. Heetkamp, T. and I. deTerte, 'PTSD and Resilience in Adolescents after New Zealand Earthquakes'. *New Zealand Journal of Psychology*, 2015. 44(1).

51. Lambert, S., et al., 'Indigenous resilience through urban disaster: The Maori response to the 2010 and 2011 Christchurch Otautahi earthquakes'. *Proceedings of the International Indigenous Development Research Conference*, 2012. Auckland Ngä Pae o te Märamatanga.

52. Pasterski, V., S. Golombok and M. Hines, 'Sex differences in social behaviour' in *The Wiley Blackwell Handbook of Childhood Social Development*, P.K. Smith and C.H. Hart, Editors. 2014, Wiley Blackwell: Chichester.

53. Hines, M., et al., 'Prenatal androgen exposure alters girls' responses to information indicating gender−appropriate behaviour'. *Philos Trans R Soc Lond B Biol Sci*, 2016. 371(1688): p. 20150125.

54. Kuiri−Hanninen, T., U. Sankilampi and L. Dunkel, 'Activation of the hypothalamic−pituitary−gonadal axis in infancy: minipuberty'. *Horm Res Paediatr*, 2014. 82(2): pp. 73−80.

55. Lonsdorf, E.V., 'Sex differences in nonhuman primate behavioral development'. *J Neurosci Res*, 2017. 95(1−2): pp. 213−21.

56. Robles de Medina, P.G., et al., 'Fetal behaviour does not differ between boys and girls'. *Early Hum Dev*, 2003. 73(1−2): pp. 17−26.

57. Aznar, A. and H.R. Tenenbaum, 'Gender and age differences in parent−child emotion talk'. *Br J Dev Psychol*, 2015. 33(1): pp. 148−55.

58. Tenenbaum, H.R., S. Ford and B. Alkhedairy, 'Telling stories: gender differences in peers' emotion talk and communication style'. *Br J Dev Psychol*, 2011. 29(Pt 4): pp. 707−21.

59. Leman, P.J. and H.R. Tenenbaum, 'Practising gender: children's relationships and the development of gendered behaviour and beliefs'. *Br J Dev Psychol*, 2011. 29(Pt 2): pp. 153−7.

60. Maney, D.L., 'Just like a circus: the public consumption of sex differences'. *Curr Top Behav Neurosci*, 2015. 19: pp. 279−96.

61. von Stumm, S., T. Chamorro−Premuzic and A. Furnham, 'ecomposing self−

estimates of intelligence: structure and sex differences across 12 nations'. *Br J Psychol*, 2009. 100(Pt 2): pp. 429–42.

62. Bian, L., S. J. Leslie and A. Cimpian, 'Gender stereotypes about intellectual ability emerge early and influence children's interests'. *Science*, 2017. 355(6323): pp. 389–391.

63. Goodwin, K., *Raising your child in a digital world*. 2016, Sydney: Finch Publishing.

03 사춘기는 뇌에서 시작한다 – 사춘기

64. Oberfield, S.E., A.B. Sopher and A.T. Gerken, 'Approach to the girl with early onset of pubic hair'. *J Clin Endocrinol Metab*, 2011. 96(6): pp. 1610–22.

65. Mundy, L.K., et al., 'Adrenarche and the Emotional and Behavioral Problems of Late Childhood'. *J Adolesc Health*, 2015. 57(6): pp. 608–16.

66. Delany, F.M., et al., 'Depression, immune function, and early adrenarche in children'. *Psychoneuroendocrinology*, 2016. 63: pp. 228–34.

67. Whittle, S., et al., 'Associations between early adrenarche, affective brain function and mental health in children'. *Soc Cogn Affect Neurosci*, 2015. 10(9): pp. 1282–90.

68. Klauser, P., et al., 'Reduced frontal white matter volume in children with early onset of adrenarche'. *Psychoneuroendocrinology*, 2015. 52: pp. 111–18.

69. Byrne, M.L., et al., 'A systematic review of adrenarche as a sensitive period in neurobiological development and mental health'. *Dev Cogn Neurosci*, 2017. 25: pp. 12–28.

70. Australian Institute of Family Studies, 'The Longitudinal Study of Australian Children Annual Statistical Report 2015'. 2016, Commonwealth of Australia: Melbourne.

71. Seminara, S.B. and W.F. Crowley, Jr., 'Kisspeptin and GPR54: discovery of a novel pathway in reproduction'. *J Neuroendocrinol*, 2008. 20(6): pp. 727–31.

72. de Roux, N., et al., 'Hypogonadotropic hypogonadism due to loss of function of the KiSS1-derived peptide receptor GPR54'. *Proc Natl Acad Sci USA*, 2003. 100(19): pp. 10972–6.

73. Herman-Giddens, M.E., et al., 'Secondary sexual characteristics and menses in young girls seen in office practice: a study from the Pediatric Research in Office Settings network'. *Pediatrics*, 1997. 99(4): pp. 505–12.

74. Biro, F.M., et al., 'Onset of breast development in a longitudinal cohort'. *Pediatrics*, 2013. 132(6): pp. 1019–27.

75. Greenspan, L. and J. Deardorff, *The New Puberty. How to navigate early development in today's girls*. 2014, New York: Rodale.

76. Aksglaede, L., et al., 'Age at puberty and the emerging obesity epidemic'. *PLoS One*, 2009. 4(12): p. e8450.

77. Balzer, B.W., et al., 'The effects of estradiol on mood and behavior in human female adolescents: a systematic review'. *Eur J Pediatr*, 2015. 174(3): pp. 289-98.

04 호르몬이 여자의 생각과 감정에 미치는 영향 - 생리 주기

78. Rosewarne, L., *Periods in Pop Culture: Menstruation in Film and Television* 2012, London: Lexington Books.

79. Angier, N., *Woman. An Intimate Geography*. 2014, London: Virago.

80. Toffoletto, S., et al., 'Emotional and cognitive functional imaging of estrogen and progesterone effects in the female human brain: a systematic review'. *Psychoneuroendocrinology*, 2014. 50: pp. 28-52.

81. Sundström–Poromaa, I. and M. Gingnell, 'Menstrual cycle influence on cognitive function and emotion processing–from a reproductive perspective'. *Front Neurosci*, 2014. 8: p. 380.

82. Ferree, N.K., R. Kamat and L. Cahill, 'Influences of menstrual cycle position and sex hormone levels on spontaneous intrusive recollections following emotional stimuli'. *Conscious Cogn*, 2011. 20(4): pp. 1154-62.

83. McCarthy, M.M., 'Multifaceted origins of sex differences in the brain'. *Philos Trans R Soc Lond B Biol Sci*, 2016. 371(1688): p. 20150106.

84. Bramble, M.S., et al., 'Effects of chromosomal sex and hormonal influences on shaping sex differences in brain and behavior: Lessons from cases of disorders of sex development'. *J Neurosci Res*, 2017. 95(1-2): pp. 65-74.

85. Irwing, P. and R. Lynn, 'Sex differences in means and variability on the progressive matrices in university students: a meta-analysis'. *Br J Psychol*, 2005. 96(Pt 4): pp. 505-24.

86. Blinkhorn, S., 'Intelligence: a gender bender'. *Nature*, 2005. 438(7064): pp. 31-2.

87. Direkvand-Moghadam, A., et al., 'Epidemiology of Premenstrual Syndrome (PMS)-A Systematic Review and Meta-Analysis Study'. *J Clin Diagn Res*, 2014. 8(2): pp. 106-9.

88. Romans, S., et al., 'Mood and the menstrual cycle: a review of prospective data studies'. *Gend Med*, 2012. 9(5): pp. 361-84.

89. Romans, S.E., et al., 'Mood and the menstrual cycle'. *Psychother Psychosom*,

2013. 82(1): pp. 53-60.

90. Ussher, J., 'The myth of premenstrual moodiness', in The Conversation. 2012.

91. Kulkarni, J., 'PMS is real and denying its existence harms women', in The Conversation. 2012.

92. Gehlert, S., et al., 'The prevalence of premenstrual dysphoric disorder in a randomly selected group of urban and rural women'. *Psychol Med*, 2009. 39(1): pp. 129-36.

93. Comasco, E. and I. Sundström-Poromaa, 'Neuroimaging the Menstrual Cycle and Premenstrual Dysphoric Disorder'. *Curr Psychiatry Rep*, 2015. 17(10): p. 77.

94. Romans, S.E., et al., 'Crying, oral contraceptive use and the menstrual cycle'. *J Affect Disord*, 2017. 208: pp. 272-7.

95. Skovlund, C.W., et al., 'Association of Hormonal Contraception With Depression'. *JAMA Psychiatry*, 2016. 73(11): pp. 1154-62.

96. Wise, J., 'Hormonal contraception use among teenagers linked to depression'. *BMJ*, 2016. 354: p. i5289.

97. Zethraeus, N., et al., 'A first-choice combined oral contraceptive influences general well-being in healthy women: a double-blind, randomized, placebo-controlled trial'. *Fertil Steril*, 2017. 107(5): pp. 1238-45.

98. Iversen, L., et al., 'Lifetime cancer risk and combined oral contraceptives: the Royal College of General Practitioners' Oral Contraception Study'. *Am J Obstet Gynecol*, 2017.

99. Pletzer, B.A. and H.H. Kerschbaum, '50 years of hormonal contraception - time to find out, what it does to our brain'. *Front Neurosci*, 2014. 8: p. 256.

05 십 대 여자아이들의 뇌에 대하여

100. Choudhury, S., K.A. McKinney and M. Merten, 'Rebelling against the brain: public engagement with the "neurological adolescent"'. *Soc Sci Med*, 2012. 74(4): pp. 565-73.

101. Walhovd, K.B., et al., 'Through Thick and Thin: a Need to Reconcile Contradictory Results on Trajectories in Human Cortical Development'. *Cereb Cortex*, 2017. 27(2): pp. 1472-81.

102. Giedd, J.N., 'The amazing teen brain'. *Scientific American*, 2015 (June).

103. Peper, J.S., et al., 'Sex steroids and brain structure in pubertal boys and girls: a mini-review of neuroimaging studies'. *Neuroscience*, 2011. 191: pp. 28-37.

104. Ladouceur, C.D., et al., 'White matter development in adolescence: the influence of puberty and implications for affective disorders'. *Dev Cogn*

Neurosci, 2012. 2(1): pp. 36−54.

105. Damour, L., *Untangled: Guiding Teenage Girls through the Seven Transitions into Adulthood*. 2016, New York: Penguin Random House.

106. Cooke. K., Girl Stuff. *A full-on guide to the teen years*. 2013, Australia: Penguin Random House.

107. Purdue University, 'Pain of ostracism can be deep, long−lasting'. 2011, ScienceDaily, 6 June 2011.

108. Sebastian, C.L., et al., 'Developmental influences on the neural bases of responses to social rejection: implications of social neuroscience for education'. *Neuroimage*, 2011. 57(3): pp. 686−94.

109. Berns, G.S., et al., 'Neural mechanisms of the influence of popularity on adolescent ratings of music'. *Neuroimage*, 2010. 49(3): pp. 2687−96.

110. Eisenberger, N.I., 'The pain of social disconnection: examining the shared neural underpinnings of physical and social pain'. *Nat Rev Neurosci*, 2012. 13(6): pp. 421−34.

111. Dewall, C.N., et al., 'Acetaminophen reduces social pain: behavioral and neural evidence'. *Psychol Sci*, 2010. 21(7): pp. 931−7.

112. Stephanou, K., et al., 'Hard to look on the bright side: Neural correlates of impaired emotion regulation in depressed youth'. *Soc Cogn Affect Neurosci*, 2017.

113. Guyer, A.E., J.S. Silk and E.E. Nelson, 'The neurobiology of the emotional adolescent: From the inside out'. *Neurosci Biobehav Rev*, 2016. 70: pp. 74−85.

114. Poulton, R., T.E. Moffitt and P.A. Silva, 'The Dunedin Multidisciplinary Health and Development Study: overview of the first 40 years, with an eye to the future'. *Soc Psychiatry Psychiatr Epidemiol*, 2015. 50(5): pp. 679−93.

115. Nelson, J.A., 'The power of stereotyping and confirmation bias to overwhelm accurate assessment: the case of economics, gender, and risk aversion' *Journal of Economic Methodology*, 2014. 21(3): pp. 211−31.

116. Fine, C., *Testosterone Rex: Unmaking the Myths of Our Gendered Minds*. 2017, Sydney: Icon Boks.

117. Somerville, L.H., 'Special issue on the teenage brain: Sensitivity to social evaluation'. *Curr Dir Psychol Sci*, 2013. 22(2): pp. 121−7.

118. Gardner, M. and L. Steinberg, 'Peer influence on risk taking, risk preference, and risky decision making in adolescence and adulthood: an experimental study'. *Dev Psychol*, 2005. 41(4): pp. 625−35.

119. Blakemore, S.J., 'Adolescent brain development', M. Costandi, Editor. 2014, The Wellcome Trust.

120. Lewinsohn, P.M., et al., 'Separation anxiety disorder in childhood as a risk factor for future mental illness'. *J Am Acad Child Adolesc Psychiatry*, 2008. 47(5): pp. 548−55.

121. North, B., M. Gross and S. Smith, 'Study confirms HSC exams source of major stress to adolescents'. 2015, The Conversation.

122. Kuehner, C., 'Why is depression more common among women than among men?'. *Lancet Psychiatry*, 2016. 4(2): pp. 146−58.

123. Solomon, A., 'Depression: the secret we share'. 2013, TED Talk.

124. *beyondblue*. 'beyondblue: the facts'. 2017 [cited 2017; Available from: https://www.beyondblue.org.au/the−facts].

125. Craske, M.G., et al., 'Anxiety disorders'. *Nat Rev* Dis Primers, 2017. 3: p. 17024.

126. *beyondblue*, 'Types of Anxiety: PTSD'. 2017.

127. Schaefer, J.D., et al., 'Enduring mental health: Prevalence and prediction'. *J Abnorm Psychol*, 2017. 126(2): pp. 212−24.

128. *beyondblue*. 'Youth beyondblue: stats and facts'. 2017; Available from: https://www.youthbeyondblue.com/footer/stats−and−facts.

129. Schmaal, L., et al., 'Subcortical brain alterations in major depressive disorder: findings from the ENIGMA Major Depressive Disorder working group'. *Mol Psychiatry*, 2016. 21(6): pp. 806−12.

130. Anthes, E., 'Depression: A change of mind'. *Nature*, 2014. 515(7526): pp. 185−7.

131. Jorm, A.F., et al., 'A guide to what works for depression' 2013, *beyondblue*: Melbourne.

132. Gressier, F., R. Calati and A. Serretti, '5−HTTLPR and gender differences in affective disorders: A systematic review'. *J Affect Disord*, 2016. 190: pp. 193−207.

133. Caspi, A., et al., 'Moderation of the effect of adolescent−onset cannabis use on adult psychosis by a functional polymorphism in the catechol−O−methyltransferase gene: longitudinal evidence of a gene x environment interaction'. *Biol Psychiatry*, 2005. 57(10): pp. 1117−27.

134. Belsky, J. and M. Pluess, 'Beyond diathesis stress: differential susceptibility to environmental influences'. *Psychol Bull*, 2009. 135(6): pp. 885−908.

135. Caspi, A., et al., 'Genetic sensitivity to the environment: the case of the serotonin transporter gene and its implications for studying complex diseases and traits'. *Am J Psychiatry*, 2010. 167(5): pp. 509−27.

136. Culverhouse, R.C., et al., 'Collaborative meta−analysis finds no evidence of a strong interaction between stress and 5−HTTLPR genotype contributing to the

development of depression'. *Mol Psychiatry*, 2017.

137. Riecher—Rossler, A., 'Sex and gender differences in mental disorders'. *Lancet Psychiatry*, 2017. 4(1): pp. 8-9.

138. Kulkarni, J., 'Hormones actually a great protector of women's health'. 2011, The Conversation.

139. Li, S.H. and B.M. Graham, 'Why are women so vulnerable to anxiety, trauma—related and stress—related disorders? The potential role of sex hormones'. *Lancet Psychiatry*, 2017. 4(1): pp. 73-82.

140. Merz, C.J. and O.T. Wolf, 'Sex differences in stress effects on emotional learning'. *J Neurosci Res*, 2017. 95(1-2): pp. 93-105.

141. Bryant, R.A., et al., 'The association between menstrual cycle and traumatic memories'. *J Affect Disord*, 2011. 131(1-3): pp. 398-401.

142. Ferree, N. K., M. Wheeler and L. Cahill, 'The influence of emergency contraception on post—traumatic stress symptoms following sexual assault'. *J Forensic Nurs*, 2012. 8(3): pp. 122-30.

143. Mordecai, K.L., et al., 'Cortisol reactivity and emotional memory after psychosocial stress in oral contraceptive users'. *J Neurosci Res*, 2017. 95(1-2): pp. 126-35.

144. Oldehinkel, A. J. & E.M. Bouma, 'Sensitivity to the depressogenic effect of stress and HPA—axis reactivity in adolescence: a review of gender differences'. *Neurosci Biobehav*, 2011. 35(8): pp. 1757-70.

145. Dantzer, R. and K.W. Kelley, 'Twenty years of research on cytokineinduced sickness behavior'. *Brain Behav Immun*, 2007. 21(2): pp. 153-60.

146. Raison, C.L., et al., 'A randomized controlled trial of the tumor necrosis factor antagonist infliximab for treatment—resistant depression: the role of baseline inflammatory biomarkers'. *JAMA Psychiatry*, 2013. 70(1): pp. 31-41.

147. Pariante, C. M., 'Why are depressed patients inflamed? A reflection on 20 years of research on depression, glucocorticoid resistance and inflammation'. *Eur Neuropsychopharmacol*, 2017. 27(6): pp. 554-9.

148. World Health Organization and London School of Hygiene and Tropical Medicine, 'Preventing intimate partner and sexual violence against women. Taking action and generating evidence'. 2010.

149. Chen, Y.Y., et al., 'omen' status and depressive symptoms: a multilevel analysis'. *Soc Sci Med*, 2005. 60(1): pp. 49-60.

150. Van de Velde, S., et al., 'Macro—level gender equality and depression in men and women in Europe'. *Sociol Health Illn*, 2013. 35(5): pp. 682-98.

151. Suleiman, A.B., et al., 'Becoming a sexual being: The "elephant in the room" of adolescent brain development'. *Dev Cogn Neurosci*, 2017. 25: pp. 209-20.

152. Wedekind, C., et al., 'MHC-dependent mate preferences in humans'. *Proc Biol Sci*, 1995. 260(1359): pp. 245-9.

153. Ober, C., 'LA and fertility'. *Am J Hum Genet*, 1995. 57(5): pp. 1242-3.

154. Durante, K.M., et al., 'Ovulation leads women to perceive sexy cads as good dads'. *J Pers Soc Psychol*, 2012. 103(2): pp. 292-305.

155. Brooks, R., 'Round 2: Ovulatory Cycles and Shifting Preferences'. 2014, The Conversation.

156. Roney, J.R. and Z.L. Simmons, 'Hormonal predictors of sexual motivation in natural menstrual cycles'. *Horm Behav*, 2013. 63(4): pp. 636-45.

157. Dennerstein, L., et al., 'Hormones, mood, sexuality, and the menopausal transition'. *Fertil Steril*, 2002. 77 Suppl 4: pp. S42-8.

158. Pastor, Z., K. Holla, and R. Chmel, 'The influence of combined oral contraceptives on female sexual desire: a systematic review'. *Eur J Contracept Reprod Health Care*, 2013. 18(1): pp. 27-43.

159. Meston, C.M. and D.M. Buss, 'Why humans have sex'. *Arch Sex Behav*, 2007. 36(4): pp. 477-507.

160. Whipple, B. and K. Brash-McGreer, 'Management of female sexual dysfunction' in *Sexual function in people with disability and chronic illness: a health professional' guide*, M.L. Sipski and C.J. Alexander, Editors. 1997, Gaithersburg: Aspen.

161. 'What you need to know. Female Sexual Response.', in http://www.arhp.org/ Publications-and-Resources, A.o.R.H. Professionals. Editor. 2008.

162. Basson, R., 'Female sexual response: the role of drugs in the management of sexual dysfunction'. *Obstet Gynecol*, 2001. 98(2): pp. 350-3.

163. Nagoski, E., *Come as You Are: the surprising new science that will transform your sex life*. 2015, New York: Simon & Schuster.

164. Georgiadis, J.R., M.L. Kringelbach and J.G. Pfaus, 'Sex for fun: a synthesis of human and animal neurobiology'. *Nat Rev Urol*, 2012. 9(9): pp. 486-98.

165. Goldstein, I., et al., 'Hypoactive Sexual Desire Disorder: International Society for the Study of Women's Sexual Health(ISSWSH) Expert Consensus Panel Review'. *Mayo Clin Proc*, 2017. 92(1): pp. 114-128.

166. Kingsberg, S.A., A.H. Clayton, and J.G. Pfaus, 'The Female Sexual Response: Current Models, Neurobiological Underpinnings and Agents Currently Approved or Under Investigation for the Treatment of Hypoactive Sexual Desire Disorder'.

여자, 뇌, 호르몬

CNS Drugs, 2015. 29(11): pp. 915–33.

167. Lucke, J., 'Weekly Dose: flibanserin, the drug that gives women one extra sexually satisfying experience every two months'. 2016: The Conversation.

168. 'Female Sex Drive', in *Catalyst*, D.J. Newby, Editor. 2015, ABC.

169. Basson, R., 'Testosterone therapy for reduced libido in women'. *Ther Adv Endocrinol Metab*, 2010. 1(4): pp. 155–64.

170. University of Melbourne, 'Menopause dashes sex life'. 2002, Melbourne: Eureka Alert.

171. Bergner, D., *What Do Women Want?: Adventures in the Science of Female Desire*. 2014, New York: HarperCollins.

172. Perel, E., *Mating in Captivity: Sex, Lies and Domestic Bliss*. 2007, London: Hodder & Stoughton

173. Dickson, N., et al., 'Stability and change in same–sex attraction, experience, and identity by sex and age in a New Zealand birth cohort'. *Arch Sex Behav*, 2013. 42(5): pp. 753–63.

174. Chantry, K. 'The transgender bathroom contoversy: four essential reads'. 2017 [cited 2017 March 4th]; Available from: https://theconversation.com/the-transgender–bathroom–controversy–four–essential– reads–72635.

175. Fusion. 'Massive Millennial Poll'. 2015; Available from: http://fusion.net/story/42216/half–of–young–people–believe–gender–isnt–limited–to–male–and–female/.

176. Zeki, S. and J.P. Romaya, 'The brain reaction to viewing faces of opposite– and same–sex romantic partners'. *PLoS One*, 2010. 5(12): p. e15802.

177. Meston, C.M., R.J. Levin, M.L. Sipski, E.M. Hull and J.R. Heiman, 'Women's Orgasm'. *Annu Rev Sex Res*, 2004. 15(1): pp. 173–257.

178. O'Connell, H.E., K.V. Sanjeevan, and J.M. Hutson, 'Anatomy of the clitoris'. *J Urol*, 2005. 174(4 Pt 1): pp. 1189–95.

179. Sample, I., 'Female orgasm captured in series of brain scans', in *The Guardian*. 2011.

180. Kontula, O. and A. Miettinen, 'Determinants of female sexual orgasms'. *Socioaffect Neurosci Psychol*, 2016. 6: p. 31624.

181. Coria–Avila, G.A., et al., 'The role of orgasm in the development and shaping of partner preferences'. *Socioaffect Neurosci Psychol*, 2016. 6: p. 31815.

182. King, R., M. Dempsey and K.A. Valentine, 'Measuring sperm backflow following female orgasm: a new method'. *Socioaffect Neurosci Psychol*, 2016. 6: p. 31927.

183. Earp, B.D., et al., 'Addicted to love: What is love addiction and when should it be treated?'. *Philos Psychiatr Psychol*, 2017. 24(1): pp. 77–92.

184. Fisher, H.E., et al., 'Intense, Passionate, Romantic Love: A Natural Addiction?

How the Fields That Investigate Romance and Substance Abuse Can Inform Each Other'. *Front Psychol*, 2016. 7: p. 687.

185. Acevedo, B.P., et al., 'Neural correlates of long-term intense romantic love'. *Soc Cogn Affect Neurosci*, 2012. 7(2): pp. 145−59.

186. Carter, C.S. and S.W. Porges, 'The biochemistry of love: an oxytocin hypothesis'. *EMBO reports*, 2013. 14(1).

187. Pedersen, C.A. and A.J. Prange, Jr., 'Induction of maternal behavior in virgin rats after intracerebroventricular administration of oxytocin'. *Proc Natl Acad Sci USA*, 1979. 76(12): pp. 6661−5.

188. Churchland, P.S. and P. Winkielman, 'Modulating social behavior with oxytocin: how does it work? What does it mean?'. *Horm Behav*, 2012. 61(3): pp. 392−9.

189. Patoine, B., 'One Molecule for Love, Trust, and Morality? Separating Hype from Hope in the Oxytocin Research Explosion'. 2013: The Dana Foundation.

190. McGonigal, K., 'How to make stress your friend'. 2013, TED Talk.

191. Kosfeld, M., et al., 'Oxytocin increases trust in humans'. *Nature*, 2005. 435(7042): pp. 673−6.

192. Damasio, A., 'Brain Trust'. *Nature*, 2005. 435(2 June): pp. 571−2.

193. Kemp, A.H. and A. Gustella, 'The dark side of the love drug − oxytocin linked to gloating, envy and aggression'. 2011: The Conversation.

194. Shen, H., 'Neuroscience: The hard science of oxytocin'. *Nature*, 2015. 522(7557): pp. 410−12.

08 임신은 여자의 뇌 구조를 어떻게 바꾸는가 − 임신과 수유기

195. Hoekzema, E., et al., 'Pregnancy leads to long-lasting changes in human brain structure'. *Nat Neurosci*, 2017. 20(2): pp. 287−96.

196. Pereira, M. and A. Ferreira, 'Neuroanatomical and neurochemical basis of parenting: Dynamic coordination of motivational, affective and cognitive processes'. *Hormones and Behavior*, 2016. (77): pp. 72−85.

197. Levy, F., G. Gheusi and M. Keller, 'Plasticity of the parental brain: a case for neurogenesis'. *J Neuroendocrinol*, 2011. 23(11): pp. 984−93.

198. Hrdy, S.B., 'Variable postpartum responsiveness among humans and other primates with "cooperative breeding": A comparative and evolutionary perspective'. *Horm Behav*, 2016. 77: pp. 272−83.

199. Brunton, P.J. and J.A. Russell, 'The expectant brain: adapting for motherhood'. *Nat Rev Neurosci*, 2008. 9(1): pp. 11−25.

200. Russell, J.A., A.J. Douglas and C.D. Ingram, 'Brain preparations for maternity −

adaptive changes in behavioral and neuroendocrine systems during pregnancy and lactation. An overview'. *Prog Brain Res*, 2001. 133: pp. 1-38.

201. Grattan, D.R. and I.C. Kokay, 'Prolactin: a pleiotropic neuroendocrine hormone'. *J Neuroendocrinol*, 2008. 20(6): pp. 752-63.

202. Grattan, D.R., '60 years of neuroendocrinology: The hypothalamoprolactin axis'. *J Endocrinol*, 2015. 226(2): pp. T101-22.

203. NICE, 'NICE public health guidance 27: Weight management before, during and after pregnancy' 2010, National Institute for Health and Clinical Excellence: London.

204. Committee to Reexamine Institute of Medicine Pregnancy Weight Guidelines, 'Weight gain during pregnancy: reexamining the guidelines'. 2009, National Academies Press, Washington DC.

205. de Jersey, S.J., et al., 'A prospective study of pregnancy weight gain in Australian women'. *Aust NZ J Obstet Gynaecol*, 2012. 52(6): pp. 545-51.

206. Torner, L., et al., 'Anxiolytic and anti-stress effects of brain prolactin: improved efficacy of antisense targeting of the prolactin receptor by molecular modeling'. *J Neurosci*, 2001. 21(9): pp. 3207-14.

207. Gustafson, P., S.J. Bunn and D.R. Grattan, 'The role of prolactin in the suppression of Crh mRNA expression during pregnancy and lactation in the mouse'. *J Neuroendocrinol*, 2017. 29(9).

208. Buckwalter, J.G., D.K. Buckwalter, B.W. Bluestein and F.Z. Stanczyk, 'Pregnancy and postpartum: changes in cognition and mood', in *The Maternal Brain. Progress in Brain Research*. 2001, Elsevier.

209. Logan, D.M., K.R. Hill et al., 'How do memory and attention change with pregnancy and childbirth? A controlled longitudinal examination of neuropsychological functioning in pregnant and postpartum women'. *Clin Exp Neuropsychol*. 36(5): pp.528-39.

210. Christensen, H., C. Poyser, P. Pollitt and J. Cubis, 'Pregnancy may confer a selective cognitive advantage'. *Journal of Reproductive and Infant Psychology*, 1999. 17(1): pp. 7-25.

211. Casey, P., 'A longitudinal study of cognitive performance during pregnancy and new motherhood'. *Archives of Women' Mental Health*, 2000. 3(2): pp. 65-76.

212. Ellison, K., *The Mommy Brain: How Motherhood Makes Us Smarter*. 2005, New York: Basic Books.

213. Stern D.N. and N. Bruschweiler-Stern, *The Birth Of A Mother: How The Motherhood Experience Changes You Forever*. 1998, New York: Basic Books.

214. Kim, P., L. Strathearn and J.E. Swain, 'The maternal brain and its plasticity in

humans'. *Horm Bebav*, 2016. 77: pp. 113-23.

215. Moore, E.R., et al., 'Early skin-to-skin contact for mothers and their healthy newborn infants'. Cochrane Database Syst Rev, 2016. 11: p. CD003519.

216. Rosenblatt, J.S., 'Nonhormonal basis of maternal behavior in the rat'. *Science* 1967. 156(3781): pp. 1512-14.

217. Lingle, S. and T. Riede, 'Deer Mothers are Sensitive to Infant Distress Vocalizations of Diverse Mammalian Species'. *The American Naturalist*, 2014. 184(4): pp. 510-522.

218. Feldman, R., 'The neurobiology of mammalian parenting and the biosocial context of human caregiving'. *Horm Bebav*, 2016. 77: pp. 3-17.

219. Gordon, I., et al., 'Testosterone, oxytocin, and the development of human parental care'. *Horm Bebav*, 2017. 93: pp. 184-192.

220. Krol, K.M., et al., 'Breastfeeding experience differentially impacts recognition of happiness and anger in mothers'. *Sci Rep*, 2014. 4: p. 7006.

221. Hahn-Holbrook, J., et al, 'Maternal defense: breast feeding increases aggression by reducing stress'. *Psychol Sci*, 2011. 22(10): pp. 1288-1295.

222. Donato, J., Jr. and R. Frazao, 'Interactions between prolactin and kisspeptin to control reproduction'. *Arch Endocrinol Metab*, 2016. 60(6): pp. 587-95.

223. Patton, C.C., 'Prediction of perinatal depression from adolescence and before conception (VIHCS): 20-year prospective cohort study'. *Lancet*, 2015. 386 (9996): pp. 875-883.

224. Loxton, D. and J. Lucke, 'Reproductive health: Findings from the Australian Longitudinal Study on Women's Health'. 2009: Australian Government Department of Health.

225. Weaver, J.J. and J.M. Ussher, 'How motherhood changes life – a discourse analytic study with mothers of young children'. *Journal of Reproductive and Infant Psychology*, 2007. 15(1): pp. 51-68.

09 갱년기의 뇌 건강에 관하여 – 갱년기

226. Cooke, K., *Women's Stuff.* 2011, London: Penguin Random House.

227. Campbell, K.E., et al., 'The trajectory of negative mood and depressive symptoms over two decades'. *Maturitas*, 2017. 95: pp. 36-41.

228. Brinton, R.D., et al., 'Perimenopause as a neurological transition state'. *Nat Rev Endocrinol*, 2015. 11(7): pp. 393-405.

229. Brent, L.J., et al., 'Ecological knowledge, leadership, and the evolution of menopause in killer whales'. *Curr Biol*, 2015. 25(6): pp. 746-50.

230. Rettberg, J.R., J. Yao and R.D. Brinton, 'Estrogen: a master regulator of bioenergetic systems in the brain and body'. *Front Neuroendocrinol*, 2014. 35(1): pp. 8–30.

231. Freedman, R.R., 'Menopausal hot flashes: mechanisms, endocrinology, treatment'. *J Steroid Biochem Mol Biol*, 2014. 142: pp. 115–20.

232. Hardy, J.D. and E.F. Du Bois, 'Differences between Men and Women in Their Response to Heat and Cold'. *Proc Natl Acad Sci USA*, 1940. 26(6): pp. 389–98.

233. Charkoudian, N. and N.S. Stachenfeld, 'Reproductive hormone influences on thermoregulation in women'. *Compr Physiol*, 2014. 4(2): pp. 793–804.

234. Prague, J.K., et al, 'Neurokinin 3 receptor antagonism as a novel treatment for menopausal hot flushes: a phase 2, randomised, doubleblind, placebo-controlled trial'. *Lancet*, 2017. 389(10081): pp. 1809–1820.

235. Freedman, R.R., et al., 'Cortical activation during menopausal hot flashes'. *Fertil Steril*, 2006. 85(3): pp. 674–8.

236. Berecki-Gisolf, J., N. Begum and A.J. Dobson, 'Symptoms reported by women in midlife: menopausal transition or aging?'. *Menopause*, 2009. 16(5): pp. 1021–9.

237. Ciano, C., et al., 'Longitudinal Study of Insomnia Symptoms Among Women During Perimenopause'. *J Obstet Gynecol Neonatal Nurs*, 2017. 46(6): pp. 804–13.

238. Grandner, M.A., 'Sleep, Health, and Society'. *Sleep Med Clin*, 2017. 12(1): pp. 1–22.

239. Mong, J.A. and D.M. Cusmano, 'Sex differences in sleep: impact of biological sex and sex steroids'. *Philos Trans R Soc Lond B Biol Sci*, 2016. 371(1688): p. 20150110.

240. Allmen, T., *Menopause Confidential. A Doctor Reveals the Secrets to Thriving Through Midlife*. 2016, New York: HarperCollins.

241. Gervais, N.J., J.A. Mong and A. Lacreuse, 'Ovarian hormones, sleep and cognition across the adult female lifespan: An integrated perspective'. *Front Neuroendocrinol*, 2017. 47: pp. 134–53.

242. Adan, A. and V. Natale, 'Gender differences in morningnesseveningness preference'. *Chronobiol Int*, 2002. 19(4): pp. 709–20.

243. Baker, F.C., et al., 'Insomnia in women approaching menopause: Beyond perception'. *Psychoneuroendocrinology*, 2015. 60: pp. 96–104.

244. de Zambotti, M., et al., 'Magnitude of the impact of hot flashes on sleep in perimenopausal women'. *Fertil Steril*, 2014. 102(6): pp. 1708–15 e1.

245. Kulkarni, J., 'There's no "rushing women's syndrome" but hormones affect mental health'. 2014, The Conversation.

246. Campbell, K.E., et al., 'Impact of menopausal status on negative mood and

depressive symptoms in a longitudinal sample spanning 20 years'. *Menopause*, 2017. 24(5): pp. 490-6.

247. Weber, M.T., P.M. Maki and M.P. McDermott, 'Cognition and mood in perimenopause: a systematic review and meta-analysis'. *J Steroid Biochem Mol Biol*, 2014. 142: pp. 90-8.

248. Alzheimer's Australia. 'About demenita and memory loss' Accessed 2017; Available from: https://www.fightdementia.org.au/aboutdementia/memory-loss/memory-changes.

249. The Jean Hailes Foundation, 'Menopause Management'. 2017.

250. Pinkerton, J.V., 'Changing the conversation about hormone therapy'. *Menopause*, 2017. 24(9): pp. 991-3.

251. The North American Menopause Society, 'The 2017 hormone therapy position statement of The North American Menopause Society'. *Menopause*, 2017. 24(7): pp. 728-53.

252. Wilson, R.A. and T.A. Wilson, 'The Basic Philosophy of Estrogen Maintenance'. *The Journal of the American Geriatrics Society* 1972. 20(11): pp. 521-523.

253. Hersh, A.L., M.L. Stefanick and R.S. Stafford, 'National use of postmenopausal hormone therapy: annual trends and response to recent evidence'. *JAMA*, 2004. 291(1): pp. 47-53.

254. WHI. Available from: http://www.whi.org/.

255. Million Women Study; Available from: http://www.millionwomenstudy.org/.

256. Nurses' Health Study, Available from: http://www.nurseshealthstudy.org/.

257. 'Effects of estrogen or estrogen/progestin regimens on heart disease risk factors in postmenopausal women. The Postmenopausal Estrogen/Progestin Interventions (PEPI) Trial. The Writing Group for the PEPI Trial'. *JAMA*, 1995. 273(3): pp. 199-208.

258. 'Study of Women's Health Across the Nation (SWAN)'. Available from:http://www.swanstudy.org/.

259. Shumaker, S.A., et al., 'Estrogen plus progestin and the incidence of dementia and mild cognitive impairment in postmenopausal women: the Women's Health Initiative Memory Study: a randomized controlled trial'. *JAMA*, 2003. 289: pp. 2651-62.

260. Million Women Study, C., 'Breast cancer and hormone-replacement therapy in the Million Women Study'. *Lancet*, 2003. 362(9382): pp. 419-27.

261. Cancer Council Australia. 'Breast Cancer'. 2017; Available from: http://www.cancer.org.au/about-cancer/types-of-cancer/breast-cancer/.

262. Barbieri, R.L., 'Patient education: Menopausal hormone therapy(Beyond the Basics)', K.A. Martin, Editor. 2017: UpToDate.

여자, 뇌, 호르몬

263. Cintron, D., et al., 'Efficacy of menopausal hormone therapy on sleep quality: systematic review and meta-analysis'. *Endocrine*, 2017. 55(3): pp. 702-11.

264. Martin, K.A. and R.L. Barbieri, 'Treatment of menopausal symptoms with hormone therapy', in UpToDate, K.A. Martin, Editor. 2017.

265. Davison, S.L., et al., 'Testosterone improves verbal learning and memory in postmenopausal women: Results from a pilot study'. *Maturitas*, 2011. 70(3): pp. 307-11.

266. Manson, J.E., et al., 'Menopausal Hormone Therapy and Longterm All-Cause and Cause-Specific Mortality: The Women's Health Initiative Randomized Trials'. *JAMA*, 2017. 318(10): pp. 927-38.

267. MacLennan, A.H., V.W. Henderson, B.J. Paine, J. Mathias, E.N. Ramsay, P. Ryan, N.P. Stocks and A.W. Taylor, 'Hormone therapy, timing of initiation, and cognition in women aged older than 60 years: the REMEMBER pilot study'. *Menopause*, 2006. 13: pp. 28-36.

268. Daniel, J.M., C.F. Witty and S.P. Rodgers, 'Long-term consequences of estrogens administered in midlife on female cognitive aging'. *Horm Behav*, 2015. 74: pp. 77-85.

269. Jung, C.G., *Modern man in search of a soul*. 1933, New York, NY: Harcourt, Brace & World.

10 오래 살면 뇌는 어떻게 변할까? – 나이 든 뇌

270. Pew Research Center, 'Growing Old in America: Expectations vs. Reality'. 2009.

271. Jeune, B., JM. Robine, R. Young, B. Desjardins, A. Skytthe and JW. Vaupel, 'Jeanne Calment and her successors. Biographical notes on the longest living humans', in *Supercentenarians*, H. Maier, Editor. 2010, Springer-Verlag Berlin Heidelberg.

272. Buettner, D. '5 Easy Steps to "Blue Zone" Your 2017'. 2017; Available from: https://bluezones.com/2017/01/blue-zone-2017/.

273. Ritchie, K., 'Mental status examination of an exceptional case of longevity J. C. aged 118 years'. *Br J Psychiatry*, 1995. 166(2): pp. 229-35.

274. Evert, J., et al., 'Morbidity profiles of centenarians: survivors, delayers, and escapers'. *J Gerontol A Biol Sci Med Sci*, 2003. 58(3): pp. 232-7.

275. Settersten Jr, R.A., 'Relationships in Time and the Life Course: The Significance of Linked Lives'. *Research in Human Development*, 2015. 12(3-4): pp. 217-23.

276. Mather, M., 'The emotion paradox in the aging brain'. *Annals of the New York Academy of Sciences*, 2012. 1251(1): pp. 33-49.

277. Belsky, D.W., A. Caspi, et al., 'Impact of early personal – history characteristics on the Pace of Aging: implications for clinical trials of therapies to slow aging and extend healthspan'. *Aging Cell*, 2017. 16(4): pp. 644–51.

278. Okinawan Centenarian Study, 'Okinawa Centenarian Study'. 2017; Available from: http://www.okicent.org/.

279. NECS. 'Why Study Centenarians? An Overview'. New England Centenarian Study. 2017 [cited 21 October 2017].

280. Perls, T.F. and R. Fretts, 'Why Women Live Longer than Men'. *Sci Am*, 1998.

281. Ostan, R., et al., 'Gender, aging and longevity in humans: an update of an intriguing/neglected scenario paving the way to a gender–specific medicine'. *Clin Sci (Lond)*, 2016. 130(19): pp. 1711–25.

282. Camus, M.F., D.J. Clancy and D.K. Dowling, 'Mitochondria, maternal inheritance, and male aging'. *Curr Biol*, 2012. 22(18): pp. 1717–21.

283. Sun, F., et al., 'Extended maternal age at birth of last child and women's longevity in the Long Life Family Study'. *Menopause*, 2015. 22(1): pp. 26–31.

284. Barclay, Keenan, K., E. Grundy, M. Kolk and M. Myrskyla, 'Reproductive history and post–reproductive mortality: A sibling comparison analysis using Swedish register data'. *Social Science & Medicine*, 2016. 155: pp. 82–92.

285. Grundy, E. and O. Kravdal, 'Do short birth intervals have long–term implications for parental health? Results from analyses of complete cohort Norwegian register data'. *J Epidemiol Community Health*, 2014. 68(10): pp. 958–64.

286. Boston University Medical Center, 'Reproduction later in life is a marker for longevity in women'. 2014, EurekAlert!

287. Neu, S.C., et al., 'Apolipoprotein E Genotype and Sex Risk Factors for Alzheimer Disease: A Meta–analysis'. *JAMA Neurol*, 2017. 74(10): pp. 1178–89.

288. Alzheimer's Association, '2017 Alzheimer's Disease Facts and Figures'. 2017, *Alzheimers Dement*, pp. 325–73.

289. Australian Bureau of Statistics, 'Causes of Death, Australia, 2016'. 2017: Canberra.

290. Prince, M., A. Wimo, M. Guerchet, et al., on behalf of Alzheimer's Disease International (ADI). 'The World Alzheimer Report 2015, The Global Impact of Dementia: An analysis of prevalence, incidence, cost and trends' 2015, London.

291. World Health Organization. First WHO ministerial conference on global action against dementia: meeting report. 2015, Switzerland.

292. Xu, W., et al., 'Meta–analysis of modifiable risk factors for Alzheimer' disease'. *J Neurol Neurosurg Psychiatry*, 2015. 86(12): pp. 1299–306.

293. Dementia Australia. 'About Dementia'. 2017 [cited September 2017]; Available

from: https://www.dementia.org.au/information/aboutdementia.

294. Irish, M., et al., 'Investigating the enhancing effect of music on autobiographical memory in mild Alzheimer' disease'. *Dement Geriatr Cogn Disord*, 2006. 22(1): pp. 108-20.

295. Buckley, R.L. and Y.Y. Lim, 'What causes Alzheimer's disease? What we know, don't know and suspect'. 2017; Available from: https://theconversation.com/what-causes-alzheimers-disease-what-we-know-dont-know-and-suspect-75847.

296. van Dellen, A., C. Blakemore, R. Deacon, D. York and A.J. Hannan, 'Delaying the onset of Huntington' in mice'. *Nature*, 2000. 404(6779): pp. 721-2.

297. Fisher, G.G., et al., 'Mental work demands, retirement, and longitudinal trajectories of cognitive functioning'. *J Occup Health Psychol*, 2014. 19(2): pp. 231-42.

298. Stern, Y., 'Build Your Cognitive Reserve: An Interview with Dr. Yaakov Stern', in *The SharpBrains Guide to Brain Fitness*, A. Fernandez and E. Goldberg, Editors. 2009, San Francisco: Sharp Brains.

299. Vemuri, P., et al., 'Association of lifetime intellectual enrichment with cognitive decline in the older population'. *JAMA Neurol*, 2014. 71(8): pp. 1017-24.

300. Mattson, M.P., 'Lifelong brain health is a lifelong challenge: from evolutionary principles to empirical evidence'. *Ageing Res Rev*, 2015. 20: pp. 37-45.

301. Raichlen, D.A. and G. E. Alexander, 'Adaptive Capacity: An Evolutionary Neuroscience Model Linking Exercise, Cognition, and Brain Health'. *TINS*, 2017. 40(7): pp. 408-21.

302. Ontario Brain Institute, 'The Role of Physical Activity in the Prevention and Management of Alzheimer's Disease – Implications for Ontario'. 2013.

303. Jacka, F.N., et al., 'A randomised controlled trial of dietary improvement for adults with major depression (the "SMILES" trial)'. *BMC Med*, 2017. 15(1): p. 23.

304. Wahl, D., et al., 'Nutritional strategies to optimise cognitive function in the aging brain'. *Ageing Res Rev*, 2016. 31: pp. 80-92.

305. Pollan, M., *In defence of food*. 2008, London: Penguin.

306. Johansson, L., et al., 'Common psychosocial stressors in middleaged women related to longstanding distress and increased risk of Alzheimer' disease: a 38-year longitudinal population study'. *BMJ Open*, 2013. 3(9): p. e003142.

307. Holt-Lunstad, J., T.B. Smith and J.B. Layton, 'Social relationships and mortality risk: a meta-analytic review'. *PLoS Med*, 2010. 7(7): p. e1000316.

308. Boyle, P.A., et al., 'Effect of a purpose in life on risk of incident Alzheimer disease and mild cognitive impairment in community-dwelling older persons'. *Arch Gen Psychiatry*, 2010. 67(3): pp. 304-10.

옮긴이 **김소정**

대학교에서 생물학을 전공했고 과학과 역사를 좋아한다. 꾸준히 성장하는 사람이기를 바라며 되
도록 오랫동안 번역을 하면서 살아가기를 바란다. 《아주, 기묘한 날씨》, 《내가 너에게 절대로 말하
지 않는 것들》, 《허즈번드 시크릿》, 《만물과학》, 《그 남자는 절대 변하지 않는다》 등을 번역했다.

여자, 뇌, 호르몬

초판 1쇄 발행 2020년 5월 11일

지은이 • 사라 매케이
옮긴이 • 김소정

펴낸이 • 박선경
기획/편집 • 권혜원, 남궁은, 강민형, 공재우
마케팅 • 박언경
표지 디자인 • dbox
제작 • 디자인원(031-941-0991)

펴낸곳 • 도서출판 갈매나무
출판등록 • 2006년 7월 27일 제395-2006-000092호
주소 • 경기도 고양시 일산동구 호수로 358-25 (백석동, 동문타워 II) 912호 (우편번호 10449)
전화 • (031)967-5596
팩스 • (031)967-5597
블로그 • blog.naver.com/kevinmanse
이메일 • kevinmanse@naver.com
페이스북 • www.facebook.com/galmaenamu

ISBN 979-11-90123-83-9 / 03400
값 19,000원

• 잘못된 책은 구입하신 서점에서 바꾸어드립니다.
• 본서의 반품 기한은 2025년 5월 31일까지입니다.

이 도서의 국립중앙도서관 출판예정도서목록(CIP)은 서지정보유통지원시스템 홈페이지
(http://seoji.nl.go.kr)와 국가자료공동목록시스템(http://www.nl.go.kr/kolisnet)에서 이용
하실 수 있습니다.(CIP제어번호: CIP2020014963)